U0053449

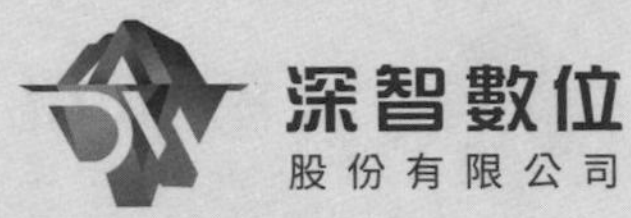
深智數位
股份有限公司

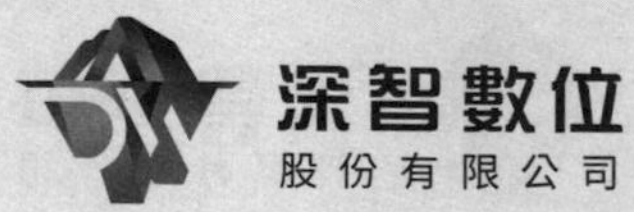
深智數位
股份有限公司

前言

PREFACE

寫作背景

JavaScript 是 Web 開發最為流行的程式語言，而 Node.js 的出現使得 JavaScript 可以在伺服器端一展身手。結合 Vue.js 技術實現前端框架的元件化開發方式使得 Vue.js+Node.js 全端開發變得盛行。

本書介紹了 Vue.js+Node.js 全端開發所使用的新技術，這些技術既能滿足當前企業級應用的開發需求，又可以最大限度地減輕開發者的負擔。透過本書的學習，可以令讀者拓展視野，並提升職場競爭能力。本書主要電腦專業導向的學生、全端開發同好及工程師。本書涉及的技術包括 MongoDB、Express、Vue.js、Node.js、Naive UI、md-editor-v3、Nginx、basic-auth、JavaScript、TypeScript 等，是市面上為數不多的介紹全端技術開發的圖書之一。

一書在手，肩挑全端，事半功倍！

內容介紹

本書共 28 章，概要說明如下：

- 第 1 章為概述，介紹 Vue.js+Node.js 全端開發架構所涉及的核心技術堆疊及週邊技術堆疊的組成。
- 第 2~8 章為 Node.js 的基礎及進階，介紹 Node.js 的基礎及核心內容。
- 第 9~11 章為 Express 的基礎及進階，介紹 Express 的基礎及核心內容。

- 第 12~15 章為 MongoDB 的基礎及進階，介紹 MongoDB 的基礎及核心內容。
- 第 16~24 章為 Vue.js 的基礎及進階，介紹 Vue.js 的基礎及核心內容。
- 第 25~28 章為實戰，演示如何從 0 開始實作一個綜合實戰案例——新聞頭條。

特色

本書具備以下特色：

- 知識面廣。無論是前端的 Vue.js、Naive UI、md-editor-v3、basic-auth、JavaScript、TypeScript，還是後端的 MongoDB、Node.js、Express、Nginx，本書均有涉及。
- 版本新穎。本書所涉及的技術版本均為目前新版本。
- 案例豐富。全書共計 89 個基礎知識實例和 4 個綜合實戰案例。
- 全端開發。熟習本書，可以掌握全端開發技能。

本書所採用的技術及相關版本

技術的版本是非常重要的，因為不同版本之間存在相容性問題，而且不同版本的軟體所對應的功能也是不同的。本書所列出的技術在版本上相對較新，都是經過筆者大量測試的。這樣讀者在自行撰寫程式碼時，可以參考本書所列出的版本，從而避免版本相容性所產生的問題。建議讀者將相關開發環境設定得與本書一致，或不低於本書所列的設定。

勘誤和交流

本書如有勘誤，會在以下網址發佈：

https://github.com/waylau/full-stack-development-with-vuejs-and-nodejs/issues

由於筆者能力有限、時間倉促，書中難免出現疏漏之處，歡迎讀者批評指正。

致謝

感謝清華大學出版社的各位工作人員為本書的出版所做的努力。

感謝我的父母、妻子和兩個女兒。由於撰寫本書，我犧牲了很多陪伴家人的時間，謝謝他們對我的理解和支持。

感謝關心和支持我的朋友、讀者、網友。

柳偉衛

目錄

CONTENTS

1 Vue.js+Node.js 全端開發概述

1.1 Vue.js+Node.js 全端開發核心技術堆疊的組成 1-1

1.1.1 MongoDB 1-2

1.1.2 Express 1-2

1.1.3 Vue.js 1-3

1.1.4 Node.js 1-3

1.2 Vue.js+Node.js 全端開發週邊技術堆疊的組成 1-3

1.2.1 Naive UI 1-4

1.2.2 md-editor-v3 1-4

1.2.3 Nginx 1-4

1.2.4 basic-auth 1-5

1.3 Vue.js+Node.js 全端開發的優勢 1-5

1.4 開發工具的選擇 1-9

1.5 小結 1-10

1.6 練習題 1-10

2 Node.js 基礎

2.1 初識 Node.js 2-1

2.1.1 Node.js 簡介 2-1

2.1.2 為什麼叫 Node.js 2-2
2.2 Node.js 的特點 2-2
2.2.1 非同步 I / O 2-3
2.2.2 事件驅動 2-4
2.2.3 單執行緒 2-6
2.2.4 可用性和擴充性 2-6
2.2.5 跨平臺 2-7
2.3 安裝 Node.js 2-8
2.3.1 安裝 Node.js 和 npm 2-8
2.3.2 Node.js 與 npm 的關係 2-8
2.4 第一個 Node.js 應用 2-9
2.4.1 實例 1：建立 Node.js 應用 2-9
2.4.2 實例 2：執行 Node.js 應用 2-9
2.5 小結 2-10
2.6 練習題 2-10

3 Node.js 模組——大型專案管理之道

3.1 理解模組化機制 3-1
3.1.1 理解 CommonJS 標準 3-2
3.1.2 理解 ES6 模組 3-4
3.1.3 CommonJS 和 ES6 模組的異同點 3-7
3.1.4 Node.js 的模組實作 3-8
3.2 使用 npm 管理模組 3-9
3.2.1 使用 npm 命令安裝模組 3-10
3.2.2 全域安裝與本機安裝 3-10
3.2.3 查看安裝資訊 3-11

3.2.4 移除模組 3-12
3.2.5 更新模組 3-12
3.2.6 搜尋模組 3-12
3.2.7 建立模組 3-12
3.3 Node.js 核心模組 3-13
3.4 小結 3-14
3.5 練習題 3-14

4 Node.js 測試

4.1 嚴格模式和遺留模式 4-1
4.2 實例 3：斷言的使用 4-2
4.3 了解 AssertionError 4-4
4.4 實例 4：使用 deepStrictEqual 4-5
4.5 小結 4-8
4.6 練習題 4-9

5 Node.js 緩衝區——高性能 IO 處理的秘訣

5.1 了解 Buffer 5-1
5.1.1 了解 TypedArray 5-2
5.1.2 Buffer 類別 5-3
5.2 建立緩衝區 5-4
5.2.1 初始化緩衝區的 API 5-5
5.2.2 實例 5：理解資料的安全性 5-6
5.2.3 啟用零填充 5-7
5.2.4 實例 6：指定字元編碼 5-7

5.3 實例 7：切分緩衝區 5-9
5.4 實例 8：連接緩衝區 5-10
5.5 實例 9：比較緩衝區 5-11
5.6 緩衝區編解碼 5-12
5.6.1 編碼器和解碼器 5-12
5.6.2 實例 10：緩衝區解碼 5-13
5.6.3 實例 11：緩衝區編碼 5-14
5.7 小結 5-16
5.8 練習題 5-16

6 Node.js 事件處理

6.1 理解事件和回呼 6-1
6.1.1 事件迴圈 6-3
6.1.2 事件驅動 6-3
6.2 事件發射器 6-4
6.2.1 實例 12：將參數和 this 傳給監聽器 6-4
6.2.2 實例 13：非同步與同步 6-5
6.2.3 實例 14：僅處理事件一次 6-6
6.3 事件類型 6-7
6.3.1 事件類型的定義 6-7
6.3.2 內建的事件類型 6-8
6.3.3 實例 15：error 事件 6-8
6.4 事件的操作 6-11
6.4.1 實例 16：設定最大監聽器 6-11
6.4.2 實例 17：獲取已註冊的事件的名稱 6-12
6.4.3 實例 18：獲取監聽器陣列的副本 6-12

6.4.4 實例 19：將事件監聽器增加到監聽器陣列的開頭 6-13
6.4.5 實例 20：移除監聽器 6-14
6.5 小結 6-16
6.6 練習題 6-16

7 Node.js 檔案處理

7.1 了解 fs 模組 7-1
7.1.1 同步與非同步作業檔案 7-1
7.1.2 檔案描述符號 7-4
7.2 處理檔案路徑 7-5
7.2.1 字串形式的路徑 7-5
7.2.2 Buffer 形式的路徑 7-6
7.2.3 URL 物件的路徑 7-6
7.3 開啟檔案 7-8
7.3.1 檔案系統標識 7-9
7.3.2 實例 21：開啟檔案的例子 7-11
7.4 讀取檔案 7-12
7.4.1 實例 22：用 fs.read 讀取檔案 7-12
7.4.2 實例 23：用 fs.readdir 讀取檔案 7-13
7.4.3 實例 24：用 fs.readFile 讀取檔案 7-14
7.5 寫入檔案 7-16
7.5.1 實例 25：將 Buffer 寫入檔案 7-17
7.5.2 實例 26：將字串寫入檔案 7-18
7.5.3 實例 27：將資料寫入檔案 7-20
7.6 小結 7-21
7.7 練習題 7-21

8 Node.js HTTP 程式設計

8.1 建立 HTTP 伺服器 8-1

8.1.1 實例 28：用 http.Server 建立伺服器 8-2

8.1.2 理解 http.Server 事件的用法 8-3

8.2 處理 HTTP 常用操作 8-5

8.3 請求物件和回應物件 8-6

8.3.1 理解 http.ClientRequest 類別 8-6

8.3.2 理解 http.ServerResponse 類別 8-12

8.4 REST 概述 8-16

8.4.1 REST 定義 8-16

8.4.2 REST 設計原則 8-18

8.5 成熟度模型 8-20

8.5.1 第 0 級：使用 HTTP 作為傳輸方式 8-20

8.5.2 第 1 級：引入了資源的概念 8-22

8.5.3 第 2 級：根據語義使用 HTTP 動詞 8-23

8.5.4 第 3 級：使用 HATEOAS 8-25

8.6 實例 29：建構 REST 服務的例子 8-28

8.6.1 新增使用者 8-29

8.6.2 修改使用者 8-30

8.6.3 刪除使用者 8-31

8.6.4 回應請求 8-33

8.6.5 執行應用 8-34

8.7 小結 8-37

8.8 練習題 8-37

9 Express 基礎

9.1 安裝 Express 9-1
9.1.1 初始化應用目錄 9-2
9.1.2 初始化應用結構 9-2
9.1.3 在應用中安裝 Express 9-3
9.2 實例 30：撰寫 Hello World 應用 9-4
9.3 實例 31：執行 Hello World 應用 9-4
9.4 小結 9-5
9.5 練習題 9-5

10 Express 路由——頁面的導覽員

10.1 路由方法 10-1
10.2 路由路徑 10-3
10.2.1 實例 32：以字串為基礎的路由路徑 10-3
10.2.2 實例 33：以字串模式為基礎的路由路徑 10-4
10.2.3 實例 34：以正規表示法為基礎的路由路徑 10-5
10.3 路由參數 10-5
10.4 路由處理器 10-6
10.4.1 實例 35：單一回呼函式 10-6
10.4.2 實例 36：多個回呼函式 10-6
10.4.3 實例 37：一組回呼函式 10-7
10.4.4 實例 38：獨立函式和函式陣列的組合 10-7
10.5 回應方法 10-8
10.6 實例 39：Express 建構 REST API 10-8

10.7 測試 Express 的 REST API........ 10-11
10.7.1 測試建立使用者 API........ 10-12
10.7.2 測試刪除使用者 API........ 10-12
10.7.3 測試修改使用者 API........ 10-13
10.7.4 測試查詢使用者 API........ 10-14
10.8 小結........ 10-14
10.9 練習題........ 10-15

11 Express 錯誤處理器

11.1 捕捉錯誤........ 11-1
11.2 預設錯誤處理器........ 11-4
11.3 自訂錯誤處理器........ 11-5
11.4 小結........ 11-7
11.5 練習題........ 11-7

12 MongoDB 基礎

12.1 MongoDB 簡介........ 12-1
12.2 安裝 MongoDB........ 12-4
12.3 啟動 MongoDB 服務........ 12-4
12.4 連接到 MongoDB 伺服器........ 12-5
12.5 小結........ 12-6
12.6 練習題........ 12-7

13 MongoDB 常用操作

13.1 顯示已有的資料庫 13-1

13.2 建立、使用資料庫 13-2

13.3 插入文件 13-2

 13.3.1 實例 40：插入單一文件 13-2

 13.3.2 實例 41：插入多個文件 13-3

13.4 查詢文件 13-5

 13.4.1 實例 42：巢狀結構文件查詢 13-5

 13.4.2 實例 43：巢狀結構欄位查詢 13-6

 13.4.3 實例 44：使用查詢運算子 13-6

 13.4.4 實例 45：多條件查詢 13-7

13.5 修改文件 13-7

 13.5.1 實例 46：修改單一文件 13-8

 13.5.2 實例 47：修改多個文件 13-8

 13.5.3 實例 48：替換單一文件 13-9

13.6 刪除文件 13-10

 13.6.1 實例 49：刪除單一文件 13-10

 13.6.2 實例 50：刪除多個文件 13-11

13.7 小結 13-11

13.8 練習題 13-12

14 使用 Node.js 操作 MongoDB

14.1 安裝 mongodb 模組 14-1

14.2 實作存取 MongoDB 14-3

14.3 執行應用 14-4

14.4 小結 14-5
14.5 練習題 14-5

15 mongodb 模組的綜合應用

15.1 實例 51：建立連接 15-1
15.2 實例 52：插入文件 15-2
15.3 實例 53：查詢文件 15-4
15.4 修改文件 15-7
15.4.1 實例 54：修改單一文件 15-7
15.4.2 實例 55：修改多個文件 15-12
15.5 刪除文件 15-17
15.5.1 實例 56：刪除單一文件 15-17
15.5.2 實例 57：刪除多個文件 15-21
15.6 小結 15-26
15.7 練習題 15-26

16 Vue.js 基礎

16.1 Vue.js 產生的背景 16-1
16.2 Vue.js 的下載安裝 16-2
16.2.1 安裝 Vue CLI 16-2
16.2.2 安裝 Vue Devtools 16-3
16.3 Vue CLI 的常用操作 16-3
16.3.1 獲取幫助 16-3
16.3.2 建立應用 16-4
16.3.3 建立服務 16-5

16.3.4 啟動應用 16-6
16.3.5 編譯應用 16-6
16.4 實例 58：建立第一個 Vue.js 應用 16-8
16.4.1 使用 Vue CLI 初始化應用 16-8
16.4.2 執行 Vue 應用 16-12
16.4.3 增加對 TypeScript 的支持 16-13
16.5 探索 Vue.js 應用結構 16-14
16.5.1 整體專案結構 16-14
16.5.2 專案根目錄檔案 16-15
16.5.3 node_modules 目錄 16-16
16.5.4 public 目錄 16-17
16.5.5 src 目錄 16-17
16.6 小結 16-22
16.7 練習題 16-22

17 Vue.js 應用實例

17.1 建立應用實例 17-1
17.1.1 第一個應用實例 17-1
17.1.2 讓應用實例執行方法 17-2
17.1.3 理解選項物件 17-2
17.1.4 理解根元件 17-3
17.1.5 理解 MVVM 模型 17-4
17.2 data 的 property 與 methods 17-5
17.2.1 理解 data property 17-5
17.2.2 理解 data methods 17-6
17.3 生命週期 17-7

17.3.1　什麼是生命週期鉤子 17-8
17.3.2　Vue.js 的生命週期 17-9
17.3.3　實例 59：生命週期鉤子的例子 17-10
17.4　小結 17-15
17.5　練習題 17-15

18 Vue.js 元件

18.1　元件的基本概念 18-1
18.1.1　實例 60：一個 Vue.js 元件的範例 18-1
18.1.2　什麼是元件 18-3
18.1.3　元件的重複使用 18-4
18.1.4　Vue 元件與 Web 元件的異同點 18-5
18.2　元件對話模式 18-6
18.2.1　實例 61：透過 prop 向子元件傳遞資料 18-6
18.2.2　實例 62：監聽子元件事件 18-7
18.2.3　實例 63：兄弟元件之間的通訊 18-11
18.2.4　實例 64：透過插槽分發內容 18-14
18.3　讓元件可以動態載入 18-17
18.3.1　實現元件動態載入的步驟 18-17
18.3.2　實例 65：動態元件的範例 18-17
18.4　使用快取元件 keep-alive 18-23
18.4.1　實例 66：keep-alive 的例子 18-24
18.4.2　keep-alive 設定詳解 18-26
18.5　小結 18-27
18.6　練習題 18-27

19 Vue.js 範本

19.1 範本概述 19-1
19.2 實例 67：插值 19-2
19.2.1 文字 19-2
19.2.2 原生 HTML 程式碼 19-3
19.2.3 綁定 HTML attribute 19-4
19.2.4 JavaScript 運算式 19-5
19.3 實例 68：在範本中使用指令 19-6
19.3.1 參數 19-6
19.3.2 理解指令中的動態參數 19-8
19.3.3 理解指令中的修飾符號 19-8
19.4 實例 69：在範本中使用指令的縮寫 19-9
19.4.1 使用 v-bind 縮寫 19-9
19.4.2 使用 v-on 縮寫 19-10
19.5 使用範本的一些約定 19-10
19.5.1 對動態參數值的約定 19-11
19.5.2 對動態參數運算式的約定 19-11
19.5.3 對存取全域變數的約定 19-11
19.6 小結 19-12
19.7 練習題 19-12

20 Vue.js 計算屬性與監聽器

20.1 透過實例理解「計算屬性」的必要性 20-1
20.2 實例 70：一個計算屬性的例子 20-3
20.2.1 宣告計算屬性 20-3

20.2.2 模擬資料更改 20-4
20.3 計算屬性快取與方法的關係 20-5
20.4 為什麼需要監聽器 20-6
20.4.1 理解監聽器 20-6
20.4.2 實例 71：一個監聽器的例子 20-6
20.5 小結 20-9
20.6 練習題 20-9

21 Vue.js 運算式

21.1 條件運算式 21-1
21.1.1 實例 72：v-if 的例子 21-1
21.1.2 實例 73：v-else 的例子 21-2
21.1.3 實例 74：v-else-if 的例子 21-2
21.1.4 實例 75：v-show 的例子 21-3
21.1.5 v-if 與 v-show 的關係 21-4
21.2 for 迴圈運算式 21-4
21.2.1 實例 76：v-for 遍歷陣列的例子 21-4
21.2.2 實例 77：v-for 遍歷陣列設定索引的例子 21-7
21.2.3 實例 78：v-for 遍歷物件 property 的例子 21-8
21.2.4 實例 79：陣列過濾的例子 21-11
21.2.5 實例 80：使用值的範圍的例子 21-12
21.3 v-for 的不同使用場景 21-13
21.3.1 實例 81：在 <template> 中使用 v-for 的例子 21-13
21.3.2 實例 82：v-for 與 v-if 一同使用的例子 21-15
21.3.3 實例 83：在元件上使用 v-for 的例子 21-15
21.4 小結 21-18
21.5 練習題 21-18

22 Vue.js 事件

22.1 什麼是事件 22-1

22.1.1 實例 84：監聽事件的例子 22-2

22.1.2 理解事件處理方法 22-2

22.1.3 處理原始的 DOM 事件 22-3

22.1.4 為什麼需要在 HTML 程式碼中監聽事件 22-5

22.2 實例 85：多事件處理器的例子 22-5

22.3 事件修飾符號 22-7

22.3.1 什麼是事件修飾符號 22-7

22.3.2 理解按鍵修飾符號 22-8

22.3.3 理解系統修飾鍵 22-9

22.4 小結 22-11

22.5 練習題 22-11

23 Vue.js 表單

23.1 理解表單輸入綁定 23-1

23.2 實例 86：表單輸入綁定的基礎用法 23-2

23.2.1 文字 23-2

23.2.2 多行文字 23-3

23.2.3 核取方塊 23-4

23.2.4 單選按鈕 23-6

23.2.5 選擇框 23-7

23.3 實例 87：值綁定 23-8

23.3.1 核取方塊 23-8

23.3.2 單選按鈕 23-9

23.3.3 選擇框 23-11
23.4 小結 23-13
23.5 練習題 23-13

24 Vue.js HTTP 用戶端

24.1 初識 HttpClient 24-1
24.2 認識網路資源 24-2
24.3 實例 88：獲取 API 資料 24-3
24.3.1 引入 vue-axios 24-3
24.3.2 獲取 API 資料 24-3
24.3.3 執行應用 24-5
24.4 小結 24-5
24.5 練習題 24-5

25 實戰：基於 Vue.js 和 Node.js 的網際網路應用

25.1 應用概述 25-1
25.1.1 「新聞頭條」的核心功能 25-2
25.1.2 初始化資料庫 25-2
25.2 模型設計 25-3
25.2.1 使用者模型設計 25-3
25.2.2 新聞模型設計 25-3
25.3 介面設計 25-4
25.4 許可權管理 25-4
25.5 小結 25-5
25.6 練習題 25-5

26 實戰：前端 UI 用戶端應用

26.1 前端 UI 設計 26-1
26.1.1 首頁 UI 設計 26-2
26.1.2 新聞詳情頁 UI 設計 26-2
26.2 實作 UI 原型 26-3
26.2.1 初始化 news-ui 26-3
26.2.2 增加 Naive UI 26-4
26.2.3 建立元件 26-6
26.2.4 實現新聞清單原型設計 26-6
26.2.5 實現新聞詳情頁原型設計 26-9
26.3 實作路由器 26-11
26.3.1 理解路由的概念 26-11
26.3.2 使用路由外掛程式 26-12
26.3.3 建立路由 26-12
26.3.4 如何使用路由 26-13
26.3.5 修改新聞清單元件 26-14
26.3.6 新聞詳情元件增加傳回按鈕事件處理 26-15
26.3.7 執行應用 26-16
26.4 小結 26-17
26.5 練習題 26-17

27 實戰：後端伺服器應用

27.1 初始化後台應用 27-1
27.1.1 初始化應用目錄 27-1
27.1.2 初始化應用結構 27-2

27.1.3 在應用中安裝 Express 27-3
27.1.4 撰寫後台 Hello World 應用 27-3
27.1.5 執行後台 Hello World 應用 27-3
27.2 初步實作登入驗證 27-4
27.2.1 建立後台管理元件 27-4
27.2.2 增加元件到路由 27-5
27.2.3 注入 HTTP 用戶端 27-5
27.2.4 用戶端存取後台介面 27-6
27.2.5 後台介面設定安全驗證 27-8
27.3 實作新聞編輯器 27-11
27.3.1 整合 md-editor-v3 外掛程式 27-11
27.3.2 匯入 md-editor-v3 元件及樣式 27-11
27.3.3 撰寫編輯器介面 27-12
27.3.4 後台建立新增新聞介面 27-15
27.3.5 執行 27-18
27.4 實作新聞清單展示 27-18
27.4.1 後台實作新聞清單查詢的介面 27-18
27.4.2 實作用戶端存取新聞清單 REST 介面 27-19
27.4.3 執行應用 27-21
27.5 實作新聞詳情展示 27-22
27.5.1 在後伺服器實作查詢新聞詳情的介面 27-22
27.5.2 實作用戶端存取新聞詳情 REST 介面 27-24
27.5.3 執行應用 27-26
27.6 實作驗證資訊儲存及讀取 27-27
27.6.1 實作驗證資訊的儲存 27-27
27.6.2 實作驗證資訊的讀取 27-27
27.6.3 改造驗證方法 27-28

27.6.4 改造對外的介面 27-29
27.7 小結 27-31
27.8 練習題 27-32

28 實戰：使用 Nginx 實現高可用

28.1 Nginx 概述與安裝 28-2
28.1.1 Nginx 介紹 28-2
28.1.2 下載、安裝、執行 Nginx 28-2
28.1.3 常用命令 28-7
28.2 部署前端應用 28-8
28.2.1 編譯前端應用 28-8
28.2.2 部署前端應用編譯檔案 28-9
28.2.3 設定 Nginx 28-10
28.3 實現負載平衡及高可用 28-11
28.3.1 設定負載平衡 28-11
28.3.2 負載平衡常用演算法 28-12
28.3.3 實現後台服務的高可用 28-14
28.3.4 執行 28-16
28.4 小結 28-17
28.5 練習題 28-17
參考文獻 28-18

第 1 章

Vue.js+Node.js 全端開發概述

本章主要介紹 Vue.js+Node.js 全端開發架構的技術組成及技術優勢，並介紹 Vue.js+Node.js 全端開發應用所需要的開發工具。

1.1 Vue.js+Node.js 全端開發核心技術堆疊的組成

Vue.js+Node.js 全端開發架構是指以 MongoDB、Express、Vue.js 和 Node.js 四種技術為核心的技術堆疊，廣泛應用於全端 Web 開發。

曾幾何時，業界流行使用 LAMP（Linux、Apache、MySQL 和 PHP）架構來快速開發中小網站。LAMP 是開放原始程式碼的，而且使用簡單、價格低廉，因此 LAMP 這個組合成為當時開發中小網站的首選，號稱「平民英雄」。而今，隨著 Node.js 的流行，使得 JavaScript 終於在伺服器端擁有了一席之地。JavaScript 成為從前端到後端再到資料庫層能夠支援全端開發的語言。而基於

MongoDB、Express、Vue.js 和 Node.js 四種開放原始碼技術的 Vue.js+Node.js 全端開發架構，除了具備 LAMP 架構的一切優點外，還能支撐高可用、高並行的大型網際網路應用的開發。

1.1.1 MongoDB

MongoDB 是強大的非關聯式資料庫（NoSQL）。與 Redis 或 HBase 等不同，MongoDB 是一個介於關聯式資料庫和非關聯式資料庫之間的產品，是非關聯式資料庫中功能最豐富，最像關聯式資料庫的，旨在為 Web 應用提供可擴充的高性能資料儲存解決方案。它支援的資料結構非常鬆散，是類似 JSON 的 BSON 格式，因此可以儲存比較複雜的資料型態。MongoDB 最大的特點是其支援的查詢語言非常強大，語法有點類似於物件導向的查詢語言，幾乎可以實現類似關聯式資料庫單表查詢的絕大部分功能，而且還支援對資料建立索引。

自 MongoDB 4.0 開始，MongoDB 開始支援事務管理。

在 Vue.js+Node.js 全端開發架構中，MongoDB 承擔著資料儲存的角色。

1.1.2 Express

Express 是一個簡潔而靈活的 Node.js Web 應用框架，提供了一系列強大的特性幫助使用者建立各種 Web 應用。同時，Express 也是一款功能非常強大的 HTTP 工具。

使用 Express 可以快速地架設一個功能完整的網站。其核心特性包括：

- 可以設定中介軟體來回應 HTTP 請求。
- 定義了路由表用於執行不同的 HTTP 請求動作。
- 可以透過向範本傳遞參數來動態繪製 HTML 頁面。

在 Vue.js+Node.js 全端開發架構中，Express 承擔著建構 Web 服務的角色。

1.1.3 Vue.js

前端元件化開發是目前主流的開發方式，無論是 Angular、React 還是 Vue.js 都是如此。相較於 Angular、React 而言，Vue.js 使用者使用起來更加簡單，易於入門。

傳統的 Vue.js 是採用 JavaScript 撰寫的，在新版的 Vue.js 3 中也支持 TypeScript。Vue.js 主要是開發漸進式導向的 Web 應用。

在 Vue.js+Node.js 全端開發架構中，Vue.js 承擔著 UI 用戶端開發的角色。

1.1.4 Node.js

Node.js 是整個 Vue.js+Node.js 全端開發架構的基石。Node.js 採用事件驅動和非阻塞 I / O 模型，使其變得輕微和高效，非常適合建構執行在分散式裝置的資料密集型即時應用。自從有了 Node.js，JavaScript 不再只是前端開發的小角色，而是擁有了從前後台到資料庫完整開發能力的全端能手。JavaScript 和 Node.js 是相輔相成的，配合流行的 JavaScript 語言，使得 Node.js 擁有了更廣泛的受眾。

Node.js 能夠流行的另一個原因是 npm。npm 可以輕鬆管理專案相依，同時也促進了 Node.js 生態圈的繁榮，因為 npm 讓開發人員分享開放原始碼技術變得不再困難。

1.2 Vue.js+Node.js 全端開發週邊技術堆疊的組成

為了建構大型網際網路應用，除了使用 Vue.js+Node.js 全端開發架構的 4 種核心技術外，業界還常使用 Naive UI、md-editor-v3、Nginx 和 basic-auth 等週邊技術。

1.2.1 Naive UI

Naive UI 是一款支持 Vue.js 3 的前端 UI 框架，有超過 70 個元件，可以有效減少程式碼的開發量，專案位址為 https://www.naiveui.com/。

Naive UI 全量使用 TypeScript 撰寫，因此可以和 TypeScript 專案無縫銜接。

順便一提，它可以不需要匯入任何 CSS 就能讓元件正常執行。同時，Naive UI 是支持 Tree Shaking（搖樹最佳化）的。

在 Vue.js+Node.js 全端開發架構中，Naive UI 將與 Vue.js 一起建構炫酷的 UI 介面。

1.2.2 md-editor-v3

Markdown 是一種可以使用普通文字編輯器撰寫的標記語言，透過簡單的標記語法，它可以使普通文字內容具有一定的格式。因此，在內容管理類的應用中，經常採用 Markdown 編輯器來編輯網文內容。

md-editor-v3 是一款 Markdown 外掛程式（專案位址為 https://github.com/imzbf/md-editor-v3），能夠將 Markdown 格式的內容繪製為 HTML 格式的內容。最為重要的是，md-editor-v3 是支持 Vue.js 3 的，因此與 Vue.js 3 應用有著良好的相容性。

在 Vue.js+Node.js 全端開發架構中，md-editor-v3 將與 Vue.js 一起建構內容編輯器。

1.2.3 Nginx

在大型網際網路應用中，經常使用 Nginx 作為 Web 伺服器。

Nginx 是免費的、開放原始碼的、高性能的 HTTP 伺服器和反向代理，同時也是 IMAP / POP3 代理伺服器。Nginx 以其高性能、穩定性、豐富的功能集、簡單的設定和低資源消耗而聞名。

Nginx 是為解決 C10K 問題[1]而撰寫的市面上僅有的幾個伺服器之一。與傳統伺服器不同，Nginx 不依賴於執行緒來處理請求。相反，它使用更加可擴充的事件驅動（非同步）架構。這種架構在使用時負載很小，更重要的是可預測的記憶體量。即使在需要處理數千個並行請求的場景下，仍然可以從 Nginx 的高性能和佔用記憶體少等方面獲益。Nginx 可以說適用於各方面，從最小的 VPS 一直到大型伺服器叢集。

在 Vue.js+Node.js 全端開發架構中，Nginx 承擔著 Vue.js 應用的部署以及負載平衡。

1.2.4 basic-auth

在企業級應用中，安全驗證不可或缺。basic-auth 就是一款基於 Node.js 的基本驗證框架（專案位址為 https://github.com/jshttp/basic-auth）。透過 basic-auth 簡單幾步就能實現基本驗證資訊的解析。

在 Vue.js+Node.js 全端開發架構中，basic-auth 承擔著安全驗證的職責。

1.3 Vue.js+Node.js 全端開發的優勢

Vue.js+Node.js 全端開發架構在企業級應用中被廣泛採用，總結起來具備以下優勢。

1. 開放原始碼

正如前兩節所述，無論是 MongoDB、Express、Vue.js、Node.js 四種核心技術，還是 Naive UI、md-editor-v3、Nginx、basic-auth 等週邊技術，Vue.js+Node.js 全端開發架構所有的技術堆疊都是開放原始碼的。

1 所謂 C10K 問題，指的是伺服器同時支持成千上萬個用戶端的問題，也就是 Concurrent 10000 Connection 的簡寫。由於硬體成本的大幅度降低和硬體技術的進步，如果一台伺服器同時能夠服務更多的用戶端，那麼也就意味著服務每一個用戶端的成本大幅度降低，從這個角度來看，C10K 問題顯得非常有意義。

開放原始碼技術相對於閉源技術而言有其優勢：一方面，開放原始碼技術的原始程式碼是公開的，網際網路公司在考察某項技術是否符合自身開發需求時，可以對原始程式碼進行分析；另一方面，開放原始碼技術相對於閉源技術而言，商用的成本相對比較低，這對於很多初創的網際網路公司而言可以節省一大筆技術投入。因此，Vue.js+Node.js 全端開發架構也被稱為開發下一代大型網際網路應用的「平民英雄」。

當然，你能夠看到原始程式碼，並不表示你可以解決所有問題。開放原始碼技術在技術支援上不能與閉源技術相提並論，畢竟閉源技術都有成熟的商業模式，會提供完整的商業支援。而開放原始碼技術更多依賴於社區對於開放原始碼技術的支援。如果在使用開放原始碼技術的過程中發現了問題，可以回饋給開放原始碼社區，但開放原始碼社區不會給你保證什麼時候、什麼版本能夠修復發現的問題。所以，要使用開放原始碼技術，需要開發團隊對開放原始碼技術有深刻的了解，最好能夠吃透原始程式碼，這樣在發現問題時才能夠即時解決原始程式碼上的問題。

比如，在關聯式資料庫方面，同屬於 Oracle 公司的 MySQL 資料庫和 Oracle 資料庫就是開放原始碼與閉源技術的兩大代表，兩者佔據了全球資料庫的佔有率的前兩名。MySQL 資料庫主要是中小企業和雲端運算供應商廣泛採用，而 Oracle 資料庫則由於其穩定、高性能的特性，深受政府和銀行等客戶的信賴。

2. 跨平臺

跨平臺表示開發和部署應用的成本降低。

試想一下，當今作業系統三足鼎立，分別是 Linux、macOS、Windows，如果開發者需要針對不同的作業系統平臺開發不同的軟體，那麼開發成本勢必會非常高，而且每個作業系統平臺都有不同的版本、分支，僅做不同版本的調配都需要耗費極大的人力，更別提要針對不同的平臺開發軟體了。因此，跨平臺可以節省開發成本。

同理，由於 Vue.js+Node.js 全端開發架構開發的軟體是跨平臺的，因此無須擔心在部署應用過程中的相容性問題。開發者在本機開發環境所開發的軟體，理論上是可以透過 CI（持續整合）的方式進行編譯、測試部署，甚至可以直接一鍵部署到生產環境中，因而可以節省部署的成本。

Vue.js+Node.js 全端開發架構的跨平臺特性使其非常適合建構 Cloud Native 應用，特別是在當今容器技術常常作為微服務的宿主，而 Vue.js+Node.js 全端開發架構的應用是支援 Docker 部署的。

3. 全端開發

類似於系統架構師，全端開發者應該比一般的軟體工程師具有更廣的知識面，是擁有全端軟體設計思想並掌握多種開發技能的複合型人才，能夠獨當一面。相比於 Node.js 工程師、Vue.js 工程師偏重於某項技能而言，全端開發表示必須掌握整個架構的全部細節，要求全端開發者能夠從零開始建構全套完整的企業級應用。

作為一名全端開發者，在開發時往往會做以下風險預測，並做好防禦：

- 當前所開發的應用會部署到什麼樣的伺服器、網路環境中？
- 服務哪裡可能會當機？為什麼會當機？
- 是否應該適當地使用雲端儲存？
- 程式是否具備資料容錯？
- 程式是否具備可用性？
- 介面是否友善？
- 性能是否能夠滿足當前的要求？
- 哪些位置需要加日誌，方便日誌排除問題？

除了上述思考外，全端開發者還要能夠建立合理的、標準的關係模型，包括外鍵、索引、視圖、查閱資料表等。

全端開發者要熟悉非關係型態資料儲存，並且知道它們相對關聯式儲存的優勢所在。

當然，人的精力畢竟有限，所以想要成為全端開發者並非易事。所幸 Vue.js+Node.js 全端開發架構讓這一切成為可能。Vue.js+Node.js 全端開發架構以 Node.js 為整個技術堆疊的核心，而 Node.js 的程式語言是 JavaScript，這表示開發者只需要掌握 JavaScript 這一種程式語言，即可打通所有 Vue.js+Node.js 全端開發架構的技術，這不得不說是全端開發者的福音。

4. 支持企業級應用

無論是 Node.js、Vue.js 還是 MongoDB，這些技術在大型網際網路公司都被廣泛採用。無數應用也證明瞭 Vue.js+Node.js 全端開發架構是非常適合建構企業級應用的。企業級應用是指那些為商業組織、大型企業而建立並部署的解決方案及應用。這些大型企業級應用的結構複雜，涉及的外部資源眾多，事務密集，資料量大，使用者數多，有較強的安全性考慮。

Vue.js+Node.js 全端開發架構用來開發企業級應用，不但具有強大的功能，還能夠滿足未來業務需求的變化，且易於升級和維護。

5. 支援建構微服務

微服務（Microservice）架構風格就像是把小的服務開發成單一應用的形式，執行在其自己的處理程式中，並採用輕量級的機制進行通訊（一般是 HTTP 資源 API）。這些服務都是圍繞業務能力來建構的，透過全自動部署工具來實現獨立部署。這些服務可以使用不同的程式語言和不同的資料儲存技術，並保持最小化集中管理。

Vue.js+Node.js 全端開發架構非常適合建構微服務：

- Node.js 本身提供了跨平臺的能力，可以執行在自己的處理程式中。
- Express 易於建構 Web 服務，並支援 HTTP 的通訊。
- Node.js+MongoDB 支援從前端到後端再到資料儲存全端開發能力。

開發人員可以輕易地透過 Vue.js+Node.js 全端開發架構來建構並快速啟動一個微服務應用。業界也提供了成熟的微服務解決方案來打造大型微服務架構系統，比如 Tars.js、Seneca 等。

6. 業界主流

Vue.js+Node.js 全端開發架構所涉及的技術都是業界主流，主要表現在以下幾個方面：

- MongoDB 是在 NoSQL 資料庫中排行第一的，而且使用者量還在遞增。
- 只要知道 JavaScript 就必然知道 Node.js，而 JavaScript 是在開放原始碼界最流行的開發語言。
- 前端元件化開發是目前主流的開發方式，無論是 Angular、React 還是 Vue.js 都是如此。相比較而言，Vue.js 使用起來會比較簡單，且易於入門，特別適合企業級應用的開發。而且，從市場佔有率來看，Vue.js 的使用者群眾正在不斷擴大。
- 在大型網際網路應用中，經常使用 Nginx 作為 Web 伺服器。Nginx 也是目前使用最廣泛的代理伺服器。

1.4 開發工具的選擇

如果你是一名前端工程師，那麼可以不必花太多時間來安裝 IDE，用你平時熟悉的 IDE 來開發 Vue.js+Node.js 全端架構的應用即可，畢竟 Vue.js+Node.js 全端架構的核心程式語言仍然是 JavaScript。比如，前端工程師經常會選擇諸如 Visual Studio Code、Eclipse、WebStorm、Sublime Text 等。理論上，Vue.js+Node.js 全端開發不會對開發工具有任何限制，甚至可以直接用文字編輯器來開發。

如果你是一名初級的前端工程師，或不知道如何來選擇 IDE，那麼筆者建議你嘗試一下 Visual Studio Code。Visual Studio Code 的下載網址為 https://

code.visualstudio.com。Visual Studio Code 與 TypeScript 一樣都是微軟出品的，對 TypeScript 和 Vue.js、Node.js 程式設計有著一流的支援，而且這款 IDE 還是免費的，你可以隨時下載使用。本書的範例也是基於 Visual Studio Code 撰寫的。

選擇適合自己的 IDE 有助提升程式設計品質和開發效率。

1.5 小結

本章主要介紹 Vue.js+Node.js 全端開發架構的技術組成及技術優勢。Vue.js+Node.js 全端開發架構的 4 種核心是指 MongoDB、Express、Vue.js 和 Node.js。業界還常使用 Naive UI、md-editor-v3、basic-auth 和 Nginx 等週邊技術。

本章還介紹了 Vue.js+Node.js 全端開發應用所具備的優勢及需要的開發工具。

1.6 練習題

1. 請簡述 Vue.js+Node.js 全端開發架構的技術組成。
2. 請簡述 Vue.js+Node.js 全端開發週邊技術堆疊的組成。
3. 請簡述 Vue.js+Node.js 全端開發的優勢。

第 2 章

Node.js 基礎

Node.js 是整個 Vue.js+Node.js 全端開發架構的核心，是用於建構前端以及後端應用的基石。本章主要介紹 Node.js 的基礎知識。

2.1 初識 Node.js

本節簡單介紹 Node.js 的誕生史。

2.1.1 Node.js 簡介

從 Node.js 的命名上可以看到，Node.js 的官方開發語言是 JavaScript。之所以選擇使用 JavaScript，顯然與 JavaScript 的開發人員多有關。眾所皆知，JavaScript 是伴隨著網際網路的發展而流行起來的，也是前端開發人員必備的技能。同時，JavaScript 也是瀏覽器能直接執行的指令碼語言。

但也正是 JavaScript 在瀏覽器端的強勢，導致人們對於 JavaScript 的印象還停留在小腳本的角色，認為 JavaScript 只能做前端展示的簡單任務。

直到 Chrome V8 引擎（https://v8.dev/）的出現，讓 JavaScript 徹底翻了身。Chrome V8 是 JavaScript 繪製引擎，第一個版本隨著 Chrome 瀏覽器的發佈而發佈（具體時間為 2008 年 9 月 2 日）。在執行 JavaScript 之前，相比其他的 JavaScript 引擎轉換成位元組碼或解釋執行，Chrome V8 將其編譯成原生機器碼（IA-32、x86-64、ARM 或 MIPS CPUs），並且使用了如內聯快取等方法來提高性能。Chrome V8 可以獨立執行，也可以嵌入 C++ 應用程式中執行。

隨著 Chrome V8 引擎的聲名鵲起，在 2009 年，Ryan Dahl 正式推出了基於 JavaScript 和 Chrome V8 引擎的開放原始碼 Web 伺服器專案，命名為 Node.js，這使得 JavaScript 終於能夠在伺服器端擁有一席之地。Node.js 採用事件驅動和非阻塞 I / O 模型，非常適合建構執行在分散式裝置的資料密集型即時應用。從此，JavaScript 成為從前端到後端再到資料庫層能夠支援全端開發的語言。

Node.js 能夠流行的另一個原因是 npm。npm 可以輕鬆管理專案相依，同時也促進了 Node.js 生態圈的繁榮，因為 npm 讓開發人員分享開放原始碼技術變得不再困難。

2.1.2 為什麼叫 Node.js

讀者可能會好奇，Node.js 為什麼要這麼命名？其實一開始 Ryan Dahl 將他的專案命名為 Web.js，致力於建構高性能的 Web 服務。但是專案的發展超出了他最初的預期，專案演變成為建構網路應用的基礎框架。

在大型分散式系統中，每個節點（在英文中翻譯為 node）是用於建構整個系統的獨立單元。因此，Ryan Dahl 將他的專案命名為 Node.js，期望用於快速建構大型應用系統。

2.2 Node.js 的特點

Node.js 被廣大開發者所青睞，主要是因為 Node.js 包含以下特點。

2.2.1 非同步 I / O

非同步是相對於同步而言的。同步和非同步描述的是使用者執行緒與核心的對話模式：

- 同步是指使用者執行緒發起 I / O 請求後，需要等待或輪詢核心 I / O 操作完成後才能繼續執行。
- 非同步是指使用者執行緒發起 I / O 請求後仍繼續執行，當核心 I / O 操作完成後會通知使用者執行緒，或呼叫使用者執行緒註冊的回呼函式。

圖 2-1 展示了非同步 I / O 模型。

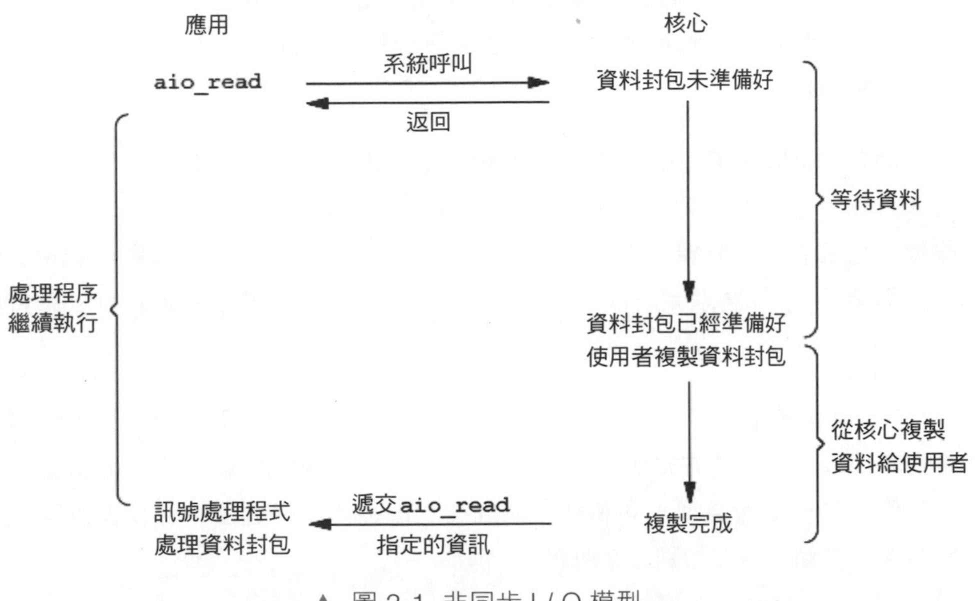

▲ 圖 2-1 非同步 I / O 模型

舉一個通俗的例子，你打電話問書店老闆有沒有賣某本書。如果是同步通訊機制，書店老闆會說「你稍等，不要掛電話，我查一下。」然後書店老闆跑過去書架上查，而你自己則在電話這邊乾等。等到書店老闆查好了（可能是 5 秒，也可能是一天），在電話裡面告訴你查詢的結果。而如果是非同步通訊機制，書店老闆直接告訴你「我查一下，查好了打電話給你。」然後直接掛電話了。查好後，他會主動打電話給你。而等回電的這段時間內，你可以去幹其他事情。在這裡，老闆透過「回電」這種方式來回呼。

透過上面的例子可以看到，非同步的好處是顯而易見的，它可以不必等待 I / O 操作完成，就可以去幹其他的活，極大地提升了系統的效率。

2.2.2 事件驅動

對於 JavaScript 開發者而言，大家對於「事件」一詞應該都不會陌生。使用者在介面上點擊一個按鈕，就會觸發一個「點擊」事件。在 Node.js 中，事件的應用也是無處不在。

在傳統的高並行場景中，其解決方案往往是使用多執行緒模型，也就是為每個業務邏輯提供一個系統執行緒，透過系統執行緒切換來彌補同步 I / O 呼叫時的時間消耗。

而在 Node.js 中使用的是單執行緒模型，對於所有 I / O 都採用非同步式的請求方式，避免了頻繁的上下文切換。Node.js 在執行的過程中會維護一個事件佇列，程式在執行時進入事件迴圈（Event Loop），等待下一個事件到來，每個非同步式 I / O 請求完成後都會被推送到事件佇列，等待程式處理程式進行處理。

Node.js 的非同步機制是基於事件的，所有的磁碟 I / O 、網路通訊、資料庫查詢都以非阻塞的方式請求，傳回的結果由事件迴圈來處理。Node.js 處理程式在同一時刻只會處理一個事件，完成後立即進入事件迴圈，檢查並處理後面的事件，其執行原理如圖 2-2 所示。

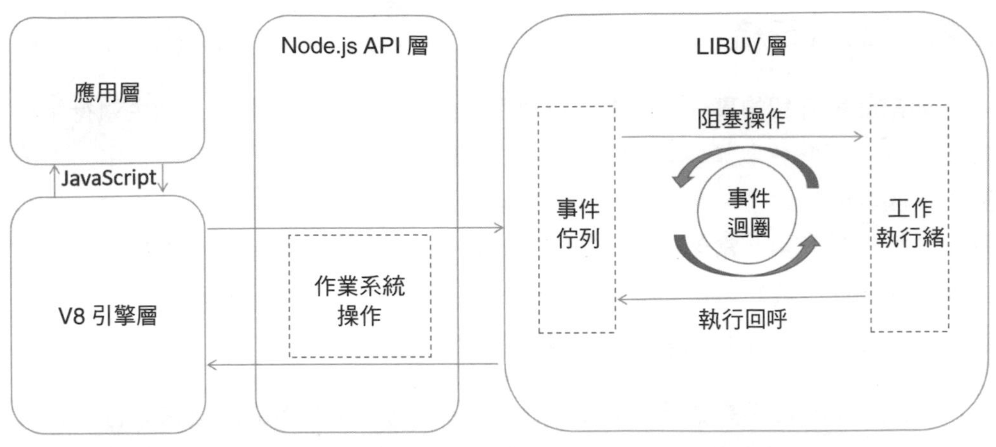

▲ 圖 2-2 執行原理

這個圖是整個 Node.js 的執行原理，從左到右，從上到下，Node.js 被分為 4 層，分別是應用層、V8 引擎層、Node.js API 層和 LIBUV 層。

- 應用層：即 JavaScript 互動層，常見的就是 Node.js 的模組，比如 http、fs 等。
- V8 引擎層：即利用 V8 引擎來解析 JavaScript 語法，進而和下層 API 互動。
- Node.js API 層：為上層模組提供系統呼叫，一般由 C 語言來實作，和作業系統進行互動。
- LIBUV 層：是跨平臺的底層封裝，實現了事件迴圈、檔案操作等，是 Node.js 實現非同步的核心。

這樣做的好處是 CPU 和記憶體在同一時間集中處理一件事，同時盡可能讓耗時的 I / O 操作並存執行。對於低速連接攻擊，Node.js 只是在事件佇列中增加請求，等待作業系統的回應，因而不會有任何多執行緒消耗，很大程度上可以提高 Web 應用的穩固性，防止惡意攻擊。

> **注意**
>
> 事件驅動並非是 Node.js 的專利，比如在 Java 程式語言中，大名鼎鼎的 Netty 也是採用了事件驅動機制來提高系統的並行量。

2.2.3 單執行緒

從前面所介紹的事件驅動機制可以了解到，Node.js 只用了一個主執行緒來接收請求，但它接收請求以後並沒有直接處理，而是放到了事件佇列中，然後又去接收其他請求了，空閒的時候，再透過 Event Loop 來處理這些事件，從而實現了非同步效果。當然，對於 I / O 類任務還需要依賴於系統層面的執行緒池來處理。因此，我們可以簡單地理解為，Node.js 本身是一個多執行緒平臺，而它對 JavaScript 層面的任務處理是單執行緒的。

無論是 Linux 平臺還是 Windows 平臺，Node.js 內部都是透過執行緒池來完成非同步 I / O 操作的，而 LIBUV 針對不同平臺的差異性實現了統一呼叫。因此，Node.js 的單執行緒僅是指 JavaScript 執行在單執行緒中，而並非 Node.js 平臺是單執行緒。

I / O 密集型與 CPU 密集型

前面提到，如果是 I / O 任務，Node.js 就把任務交給執行緒池來非同步處理，因此 Node.js 適合處理 I / O 密集型任務。但不是所有的任務都是 I / O 密集型任務，當碰到 CPU 密集型任務時，即只用 CPU 計算的操作，比如要對資料加解密、資料壓縮和解壓等，這時 Node.js 就會親自處理，一個一個地計算，前面的任務沒有執行完，後面的任務就只能乾等著，導致後面的任務被阻塞。即使是多 CPU 的主機，對於 Node.js 而言也只有一個 Event Loop，也就是只佔用一個 CPU 核心，當 Node.js 被 CPU 密集型任務佔用，導致其他任務被阻塞時，卻還有 CPU 核心處於閒置狀態，造成資源浪費。

因此，Node.js 並不適合 CPU 密集型任務。

2.2.4 可用性和擴充性

透過建構基於微服務的 Node.js 可以輕鬆實現應用的可用性和擴充性，特別是在當今 Cloud Native 盛行的年代，雲端環境都是基於「即用即付」的模式，雲端環境往往提供自動擴充的能力。這種能力通常被稱為彈性，也被稱為動態資源提供和取消。自動擴充是一種有效的方法，專門針對具有不同流量模式的微服務。舉例來說，購物網站通常會在雙十一的時候迎來服務的最高流量，服務實例當然也是最多的。如果平時也設定那麼多的服務實例，顯然就是浪費。Amazon 就是這樣一個很好的範例，Amazon 總是會在某個時間段迎來流量的高峰，此時就會設定比較多的服務實例來應對高存取量。而在平時流量比較小的情況下，Amazon 就會將閒置的主機出租出去來收回成本。正是擁有這種強大的自動擴充的實踐能力，造就了 Amazon 從一個網上書店搖身一變成為世界雲端運算巨頭。自動擴充是一種基於資源使用情況自動擴充實例的方法，透過複製要縮放的服務來滿足服務等級協定（Service Level Agreement，SLA）。

具備自動擴充能力的系統會自動檢測流量的增加或減少。如果是流量增加，則會增加服務實例，從而使其可用於流量處理。同樣，當流量下降時，系統透過從服務中取回活動實例來減少服務實例的數量。如圖 2-3 所示，通常會使用一組備用機器完成自動擴充。

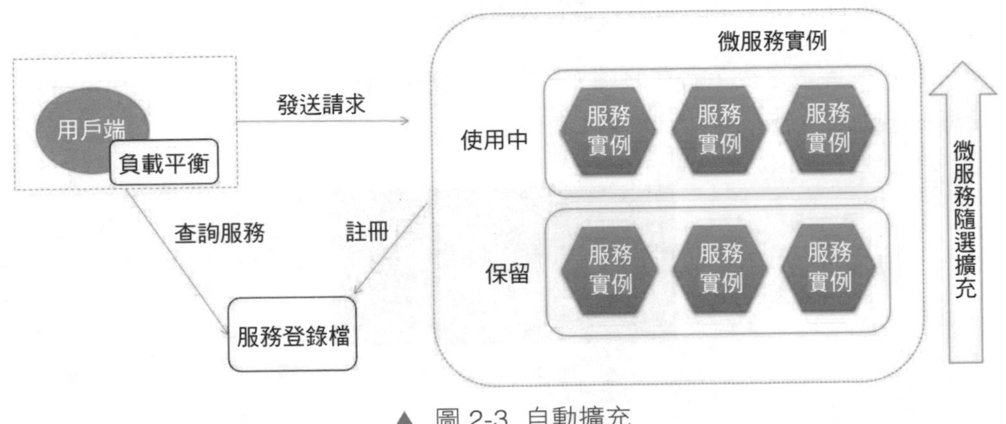

▲ 圖 2-3 自動擴充

2.2.5 跨平臺

與 Java 一樣，Node.js 是跨平臺的，這表示你開發的應用能夠執行在 Windows、macOS 和 Linux 等平臺上，實現了「一次撰寫，到處執行」。很多 Node.js 開發者都是在 Windows 上開發的，再將程式碼部署到 Linux 伺服器上。

特別是在 Cloud Native 應用中，容器技術常常作為微服務的宿主，而 Node.js 是支持 Docker 部署的。

2.3 安裝 Node.js

在開始 Node.js 開發之前，必須設定好 Node.js 的開發環境。

2.3.1 安裝 Node.js 和 npm

如果你的電腦裡沒有 Node.js 和 npm，請安裝它們。Node.js 的下載網址為 https://nodejs.org/en/download/。

截至目前，Node.js 新版本為 17.3.0（包含 npm 8.3.0）。為了能夠享受新的 Node.js 開發所帶來的樂趣，請安裝新版本的 Node.js 和 npm。

在安裝完成之後，請在終端 / 主控台視窗中執行命令 node -v 和 npm -v，驗證一下安裝是否正確，如圖 2-4 所示。

```
C:\Users\wayla>node -v
v17.3.0

C:\Users\wayla>npm -v
8.6.0
```

▲ 圖 2-4 驗證安裝

2.3.2 Node.js 與 npm 的關係

如果你熟悉 Java，那麼一定知道 Maven。Node.js 與 npm 的關係就如同 Java 與 Maven 的關係。

簡而言之，Node.js 與 Java 一樣都是執行應用的平臺，都是執行在虛擬機器中。Node.js 基於 Google V8 引擎，而 Java 是 JVM（Java 虛擬機器）。

npm 與 Maven 類似，都是用於相依管理。npm 管理 JS 函式庫，而 Maven 管理 Java 函式庫。

2.4 第一個 Node.js 應用

Node.js 是可以直接執行 JavaScript 程式碼的。因此，建立一個 Node.js 應用是非常簡單的，只需要撰寫一個 JavaScript 檔案即可。

2.4.1 實例 1：建立 Node.js 應用

在工作目錄下建立一個名為 hello-world 的目錄，作為我們的專案目錄。而後在 hello-world 目錄下建立名為 hello-world.js 的 JavaScript 檔案，作為主應用檔案。在該檔案中寫下第一段 Node.js 程式碼：

```
var hello = 'Hello World';
console.log(hello);
```

你會發現 Node.js 應用其實就是用 JavaScript 語言撰寫的，因此只要有 JavaScript 的開發經驗，上述程式碼的含義一眼就能看明白。

- 首先，我們用一個變數 hello 定義了一個字串。
- 其次，借助 console 物件將 hello 的值列印到主控台。

上述程式碼幾乎是所有程式語言必寫的入門範例，用於在主控台輸出 "Hello World" 字樣。

2.4.2 實例 2：執行 Node.js 應用

在 Node.js 中可以直接執行 JavaScript 檔案，具體操作如下：

```
$ node hello-world.js

Hello World
```

可以看到，主控台輸出了我們所期望的「Hello World」字樣。

當然，為了簡便，也可以不指定檔案類型，Node.js 會自動查詢「.js」檔案。

因此，上述命令等於：

```
$ node hello-world

Hello World
```

透過上述範例可以看到，建立一個 Node.js 的應用是非常簡單的，也可以透過簡單的命令來執行 Node.js 應用。這也是為什麼網際網路公司以及在微服務架構中會選用 Node.js。畢竟，Node.js 帶給開發人員的感覺就是輕量、快速，熟悉的語法規則可以讓開發人員輕易上手。

本節的例子可以在 hello-world/hello-world.js 檔案中找到。

2.5 小結

本章主要介紹 Node.js 的基礎知識，包括 Node.js 簡介、特點及安裝過程。本章還演示了如何建立第一個 Node.js 應用。

2.6 練習題

1. 請簡述 Node.js 的特點。
2. 請在本機安裝 Node.js。
3. 請嘗試建立第一個 Node.js 應用。

第 3 章

Node.js 模組──大型專案管理之道

模組化是簡化大型專案的開發方式。透過模組化將大型專案分解為功能內聚的子模組，每個模組專注於特定的業務。模組之間又能透過特定的方式進行互動，相互協作完成系統功能。

本章介紹 Node.js 的模組化機制。

3.1 理解模組化機制

為了讓 Node.js 的檔案可以相互呼叫，Node.js 提供了一個簡單的模組系統。

模組是 Node.js 應用程式的基本組成部分，檔案和模組是一一對應的。換言之，一個 Node.js 檔案就是一個模組，這個檔案可能是 JavaScript 程式碼、JSON 或編譯過的 C / C++ 擴充。

在 Node.js 應用中，主要有兩種定義模組的格式：

- CommonJS 標準：該標準是自 Node.js 建立以來，一直使用的基於傳統模組化的格式。
- ES6 模組：在 ES6 中，使用新的 import 關鍵字來定義模組。由於目前 ES6 是所有 JavaScript 都支持的標準，因此 Node.js 技術指導委員會致力於為 ES6 模組提供一流的支援。

3.1.1 理解 CommonJS 標準

CommonJS 標準的提出主要是為了彌補 JavaScript 沒有標準的缺陷，已達到像 Python、Ruby 和 Java 那樣具備開發大型應用的基礎能力，而非停留在開發瀏覽器端小腳本程式的階段。

CommonJS 模組標準主要分為三部分：模組引用、模組定義、模組標識。

1. 模組引用

如果在 main.js 檔案中使用以下語句：

```
var math = require('math');
```

意為使用 require() 方法引入 math 模組，並賦值給變數 math。事實上，命名的變數名稱和引入的模組名稱不必相同，就像這樣：

```
var Math = require('math');
```

賦值的意義在於，main.js 中將僅能辨識 Math，因為這是已經定義的變數，並不能辨識 math，因為 math 沒有定義。

上面的例子中，require 的參數僅是模組名字的字串，沒有附帶路徑，引用的是 main.js 所在目前的目錄下的 node_modules 目錄下的 math 模組。如果目前的目錄沒有 node_modules 目錄或 node_modules 目錄裡面沒有安裝 math 模組，便會顯示出錯。

如果要引入的模組在其他路徑，就需要使用相對路徑或絕對路徑，例如：

```
var sum = require('./sum.js')
```

上面的例子中引入了目前的目錄下的 sum.js 檔案，並賦值給了 sum 變數。

2. 模組定義

- module 物件：在每一個模組中，module 物件代表該模組自身。
- export 屬性：module 物件的屬性，它向外提供介面。

仍然採用上一個範例，假設 sum.js 中的程式碼如下：

```
function sum (num1, num2){
    return  num1 + num2;
}
```

儘管 main.js 檔案引入了 sum.js 檔案，前者仍然無法使用後者中的 sum 函式，在 main.js 檔案中 sum(3,5) 這樣的程式碼會顯示出錯，提示 sum 不是一個函式。 sum.js 中的函式要能被其他模組使用，就需要曝露一個對外的介面，export 屬性用於完成這一工作。將 sum.js 中的程式碼修改如下：

```
function sum (num1, num2){
    return  num1 + num2;
}

module.exports.sum = sum;
```

main.js 檔案就可以正常呼叫 sum.js 中的方法，比以下面的範例：

```
var sum = require('./sum.js');
var result = sum.sum(3, 5);

console.log(result);  // 8
```

這樣的呼叫能夠正常執行，前一個 sum 意為本檔案中的 sum 變數代表的模組，後一個 sum 是引入模組的 sum 方法。

3. 模組標識

模組標識指的是傳遞給 require 方法的參數，必須是符合小駝峰命名的字串，或以「.」「..」開頭的相對路徑，或是絕對路徑。其中，所引用的 JavaScript 檔案可以省略副檔名「.js」，因此上述例子中：

```
var sum = require('./sum.js');
```

等於：

```
var sum = require('./sum');
```

CommonJS 模組機制避免了 JavaScript 程式設計中常見的全域變數污染的問題。每個模組擁有獨立的空間，它們互不幹擾。圖 3-1 展示了模組之間的引用。

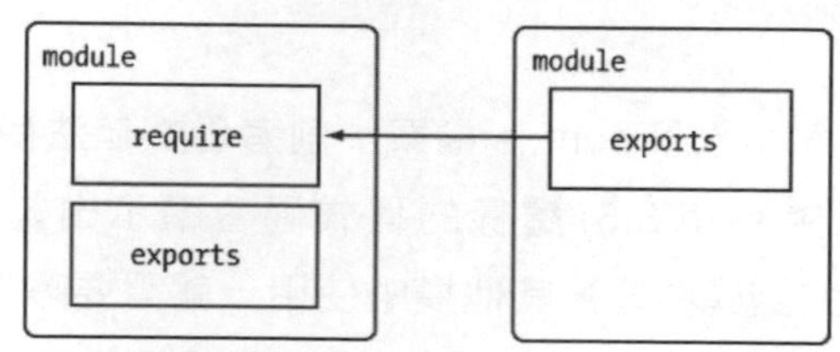

▲ 圖 3-1 模組引用

3.1.2 理解 ES6 模組

雖然 CommonJS 模組機制極佳地為 Node.js 提供了模組化的機制，但這種機制只適用於服務端，針對瀏覽器端，CommonJS 是無法適用的。為此，ES6 標準推出了模組，期望用標準的方式來統一所有 JavaScript 應用的模組化。

1. 基本的匯出

可以使用 export 關鍵字將已發佈程式碼部分公開給其他模組。最簡單的方法就是將 export 放置在任意變數、函式或類別宣告之前。以下是一些匯出的範例：

```
// 匯出資料
export var color = "red";
export let name = "Nicholas";
export const magicNumber = 7;

// 匯出函式
export function sum(num1, num2) {
        return num1 + num1;
}

// 匯出類別
export class Rectangle {
    constructor(length, width) {
    this.length = length;
    this.width = width;
    }
}

// 定義一個函式，並匯出一個函式引用
function multiply(num1, num2) {
        return num1 * num2;
}
export { multiply };
```

其中：

- 除了 export 關鍵字之外，每個宣告都與正常形式完全一樣。每個被匯出的函式或類別都有名稱，這是因為匯出的函式宣告與類別宣告必須要有名稱。不能使用這種語法來匯出匿名函式或匿名類別，除非使用了 default 關鍵字。
- 觀察 multiply() 函式，它並沒有在定義時被匯出，而是透過匯出引用的方式進行了匯出。

2. 基本的匯入

一旦有了包含匯出的模組，就能在其他模組內使用 import 關鍵字來存取已被匯出的功能。

import 語句有兩部分，一是需要匯入的識別字，二是需要匯入的識別字的來源模組。下面是匯入語句的基本形式：

```
import { identifier1, identifier2 } from "./example.js";
```

在 import 之後的大括號指明了從給定模組匯入對應的綁定，from 關鍵字則指明了需要匯入的模組。模組由一個表示模組路徑的字串（module specifier，被稱為模組修飾詞）來指定。

當從模組匯入了一個綁定時，該綁定表現得就像使用了 const 的定義。這表示你不能再定義另一個名稱相同變數（包括匯入另一個名稱相同綁定），也不能在對應的 import 語句之前使用此識別字，更不能修改它的值。

3. 重新命名的匯出與匯入

可以在匯出模組中進行重新命名。如果想用不同的名稱來匯出，則可以使用 as 關鍵字來定義新的名稱：

```
function sum(num1, num2) {
    return num1 + num2;
}
export { sum as add };
```

上面的例子中，sum() 函式被作為 add() 匯出，前者是本機名稱（local name），後者則是匯出名稱（exported name）。這表示當另一個模組要匯入此函式時，它必須改用 add 這個名稱：

```
import {add} from './example.js'
```

可以在匯入時重新命名。在匯入時同樣可以使用 as 關鍵字進行重新命名：

```
import { add as sum } from './example.js'
console.log(typeof add); // "undefined"
console.log(sum(1, 2)); // 3
```

此程式碼匯入了 add() 函式，並使用了匯入名稱（import name）將其重新命名為 sum()（本機名稱）。這表示在此模組中並不存在名為 add 的識別字。

3.1.3 CommonJS 和 ES6 模組的異同點

下面總結 CommonJS 和 ES6 模組的異同點。

1. CommonJS

- 對於基底資料型態，屬於複製，即會被模組快取。同時，在另一個模組中可以對該模組輸出的變數重新賦值。
- 對於複雜資料型態，屬於淺拷貝。由於兩個模組引用的物件指向同一個記憶體空間，因此對該模組的值進行修改時會影響另一個模組。
- 當使用 require 命令載入某個模組時，就會執行整個模組的程式碼。
- 當使用 require 命令載入同一個模組時，不會再執行該模組，而是取快取中的值。也就是說，CommonJS 模組無論載入多少次，都只會在第一次載入時執行一次，以後再載入，就傳回第一次執行的結果，除非手動清除系統快取。
- 迴圈載入時，屬於載入時執行，即腳本程式碼在 require 的時候，就會全部執行。一旦出現某個模組被「迴圈載入」，就只輸出已經執行的部分，還未執行的部分不會輸出。

2. ES6 模組

- ES6 模組中的值屬於動態唯讀引用。
- 對唯讀來說，不允許修改引入變數的值，import 的變數是唯讀的，不論是基底資料型態還是複雜資料型態。當模組遇到 import 命令時，就會生成一個唯讀引用。等到腳本真正執行時，再根據這個唯讀引用到被載入的那個模組裡面去設定值。
- 對動態來說，原始值發生變化，import 載入的值也會發生變化。不論是基底資料型態還是複雜資料型態。
- 迴圈載入時，ES6 模組是動態引用的。只要兩個模組之間存在某個引用，程式碼就能夠執行。

3.1.4 Node.js 的模組實作

在 Node.js 中，模組分為兩類：

- Node.js 自身提供的模組，稱為核心模組，比如 fs、http 等，就像 Java 中自身提供的核心類別一樣。
- 使用者撰寫的模組，稱為檔案模組。

核心模組部分在 Node.js 原始程式碼的編譯過程中編譯進了二進位執行檔案。在 Node.js 處理程式啟動時，核心模組就被直接載入進記憶體，所以這部分的模組引入時，檔案定位和編譯執行這兩個步驟可以省略掉，並且在路徑分析中優先判斷，所以它的載入速度是最快的。

檔案模組在執行時期動態載入，需要完整的路徑分析、檔案定位、編譯執行過程，載入速度比核心模組慢。

圖 3-2 展示了 Node.js 載入模組的具體過程。

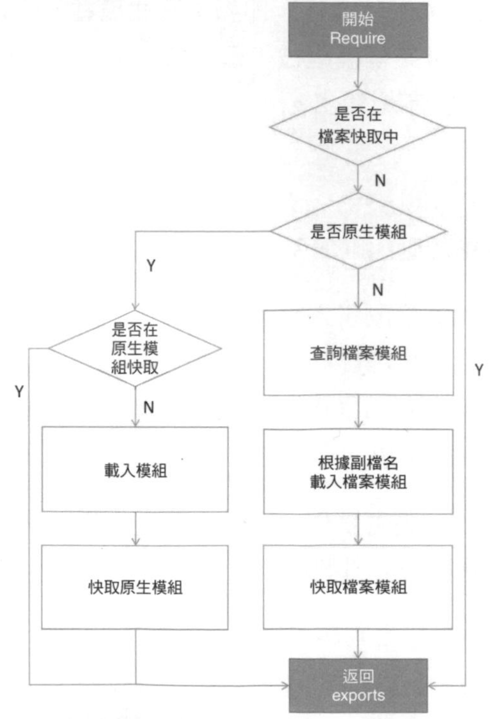

▲ 圖 3-2 Node.js 載入模組的過程

Node.js 為了最佳化載入模組的速度，也像瀏覽器一樣引入了快取，對載入過的模組會儲存到快取內，下次再次載入時就會命中快取，節省了對相同模組的多次重複載入。模組載入前會將需要載入的模組名稱轉為完整路徑名稱，查詢到模組後再將完整路徑名稱儲存到快取，下次再次載入該路徑模組時就可以直接從快取中取得。

從圖 3-2 也能清楚地看到，模組載入時先查詢快取，快取沒找到再查詢 Node.js 附帶的核心模組，如果核心模組也沒有查詢到，再去使用者自訂模組內查詢。因此，模組載入的優先順序是這樣的：快取模組 > 核心模組 > 使用者自訂模組。

前文也講了，require 載入模組時，require 參數的識別字可以省略檔案類型，比如 require("./sum.js") 等於 require("./test")。在省略類型時，Node 首先會認為它是一個 JS 檔案，如果沒有查詢到該 JS 檔案，然後會去查詢 JSON 檔案，如果還沒有查詢到該 JSON 檔案，最後會去查詢 Node 檔案，如果連 Node 檔案都沒有查詢到，就會拋出例外。其中，Node 檔案是指用 C / C++ 撰寫的擴充檔案。由於 Node.js 是單執行緒執行的，在載入模組時是執行緒阻塞的，因此為了避免長期阻塞系統，如果不是 JS 檔案的話，在 require 的時候就把檔案類型加上，這樣 Node.js 就不會再去一一嘗試了。

因此 require 載入無檔案類型的優先順序是：JS 檔案 >JSON 檔案 >Node 檔案。

3.2 使用 npm 管理模組

npm 是隨同 Node.js 一起安裝的套件管理工具。套件是在模組的基礎上更深一步的封裝。Node.js 的套件類似於 Java 的類別庫，能夠獨立用於發佈、更新。npm 解決了套件的發佈和獲取問題。常見的使用場景有以下幾種：

- 允許使用者從 npm 伺服器下載別人撰寫的協力廠商套件到本機使用。
- 允許使用者從 npm 伺服器下載並安裝別人撰寫的命令列程式到本機使用。

- 允許使用者將自己撰寫的套件或命令列程式上傳到 npm 伺服器供別人使用。

Node.js 已經整合了 npm，所以 Node 安裝好之後，npm 也一併安裝好了。

3.2.1 使用 npm 命令安裝模組

npm 安裝 Node.js 模組的語法格式如下：

```
$ npm install <Module Name>
```

比如以下實例，使用 npm 命令安裝 less：

```
$ npm install less
```

安裝好之後，less 套件就放在了專案目錄下的 node_modules 目錄中，因此在程式碼中只需要使用 require('less') 的方式就好，無須指定協力廠商套件路徑。以下是範例：

```
var less = require('less');
```

3.2.2 全域安裝與本機安裝

npm 的套件安裝分為本機安裝（local）和全域安裝（global）兩種，具體選擇哪種安裝方式取決於你想怎樣使用這個套件。如果想將它作為命令列工具使用，比如 gulp-cli，那麼可以全域安裝它；如果要把它作為自己套件的相依，則可以局部安裝它。

1. 本機安裝

以下是本機安裝的命令：

```
$ npm install less
```

將安裝套件放在 ./node_modules（執行 npm 命令時所在的目錄）下。如果沒有 node_modules 目錄，則會在當前執行 npm 命令的目錄下生成 node_modules 目錄。

可以透過 require() 來引入本機安裝的套件。

2. 全域安裝

以下是全域安裝的命令：

```
$ npm install less -g
```

執行了全域安裝後，安裝套件會放在 /usr/local 下或 Node.js 的安裝目錄下。

全域安裝的套件是可以直接在命令列中使用的。

3.2.3 查看安裝資訊

可以使用「npm list –g」命令來查看所有全域安裝的模組：

```
C:\Users\wayla>npm list -g
C:\Users\wayla\AppData\Roaming\npm
+-- @vue/cli@4.5.11
+-- cypress@7.4.0
+-- gitbook-cli@2.3.2
+-- rimraf@3.0.2
`-- typescript@4.2.2
......
```

如果要查看某個模組的版本編號，則可以使用以下命令：

```
C:\Users\wayla>npm list -g typescript
C:\Users\wayla\AppData\Roaming\npm
+-- @vue/cli@4.5.11
| `-- @vue/cli-ui@4.5.11
|   +-- typescript@3.9.9
|   `-- vue-cli-plugin-apollo@0.21.3
|     +-- ts-node@8.10.2
|     | `-- typescript@3.9.9 deduped
|     `-- typescript@3.9.9 deduped
`-- typescript@4.2.2
```

3.2.4 移除模組

可以使用以下命令來移除 Node.js 模組：

```
$ npm uninstall express
```

移除後，可到 node_modules 目錄下查看套件是否還會有，或使用以下命令查看：

```
$ npm ls
```

3.2.5 更新模組

可以使用以下命令更新模組：

```
$ npm update express
```

3.2.6 搜尋模組

使用以下命令來搜尋模組：

```
$ npm search express
```

3.2.7 建立模組

建立模組，package.json 檔案是必不可少的。可以使用 npm 初始化模組，該模組下就會生成 package.json 檔案：

```
$ npm init
```

接下來可以使用以下命令在 npm 資源庫中註冊使用者（使用電子郵件註冊）：

```
$ npm adduser
```

接下來可以使用以下命令來發佈模組：

```
$ npm publish
```

模組發佈成功後，就可以跟其他模組一樣使用 npm 來安裝。

3.3 Node.js 核心模組

核心模組為 Node.js 提供了基本的 API，這些核心模組被編譯為二進位分發，並在 Node.js 處理程式啟動時自動載入。

了解核心模組是掌握 Node.js 的基礎。常用的核心模組有：

- buffer：用於二進位資料的處理。
- events：用於事件處理。
- fs：用於與檔案系統互動。
- http：用於提供 HTTP 伺服器和用戶端。
- net：提供非同步網路 API，用於建立基於串流的 TCP 或 IPC 伺服器和用戶端。
- path：用於處理檔案和目錄的路徑。
- timers：提供計時器功能。
- tls：提供基於 OpenSSL 建構的傳輸層安全性（Transport Layer Security，TLS）和安全通訊端層（Secure Sockets Layer，SSL）協定的實作。
- dgram：提供 UDP 資料通訊端的實作。

……

本書的後續章節還會對 Node.js 的核心模組做進一步的講解。

3.4 小結

本章介紹了 Node.js 的模組化機制。在 Node.js 應用中是透過 npm 來管理模組的。

本章也簡單介紹了 Node.js 的核心模組。

3.5 練習題

1. 請簡述 Node.js 的模組化機制的實作原理。
2. 如何透過 npm 來管理模組？
3. 請簡述 Node.js 的核心模組有哪些。

第 4 章

Node.js 測試

TDD（Test Driven Development，測試驅動開發）是敏捷開發中的一項核心實踐和技術。TDD 的原理是在開發功能程式碼之前先撰寫單元測試使用案例程式碼，測試程式碼確定需要撰寫什麼產品程式碼。

因此，在正式講解 Node.js 的核心功能前，我們先來了解一下 Node.js 是如何進行測試的。

4.1 嚴格模式和遺留模式

測試工作的重要性不言而喻。Node.js 內嵌了對於測試的支援，那就是 assert 模組。

assert 模組提供了一組簡單的斷言測試，可用於測試不變數。assert 模組在測試時可以使用嚴格模式（strict）或遺留模式（legacy），但建議僅使用嚴格模式。該模式可以讓開發人員發現程式碼中未曾注意到的錯誤，並能更快、更方便地偵錯工具。

以下是使用遺留模式和嚴格模式的對比：

```
// 遺留模式
const assert = require('assert');

// 嚴格模式
const assert = require('assert').strict;
```

相比於遺留模式，使用嚴格模式唯一的區別就是要多加「.strict」。

另一種方式是，方法等級使用嚴格模式。比以下面的遺留模式的例子：

```
// 遺留模式
const assert = require('assert');

// 使用嚴格模式的方法
assert.strictEqual(1, 2); // false
```

等於下面使用嚴格模式的例子：

```
// 使用嚴格模式
const assert = require('assert').strict;
assert.equal(1, 2); // false
```

4.2 實例 3：斷言的使用

新建一個名為 assert-strict 的範例，用於演示不同斷言使用的場景。

```
// 使用遺留模式
const assert = require('assert');

// 生成 AssertionError 物件
const { message } = new assert.AssertionError({
    actual: 1,
    expected: 2,
    operator: 'strictEqual'
});
```

```
// 驗證錯誤資訊輸出
try {
    // 驗證兩個值是否相等
    assert.strictEqual(1, 2); // false
} catch (err) {
    // 驗證類型
    assert(err instanceof assert.AssertionError); // true

    // 驗證值
    assert.strictEqual(err.message, message); // true
    assert.strictEqual(err.name, 'AssertionError [ERR_ASSERTION]'); // false
    assert.strictEqual(err.actual, 1); // true
    assert.strictEqual(err.expected, 2); // true
    assert.strictEqual(err.code, 'ERR_ASSERTION'); // true
    assert.strictEqual(err.operator, 'strictEqual'); // true
    assert.strictEqual(err.generatedMessage, true);  // true
}
```

其中：

- strictEqual 用於嚴格比較兩個值是否相等。在上面的例子中，strictEqual(1,2) 的結果是 false。可以比較數值、字串或物件。
- assert(err instanceof assert.AssertionError); 用於驗證是否是 AssertionError 的實例。上面例子的結果是 true。
- AssertionError 上並沒有對 name 屬性賦值，因此 strictEqual(err.name,' AssertionError [ERR_ASSERTION]'); 的結果是 false。

以下是執行範例時主控台輸出的內容：

```
D:\workspaceGithub\full-stack-development-with-vuejs-and-nodejs\samples\assert-strict>node main.js
node:assert:123
  throw new AssertionError(obj);
  ^

AssertionError [ERR_ASSERTION]: Expected values to be strictly equal:
```

```
+ actual - expected

+ 'AssertionError'
- 'AssertionError [ERR_ASSERTION]'
                  ^
    at Object.<anonymous> (D:\workspaceGithub\full-stack-development-with-vuejs-and-
nodejs\samples\assert-strict\main.js:21:12)
    at Module._compile (node:internal/modules/cjs/loader:1097:14)
    at Object.Module._extensions..js (node:internal/modules/cjs/loader:1149:10)
    at Module.load (node:internal/modules/cjs/loader:975:32)
    at Function.Module._load (node:internal/modules/cjs/loader:822:12)
    at Function.executeUserEntryPoint [as runMain] (node:internal/modules/run_
main:81:12)
    at node:internal/main/run_main_module:17:47 {
  generatedMessage: true,
  code: 'ERR_ASSERTION',
  actual: 'AssertionError',
  expected: 'AssertionError [ERR_ASSERTION]',
  operator: 'strictEqual'
}

Node.js v17.3.0
```

從輸出中可以看到，所有斷言結果為 false（失敗）的地方都列印出來了，以提示使用者哪些測試使用案例是不透過的。

4.3 了解 AssertionError

在上述例子中，我們透過 new assert.AssertionError(options) 實實體化了一個 AssertionError 物件。

其中，options 參數包含以下屬性：

- message<string>：如果提供，則將錯誤訊息設定為此值。
- actual<any>：錯誤實例上的 actual 屬性將包含此值。在內部用於 actual 錯誤輸入，例如使用 assert.strictEqual()。

- expected<any>：錯誤實例上的 expected 屬性將包含此值。在內部用於 expected 錯誤輸入，例如使用 assert.strictEqual()。
- operator<string>：錯誤實例上的 operator 屬性將包含此值。在內部用於表示用於比較的操作（或觸發錯誤的斷言函式）。
- stackStartFn<Function>：如果提供，則生成的堆疊追蹤將忽略此函式之前的幀。

AssertionError 繼承自 Error，因此擁有 message 和 name 屬性。除此之外，AssertionError 還包括以下屬性：

- actual<any>：設定為實際值，例如使用 assert.strictEqual()。
- expected<any>：設定為期望值，例如使用 assert.strictEqual()。
- generatedMessage<boolean>：表示訊息是否是自動生成的。
- code<string>：始終設定為字串 ERR_ASSERTION，以表示錯誤實際上是斷言錯誤。
- operator<string>：設定為傳入的運算元值。

4.4 實例 4：使用 deepStrictEqual

assert.deepStrictEqual 用於測試實際參數和預期參數之間的深度是否相等。深度相等表示子物件的可列舉的自身屬性也透過以下規則進行遞迴計算：

- 使用 SameValue[1]（使用 Object.is()）來比較原始值。
- 物件的類型標籤應該相同。
- 使用嚴格相等模式比較來比較物件的原型。
- 只考慮可列舉的自身屬性。

1 SameValue 比較的描述可見 https://tc39.github.io/ecma262/#sec-samevalue。

- 始終比較 Error 的名稱和訊息，即使這些不是可列舉的屬性。
- 自身可列舉的 Symbol 屬性也會進行比較。
- 物件封裝器作為物件和解封裝後的值都進行比較。
- Object 屬性的比較是無序的。
- Map 鍵名與 Set 子項的比較是無序的。
- 當兩邊的值不相同或遇到迴圈引用時，遞迴停止。
- WeakMap 和 WeakSet 的比較不依賴於它們的值。

以下是詳細的用法範例：

```
// 使用嚴格相等模式
const assert = require('assert').strict;

// 1 !== '1'.
assert.deepStrictEqual({ a: 1 }, { a: '1' });
// AssertionError: Expected inputs to be strictly deep-equal:
// + actual - expected
//
//   {
// +   a: 1
// -   a: '1'
//   }

// 物件沒有自己的屬性
const date = new Date();
const object = {};
const fakeDate = {};
Object.setPrototypeOf(fakeDate, Date.prototype);

// [[Prototype]] 不同
assert.deepStrictEqual(object, fakeDate);
// AssertionError: Expected inputs to be strictly deep-equal:
// + actual - expected
//
// + {}
```

```
// - Date {}

// 類型標籤不同
assert.deepStrictEqual(date, fakeDate);
// AssertionError: Expected inputs to be strictly deep-equal:
// + actual - expected
//
// + 2019-04-26T00:49:08.604Z
// - Date {}

// 正確，因為符合 SameValue 比較
assert.deepStrictEqual(NaN, NaN);

// 未包裝時數字不同
assert.deepStrictEqual(new Number(1), new Number(2));
// AssertionError: Expected inputs to be strictly deep-equal:
// + actual - expected
//
// + [Number: 1]
// - [Number: 2]

// 正確，物件和字串未包裝時是相同的
assert.deepStrictEqual(new String('foo'), Object('foo'));

// 正確
assert.deepStrictEqual(-0, -0);

// 對於 SameValue 比較而言，0 和 -0 是不同的
assert.deepStrictEqual(0, -0);
// AssertionError: Expected inputs to be strictly deep-equal:
// + actual - expected
//
// + 0
// - -0

const symbol1 = Symbol();
const symbol2 = Symbol();

// 正確，所有物件上都是相同的 Symbol
```

```
assert.deepStrictEqual({ [symbol1]: 1 }, { [symbol1]: 1 });

assert.deepStrictEqual({ [symbol1]: 1 }, { [symbol2]: 1 });
// AssertionError [ERR_ASSERTION]: Inputs identical but not reference equal:
//
// {
//   [Symbol()]: 1
// }

const weakMap1 = new WeakMap();
const weakMap2 = new WeakMap([[{}, {}]]);
const weakMap3 = new WeakMap();
weakMap3.unequal = true;

// 正確，因為無法比較項目
assert.deepStrictEqual(weakMap1, weakMap2);

// 失敗，因為 weakMap3 有一個 unequal 屬性，而 weakMap1 沒有這個屬性
assert.deepStrictEqual(weakMap1, weakMap3);
// AssertionError: Expected inputs to be strictly deep-equal:
// + actual - expected
//
//   WeakMap {
// +   [items unknown]
// -   [items unknown],
// -   unequal: true
//   }
```

本章的例子可以在 deep-strict-equal/main.js 檔案中找到。

4.5 小結

本章介紹了 Node.js 的測試。Node.js 內嵌了 assert 模組，用於對測試的支持。assert 模組支援嚴格模式和遺留模式。

本章也演示了斷言、AssertionError、deepStrictEqual 的用法。

4.6 練習題

1. 請簡述嚴格模式和遺留模式的區別。

2. 撰寫一個斷言的用法範例。

3. 撰寫一個 deepStrictEqual 的用法範例。

第 5 章

Node.js 緩衝區——高性能 IO 處理的秘訣

緩衝區的設定是為了提升 IO 處理的性能，因此緩衝區在 IO 處理中扮演者非常重要的角色。

本章介紹使用 Node.js 的 Buffer（緩衝區）類別來處理二進位資料。

5.1 了解 Buffer

出於歷史原因，早期的 JavaScript 語言沒有用於讀取或操作二進位資料串流的機制。因為 JavaScript 最初被設計用於處理 HTML 檔案，而檔案主要是由字串組成的。

但隨著 Web 的發展，Node.js 需要處理諸如資料庫通訊、操作影像或視訊以及上傳檔案等複雜的業務。可以想像，僅使用字串來完成上述任務將變得相當困難。在早期，Node.js 透過將每個位元組編碼為文字字元來處理二進位資料，這種方式既浪費資源，速度又緩慢，還不可靠，並且難以控制。

因此，Node.js 引入了 Buffer 類別，用於在 TCP 串流、檔案系統操作和上下文中與八位元位元組流（octet streams）進行互動。

之後，隨著 ECMAScript 2015 的發佈，對於 JavaScript 二進位的處理有了質的改善。ECMAScript 2015 定義了一個 TypedArray（類型化陣列），期望提供一種更加高效的機制來存取和處理二進位資料。以 TypedArray 為基礎，Buffer 類別將以更最佳化和適合 Node.js 的方式來實作 Uint8Array API。

5.1.1 了解 TypedArray

TypedArray 物件描述了基礎二進位資料緩衝區的類別陣列視圖，沒有名為 TypedArray 的全域屬性，也沒有直接可見的 TypedArray 建構函式。相反，有許多不同的全域屬性，其值是特定元素類型的類型化陣列建構函式，範例如下：

```
// 建立 TypedArray
const typedArray1 = new Int8Array(8);
typedArray1[0] = 32;

const typedArray2 = new Int8Array(typedArray1);
typedArray2[1] = 42;

console.log(typedArray1);
// 輸出：Int8Array [32, 0, 0, 0, 0, 0, 0, 0]

console.log(typedArray2);
// 輸出：Int8Array [32, 42, 0, 0, 0, 0, 0, 0]
```

表 5-1 總結了所有 TypedArray 的類型及設定值範圍。

▼ 表 5-1 TypedArray 的類型及設定值範圍

類型	設定值範圍	位元組數	對應的 C 語言類型
Int8Array	-128 ~ 127	1	int8_t
Uint8Array	0 ~ 255	1	uint8_t
Uint8ClampedArray	0 ~ 255	1	uint8_t
Int16Array	-32768 ~ 32767	2	int16_t

（續表）

類型	設定值範圍	位元組數	對應的 C 語言類型
Uint16Array	0 ~ 65535	2	uint16_t
Int32Array	-2147483648 ~ 2147483647	4	int32_t
Uint32Array	0 ~ 4294967295	4	uint32_t
Float32Array	1.2E-38 ~ 3.4E38	4	float
Float64Array	5E-324 ~ 1.8E308	8	double
BigInt64Array	-2^63 ~ 2^63 - 1	8	int64_t (signed long long)
BigUint64Array	0 ~ 2^64 - 1	8	uint64_t (unsigned long long)

更多有關 TypedArray 的內容可以參閱檔案 https://developer.mozilla.org/en-US/docs/Web/JavaScript/Reference/Global_Objects/TypedArray。

5.1.2 Buffer 類別

Buffer 類別是以 Uint8Array 為基礎的，因此其值範圍是 0~255 的整數陣列。

以下是建立 Buffer 實例的一些使用範例：

```
// 建立一個長度為 10 的零填充緩衝區
const buf1 = Buffer.alloc(10);

// 建立一個長度為 10 的填充 0x1 的緩衝區
const buf2 = Buffer.alloc(10, 1);

// 建立一個長度為 10 的未初始化緩衝區
// 這比呼叫 Buffer.alloc() 更快，但傳回了緩衝區實例
// 但有可能包含舊資料，可以透過 fill() 或 write() 來覆蓋舊值
const buf3 = Buffer.allocUnsafe(10);

// 建立包含 [0x1, 0x2, 0x3] 的緩衝區
const buf4 = Buffer.from([1, 2, 3]);

// 建立包含 UTF-8 位元組的緩衝區 [0x74, 0xc3, 0xa9, 0x73, 0x74]
```

```
const buf5 = Buffer.from('tést');

// 建立一個包含 Latin-1 位元組的緩衝區 [0x74, 0xe9, 0x73, 0x74]
const buf6 = Buffer.from('tést', 'latin1');
```

Buffer 可以簡單地理解為陣列結構，因此可以用常見的 for…of 語法來迭代緩衝區實例。以下是範例：

```
const buf = Buffer.from([1, 2, 3]);

for (const b of buf) {
  console.log(b);
}
// 輸出：
//   1
//   2
//   3
```

5.2 建立緩衝區

在 Node.js 6.0.0 版本之前，建立緩衝區的方式是透過 Buffer 的建構函式來建立實例。以下是範例：

```
// Node.js 6.0.0 版本之前實實體化 Buffer
const buf1 = new Buffer() ;
const buf2 = new Buffer(10);
```

上述例子中，使用 new 關鍵字建立 Buffer 實例，它根據提供的參數傳回不同的 Buffer。其中，將數字作為第一個參數傳遞給 Buffer() 會分配一個指定大小的新 Buffer 物件。在 Node.js 8.0.0 之前，為此類 Buffer 實例分配的記憶體未初始化，並且可能包含敏感性資料，因此隨後必須使用 buf.fill(0) 或寫入整個 Buffer 來初始化此類 Buffer 實例。

因此，初始化快取區其實有兩種方式：建立快速但未初始化的緩衝區與建立速度更慢但更安全的緩衝區。但這兩種方式並未在 API 上明顯地表現出來，因此可能會導致開發人員誤用，引發不必要的安全問題。因此，初始化緩衝區的安全 API 與非安全 API 之間需要有更明確的區分。

5.2.1 初始化緩衝區的 API

為了使 Buffer 實例的建立更可靠且更不容易出錯，新的 Buffer() 建構函式的各種形式已被棄用，並由單獨的 Buffer.from()、Buffer.alloc() 和 Buffer.allocUnsafe() 替換。

新的 API 包含以下幾種：

- Buffer.from(array) 傳回一個新的 Buffer，其中包含提供的 8 位元的位元組副本。
- Buffer.from(arrayBuffer [, byteOffset [, length]]) 傳回一個新的 Buffer，它與給定的 ArrayBuffer 共用相同的已分配記憶體。
- Buffer.from(buffer) 傳回一個新的 Buffer，其中包含給定 Buffer 的內容副本。
- Buffer.from(string [, encoding]) 傳回一個新的 Buffer，其中包含提供的字串的副本。
- Buffer.alloc(size [, fill [, encoding]]) 傳回指定大小的新初始化 Buffer。此方法比 Buffer.allocUnsafe(size) 慢，但保證新建立的 Buffer 實例永遠不會包含可能敏感的舊資料。
- Buffer.allocUnsafe(size) 和 Buffer.allocUnsafeSlow(size) 分別傳回指定大小的新未初始化緩衝區。由於緩衝區未初始化，因此分配的記憶體段可能包含敏感的舊資料。如果 size 小於或等於 Buffer.poolSize 的一半，則 Buffer.allocUnsafe() 傳回的緩衝區實例可以從共用內部記憶體池中分配。Buffer.allocUnsafeSlow() 傳回的實例從不使用共用內部記憶體池。

5.2.2 實例 5：理解資料的安全性

正如前面的 API 所描述的，API 在使用時要區分場景，畢竟不同的 API 對於資料的安全性有所差異。以下是使用 Buffer 的 alloc 方法和 allocUnsafe 方法的例子。

```
// 建立一個長度為 10 的零填充緩衝區
const safeBuf = Buffer.alloc(10, 'waylau');

console.log(safeBuf.toString()); // waylauwayl

// 資料有可能包含舊資料
const unsafeBuf = Buffer.allocUnsafe(10); // ┐ Qbf

console.log(unsafeBuf.toString());
```

輸出內容如下：

```
waylauwayl
  ┐ Qbf
```

可以看到，allocUnsafe 分配的快取區裡面包含舊資料，而且舊資料的值是不確定的。之所以產生這種舊資料的原因是，呼叫 Buffer.allocUnsafe() 和 Buffer.allocUnsafeSlow() 時分配的記憶體段未初始化（它不會被清零）。雖然這種設計使得記憶體分配非常快，但分配的記憶體段可能包含敏感的舊資料。使用由 Buffer.allocUnsafe() 建立的緩衝區而不完全覆蓋記憶體，可以允許在讀取緩衝區記憶體時洩漏此舊資料。雖然使用 Buffer.allocUnsafe() 有明顯的性能優勢，但必須格外小心，以避免將安全性漏洞引入應用程式。

如果想清理舊資料，則可以使用 fill 方法。範例如下：

```
// 資料有可能包含舊資料
const unsafeBuf = Buffer.allocUnsafe(10);

console.log(unsafeBuf.toString());
```

```
const unsafeBuf2 = Buffer.allocUnsafe(10);

// 用 0 填充清理掉舊資料
unsafeBuf2.fill(0);

console.log(unsafeBuf2.toString());
```

透過填充零的方式（fill(0)）可以成功清理掉 allocUnsafe 分配的緩衝區中的舊資料。

> **注意**
>
> 安全和性能是天平的兩端，要獲取相對的安全，就要犧牲相對的性能。因此，開發人員在選擇使用安全或非安全的方法時，一定要基於自己的業務場景來考慮。

本節的例子可以在 buffer-demo/safe-and-unsafe.js 檔案中找到。

5.2.3 啟用零填充

可以使用 --zero-fill-buffers 命令列選項啟動 Node.js，這樣所有新分配的 Buffer 實例在建立時預設為零填充，包括 new Buffer(size)、Buffer.allocUnsafe()、Buffer.allocUnsafeSlow() 和 new SlowBuffer(size)。

以下是啟用零填充的範例：

```
node --zero-fill-buffers safe-and-unsafe
```

正如前文所述，使用零填充雖然可以獲得資料上的安全，但是以犧牲性能為代價的，因此使用此標識可能會對性能產生重大負面影響。建議僅在必要時使用 --zero-fill-buffers 選項。

5.2.4 實例 6：指定字元編碼

當字串資料儲存在 Buffer 實例中或從 Buffer 實例中提取時，可以指定字元編碼。

```
// 以 UTF-8 編碼初始化緩衝區資料
const buf = Buffer.from('Hello World! 你好，世界！', 'utf8');

// 轉為十六進位字元
console.log(buf.toString('hex'));
// 輸出：48656c6c6f20576f726c6421e4bda0e5a5bdefbc8ce4b896e7958cefbc81

// 轉為 Base64 編碼
console.log(buf.toString('base64'));
// 輸出：SGVsbG8gV29ybGQh5L2g5aW977yM5LiW55WM77yB
```

上述例子中，在初始化緩衝區資料時使用 UTF-8，而後在提取緩衝區資料時，轉為十六進位字元和 Base64 編碼。

Node.js 當前支持的字元編碼包括：

- ascii：僅適用於 7 位 ASCII 資料。此編碼速度很快，如果設定則會剝離高位。
- utf8：多位元組編碼的 Unicode 字元。許多網頁和其他檔案格式都使用 UTF-8。涉及中文字元時，建議採用該編碼。
- utf16le：2 或 4 位元組，little-endian 編碼的 Unicode 字元。
- ucs2：utf16le 的別名。
- base64：Base64 編碼。從字串建立緩衝區時，此編碼也將正確接受 RFC 4648 標準指定的 URL 和檔案名稱安全字母 [1]。
- latin1：將 Buffer 編碼為單字節編碼字串的方法。
- binary：latin1 的別名。
- hex：將每個位元組編碼為兩個十六進位字元。

本節例子可以在 buffer-demo/character-encodings.js 檔案中找到。

1 有關 RFC 4648 標準的內容可見 https://tools.ietf.org/html/rfc4648。

5.3 實例 7：切分緩衝區

Node.js 提供了切分緩衝區的方法 buf.slice([start[, end]])。其中參數的含義如下：

- start<integer> 指定新緩衝區開始的索引，預設值是 0。
- end<integer> 指定緩衝區結束的索引（不包括），預設值 buf.length。

傳回新的 Buffer，它引用與原始記憶體相同的記憶體，但是由起始和結束索引進行偏移和切分。以下是範例：

```
const buf1 = Buffer.allocUnsafe(26);

for (let i = 0; i < 26; i++) {
  // 97 在 ASCII 中的值是 'a'
  buf1[i] = i + 97;
}

const buf2 = buf1.slice(0, 3);

console.log(buf2.toString('ascii', 0, buf2.length));
// 輸出：abc

buf1[0] = 33; // 33 在 ASCII 中的值是 '!'

console.log(buf2.toString('ascii', 0, buf2.length));
// 輸出：!bc
```

如果指定大於 buf.length 的結束索引，將傳回結束索引等於 buf.length 相同的結果。範例如下：

```
const buf = Buffer.from('buffer');

console.log(buf.slice(-6, -1).toString());
// 輸出：buffe
// 等於：buf.slice(0, 5)
```

```
console.log(buf.slice(-6, -2).toString());
// 輸出：buff
// 等於：buf.slice(0, 4)

console.log(buf.slice(-5, -2).toString());
// 輸出：uff
// 等於：buf.slice(1, 4)
```

修改新的 Buffer 部分將同時修改原始 Buffer 中的記憶體，因為兩個物件分配的記憶體是相同的。範例如下：

```
const oldBuf = Buffer.from('buffer');
const newBuf = oldBuf.slice(0, 3);

console.log(newBuf.toString()); // buf

// 修改新的 Buffer
newBuf[0] = 97;  // 97 在 ASCII 中的值是 'a'

console.log(oldBuf.toString()); // auffer
```

本節的例子可以在 buffer-demo/buffer-slice.js 檔案中找到。

5.4 實例 8：連接緩衝區

Node.js 提供了連接緩衝區的方法 Buffer.concat(list[, totalLength])。其中參數的含義如下：

- list <Buffer[]> | <Uint8Array[]> 指待連接的 Buffer 或 Uint8Array 實例的清單。
- totalLength <integer> 指連接完成後 list 裡面的 Buffer 實例的長度。

傳回新的 Buffer，它是連接 list 裡面所有 Buffer 實例的結果。如果 list 沒有資料項目或 totalLength 為 0，則傳回的新 Buffer 的長度也是 0。

在上述連接方法中，totalLength 可以指定，也可以不指定。如果不指定的話，會從 list 中計算 Buffer 實例的長度。如果指定了的話，即使 list 中連接之後的 Buffer 實例長度超過了 totalLength，最終傳回的 Buffer 實例長度也只會是 totalLength 長度。考慮到計算 Buffer 實例的長度會有一定的性能損耗，建議在能夠提前預知長度的情況下指定 totalLength。

以下是連接緩衝區的範例：

```
// 建立三個 Buffer 實例
const buf1 = Buffer.alloc(1);
const buf2 = Buffer.alloc(4);
const buf3 = Buffer.alloc(2);
const totalLength = buf1.length + buf2.length + buf3.length;

console.log(totalLength); // 7

// 連接三個 Buffer 實例
const bufA = Buffer.concat([buf1, buf2, buf3], totalLength);

console.log(bufA); // <Buffer 00 00 00 00 00 00 00>

console.log(bufA.length); // 7
```

本節的例子可以在 buffer-demo/buffer-concat.js 檔案中找到。

5.5 實例 9：比較緩衝區

Node.js 提供了比較緩衝區的方法 Buffer.compare(buf1, buf2)。將 buf1 與 buf2 進行比較通常是為了對 Buffer 實例的陣列進行排序。以下是範例：

```
const buf1 = Buffer.from('1234');
const buf2 = Buffer.from('0123');
const arr = [buf1, buf2];

console.log(arr.sort(Buffer.compare));
// 輸出：[ <Buffer 30 31 32 33>, <Buffer 31 32 33 34> ]
```

上述結果等於：

```
const arr = [buf2, buf1];
```

比較還有另一種用法，即比較兩個 Buffer 實例。以下是範例：

```
const buf1 = Buffer.from('1234');
const buf2 = Buffer.from('0123');


console.log(buf1.compare(buf2));
// 輸出 1
```

將 buf1 與 buf2 進行比較，並傳回一個數字，指示 buf1 在排序之前、之後還是與目標相和。比較是基於每個緩衝區中的實際位元組序列。

- 如果 buf2 與 buf1 相同，則傳回 0。
- 如果在排序時 buf2 應該在 buf1 之前，則傳回 1。
- 如果在排序後 buf2 應該在 buf1 之後，則傳回 -1。

本節的例子可以在 buffer-demo/buffer-compare.js 檔案中找到。

5.6 緩衝區編解碼

撰寫一個網路應用程式避免不了要使用轉碼器。轉碼器的作用就是將原始位元組資料與目的程式資料格式進行互轉，因為網路中都是以位元組碼的資料形式來傳輸資料的。轉碼器又可以細分為兩類：編碼器和解碼器。

5.6.1 編碼器和解碼器

編碼器和解碼器都實作了位元組序列與業務物件轉化。那麼，兩者如何區分呢？

從訊息角度看，編碼器是轉換訊息格式為適合傳輸的位元組流，而對應的解碼器是將傳輸資料轉為程式的訊息格式。

從邏輯上看，編碼器是從訊息格式轉化為位元元組流，是出站（outbound）操作，而解碼器是將位元組流轉為訊息格式，是入站（inbound）操作。

5.6.2 實例 10：緩衝區解碼

Node.js 緩衝區解碼都是使用 read 方法。以下是常用的解碼 API：

- buf.readBigInt64BE([offset])
- buf.readBigInt64LE([offset])
- buf.readBigUInt64BE([offset])
- buf.readBigUInt64LE([offset])
- buf.readDoubleBE([offset])
- buf.readDoubleLE([offset])
- buf.readFloatBE([offset])
- buf.readFloatLE([offset])
- buf.readInt8([offset])
- buf.readInt16BE([offset])
- buf.readInt16LE([offset])
- buf.readInt32BE([offset])
- buf.readInt32LE([offset])
- buf.readIntBE(offset, byteLength)
- buf.readIntLE(offset, byteLength)
- buf.readUInt8([offset])
- buf.readUInt16BE([offset])
- buf.readUInt16LE([offset])

- buf.readUInt32BE([offset])
- buf.readUInt32LE([offset])
- buf.readUIntBE(offset, byteLength)
- buf.readUIntLE(offset, byteLength)

上述 API 從方法命名上就能看出其用意。以 buf.readInt8([offset]) 方法為例，該 API 是從緩衝區讀取 8 位整數態資料。以下是一個使用範例：

```
const buf = Buffer.from([-1, 5]);

console.log(buf.readInt8(0));
// 輸出：-1

console.log(buf.readInt8(1));
// 輸出：5

console.log(buf.readInt8(2));
// 拋出 ERR_OUT_OF_RANGE 例外
```

其中，offset 用於指示資料在緩衝區的索引的位置。如果 offset 超過了緩衝區的長度，則會拋出 ERR_OUT_OF_RANGE 例外資訊。

本節的例子可以在 buffer-demo/buffer-read.js 檔案中找到。

5.6.3 實例 11：緩衝區編碼

Node.js 緩衝區編碼都是使用 write 方法。以下是常用的編碼 API：

- buf.write(string[, offset[, length]][, encoding])
- buf.writeBigInt64BE(value[, offset])
- buf.writeBigInt64LE(value[, offset])
- buf.writeBigUInt64BE(value[, offset])
- buf.writeBigUInt64LE(value[, offset])

- buf.writeDoubleBE(value[, offset])
- buf.writeDoubleLE(value[, offset])
- buf.writeFloatBE(value[, offset])
- buf.writeFloatLE(value[, offset])
- buf.writeInt8(value[, offset])
- buf.writeInt16BE(value[, offset])
- buf.writeInt16LE(value[, offset])
- buf.writeInt32BE(value[, offset])
- buf.writeInt32LE(value[, offset])
- buf.writeIntBE(value, offset, byteLength)
- buf.writeIntLE(value, offset, byteLength)
- buf.writeUInt8(value[, offset])
- buf.writeUInt16BE(value[, offset])
- buf.writeUInt16LE(value[, offset])
- buf.writeUInt32BE(value[, offset])
- buf.writeUInt32LE(value[, offset])
- buf.writeUIntBE(value, offset, byteLength)
- buf.writeUIntLE(value, offset, byteLength)

上述 API 從方法命名上就能看出其用意。以 buf.writeInt8(value[, offset]) 方法為例，該 API 是將 8 位整數態資料寫入緩衝區。以下是一個使用範例：

```
const buf = Buffer.allocUnsafe(2);

buf.writeInt8(2, 0);
```

```
buf.writeInt8(4, 1);

console.log(buf);
// 輸出：<Buffer 02 04>
```

上述例子最終在緩衝區的資料為 [02, 04]。

本節的例子可以在 buffer-demo/buffer-write.js 檔案中找到。

5.7 小結

本章詳細介紹了 Node.js 緩衝區的用法，包括建立緩衝區、切分緩衝區、連接緩衝區、比較緩衝區以及緩衝區編解碼。

5.8 練習題

1. 請簡述 Buffer 類別的作用。
2. 請撰寫一個建立緩衝區的範例。
3. 請撰寫一個切分緩衝區的範例。
4. 請撰寫一個連接緩衝區的範例。
5. 請撰寫一個比較緩衝區的範例。
6. 請撰寫一個緩衝區編解碼的範例。

第 6 章

Node.js 事件處理

Node.js 吸引人的非常大的原因是，Node.js 是非同步事件驅動的。透過非同步事件驅動機制，Node.js 應用擁有了高並行處理能力。

本章介紹 Node.js 的事件處理。

6.1 理解事件和回呼

在 Node.js 應用中，事件無處不在。舉例來說，net.Server 會在每次有新連接時觸發事件，fs.ReadStream 會在開啟檔案時觸發事件，stream 會在資料讀取時觸發事件。

在 Node.js 的事件機制裡面主要有三類角色：

- 事件（Event）。
- 事件發射器（Event Emitter）。
- 事件監聽器（Event Listener）。

所有能觸發事件的物件在 Node.js 中都是 EventEmitter 類別的實例。這些物件有一個 eventEmitter.on() 函式，用於將一個或多個函式綁定到命名事件上。事件的命名通常是駝峰式的字串。

當 EventEmitter 物件觸發一個事件時，所有綁定在該事件上的函式都會被同步地呼叫。

以下是一個簡單的 EventEmitter 實例，綁定了一個事件監聽器。

```
const EventEmitter = require('events');

class MyEmitter extends EventEmitter {}

const myEmitter = new MyEmitter();

// 註冊監聽器
myEmitter.on('event', () => {
  console.log('觸發事件');
});

// 觸發事件
myEmitter.emit('event');
```

在上述例子中，eventEmitter.on() 用於註冊監聽器，eventEmitter.emit() 用於觸發事件。其中，eventEmitter.on() 是一個典型的非同步程式設計模式，而且與回呼函式密不可分，而回呼函式就是後繼傳遞風格[1]的一種表現。後繼傳遞風格是一種控制流透過參數傳遞的風格。簡單地說就是把後繼，也就是下一步要執行的程式碼封裝成函式，透過參數傳遞的方式傳給當前執行的函式。

所謂回呼，就是「回頭再調」的意思。在上述例子中，myEmitter 先註冊了 event 事件，同時綁定了一個匿名的回呼函式。該函式並不是馬上執行，而是需要等到事件觸發了以後再執行。

1 有關後繼傳遞風格可見 http://en.wikipedia.org/wiki/Continuation-passing_style。

6.1.1 事件迴圈

Node.js 是單處理程式單執行緒應用程式，但是因為 V8 引擎提供的非同步執行回呼介面，透過這些介面可以處理大量的並行，所以性能非常高。

Node.js 幾乎每一個 API 都支持回呼函式。

Node.js 基本上所有的事件機制都是用設計模式中的觀察者模式實作的。

Node.js 單執行緒類似於進入一個 while(true) 事件迴圈，直到沒有事件觀察者退出，每個非同步事件都生成一個事件觀察者，如果有事件發生就呼叫該回呼函式。

6.1.2 事件驅動

圖 6-1 展示了事件驅動模型。

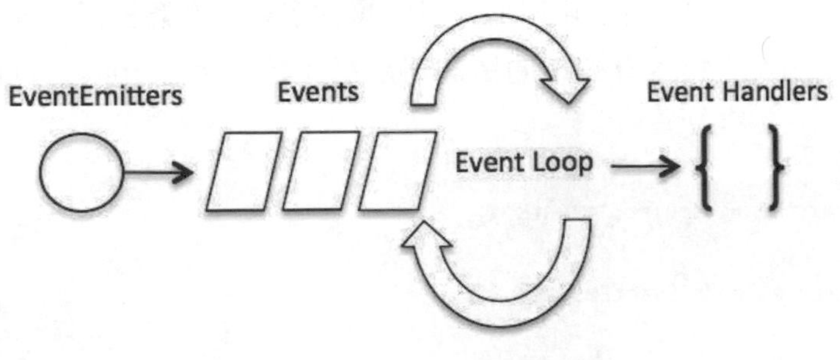

▲ 圖 6-1 事件驅動模型

Node.js 使用事件驅動模型，當伺服器接收到請求，就把它關閉，然後進行處理，去服務下一個請求。當這個請求完成後，它被放回處理佇列，當到達佇列開頭時，這個結果被傳回給使用者。

這個模型非常高效，可擴充性非常強，因為伺服器一直接受請求而不等待任何讀寫入操作。

在事件驅動模型中會生成一個主迴圈來監聽事件，當檢測到事件時觸發回呼函式。

整個事件驅動的流程有點類似於觀察者模式，事件相當於一個主題（Subject），而所有註冊到這個事件上的處理函式相當於觀察者（Observer）。

6.2 事件發射器

在 Node.js 中，事件發射器是定義在 events 模組的 EventEmitter 類別。獲取 EventEmitter 類別的方式如下：

```
const EventEmitter = require('events');
```

當 EventEmitter 類別實例新增監聽器時，會觸發 newListener 事件；當移除已存在的監聽器時，則觸發 removeListener 事件。

6.2.1 實例 12：將參數和 this 傳給監聽器

eventEmitter.emit() 方法可以傳任意數量的參數到監聽器函式。當監聽器函式被呼叫時，this 關鍵字會被指向監聽器所綁定的 EventEmitter 實例。以下是範例：

```
const EventEmitter = require('events');

class MyEmitter extends EventEmitter {}

const myEmitter = new MyEmitter();

myEmitter.on('event', function(a, b) {
  console.log(a, b, this, this === myEmitter);
  // 輸出
  // a b MyEmitter {
  //   _events: [Object: null prototype] { event: [Function] },
  //   _eventsCount: 1,
  //   _maxListeners: undefined
  // } true
});

myEmitter.emit('event', 'a', 'b');
```

也可以使用 ES6 的 lambda 運算式作為監聽器。但 this 關鍵字不會指向 EventEmitter 實例。以下是範例：

```
const EventEmitter = require('events');

class MyEmitter extends EventEmitter { }

const myEmitter = new MyEmitter();

myEmitter.on('event', (a, b) => {
    console.log(a, b, this);
    // 輸出：a b {}
});

myEmitter.emit('event', 'a', 'b');
```

本節的例子可以在 events-demo/parameter-this.js 和 events-demo/parameter-lambda.js 檔案中找到。

6.2.2 實例 13：非同步與同步

EventEmitter 會按照監聽器註冊的順序同步地呼叫所有監聽器，所以必須確保事件排序正確，且避免競爭狀態條件。可以使用 setImmediate() 或 process.nextTick() 切換到非同步模式：

```
const EventEmitter = require('events');

class MyEmitter extends EventEmitter { }

const myEmitter = new MyEmitter();

myEmitter.on('event', (a, b) => {
    setImmediate(() => {
        console.log(' 非同步進行 ');
    });
});

myEmitter.emit('event', 'a', 'b');
```

本節的例子可以在 events-demo/set-immediate.js 檔案中找到。

6.2.3 實例 14：僅處理事件一次

當使用 eventEmitter.on() 註冊監聽器時，監聽器會在每次觸發命名事件時被呼叫。

```
const myEmitter = new MyEmitter();
let m = 0;

myEmitter.on('event', () => {
  console.log(++m);
});

myEmitter.emit('event');
// 輸出：1

myEmitter.emit('event');
// 輸出：2
```

使用 eventEmitter.once() 可以註冊最多可呼叫一次的監聽器。當事件被觸發時，監聽器會被登出，然後呼叫。

```
const EventEmitter = require('events');

class MyEmitter extends EventEmitter { }

const myEmitter = new MyEmitter();
let m = 0;

myEmitter.once('event', () => {
    console.log(++m);
});

myEmitter.emit('event');
// 列印：1
myEmitter.emit('event');
// 不觸發
```

本節的例子可以在 events-demo/emitter-once.js 檔案中找到。

6.3 事件類型

Node.js 的事件是由不同的類型進行區分的。

6.3.1 事件類型的定義

觀察在前面章節所涉及的範例：

```
const EventEmitter = require('events');

class MyEmitter extends EventEmitter {}

const myEmitter = new MyEmitter();

// 註冊監聽器
myEmitter.on('event', () => {
  console.log(' 觸發事件 ');
});

// 觸發事件
myEmitter.emit('event');
```

事件的類型是由字串表示的。在上述範例中，事件的類型是 event。

事件類型可以定義為任意的字串，但約定俗成的是，事件類型通常是由不包含空格的小寫單字組成的。

由於事件類型定義的靈活性，我們無法透過程式設計來判斷事件發射器到底能夠發射哪些類型的事件，因為事件發射器 API 不會提供內省機制，所以只能透過 API 檔案來查看它能夠發射的事件類型有哪些。

6.3.2 內建的事件類型

事件類型可以靈活定義，但有一些事件是由 Node.js 本身定義的，比如前面章節所涉及的 newListener 事件和 removeListener 事件。當 EventEmitter 類別實例新增監聽器時，會觸發 newListener 事件；當移除已存在的監聽器時，則觸發 removeListener 事件。

還有一類特殊的事件是指 error 事件。

6.3.3 實例 15：error 事件

當 EventEmitter 實例出錯時，應該觸發 error 事件。

如果沒有為 error 事件註冊監聽器，當 error 事件觸發時會拋出錯誤，列印堆疊追蹤並退出 Node.js 處理程式。

```
const EventEmitter = require('events');

class MyEmitter extends EventEmitter { }

const myEmitter = new MyEmitter();

// 模擬觸發 error 事件
myEmitter.emit('error', new Error(' 錯誤資訊 '));
// 拋出錯誤
```

執行程式，可以看到主控台拋出了以下錯誤資訊：

```
D:\workspaceGithub\full-stack-development-with-vuejs-and-nodejs\samples\events-
demo>node error-event
node:events:368
      throw er; // Unhandled 'error' event
      ^

Error: 錯誤資訊
    at Object.<anonymous> (D:\workspaceGithub\full-stack-development-with-vuejs-and-
nodejs\samples\events-demo\error-event.js:13:25)
```

```
[90m    at Module._compile (node:internal/modules/cjs/loader:1097:14)[39m
[90m    at Object.Module._extensions..js (node:internal/modules/cjs/loader:1149:10)
[39m
[90m    at Module.load (node:internal/modules/cjs/loader:975:32)[39m
[90m    at Function.Module._load (node:internal/modules/cjs/loader:822:12)[39m
[90m    at Function.executeUserEntryPoint [as runMain] (node:internal/modules/run_
main:81:12)[39m
[90m    at node:internal/main/run_main_module:17:47[39m
Emitted 'error' event on MyEmitter instance at:
    at Object.<anonymous> (D:\workspaceGithub\full-stack-development-with-vuejs-and-
nodejs\samples\events-demo\error-event.js:13:11)
[90m    at Module._compile (node:internal/modules/cjs/loader:1097:14)[39m
    [... lines matching original stack trace ...]
[90m    at node:internal/main/run_main_module:17:47[39m

Node.js v17.3.0
```

上述錯誤如果沒有進一步處理，則極易導致 Node.js 處理程式當機。為了防止處理程式當機，有兩種解決方式。

1. 使用 domain 模組

早期 Node.js 的 domain 模組用於簡化非同步程式碼的例外處理，可以捕捉處理 try-catch 無法捕捉的例外。引入 domain 模組的語法格式如下：

```
var domain = require("domain")
```

domain 模組會把多個不同 I / O 操作作為一個群組。在發生一個錯誤事件或拋出一個錯誤時 domain 物件會被通知，所以不會遺失上下文環境，也不會導致程式錯誤立即退出。

以下是一個 domain 的範例：

```
var domain = require('domain');
var connect = require('connect');

var app = connect();
```

```
//引入一個 domain 的中介軟體，將每一個請求都包裹在一個獨立的 domain 中
//domain 來處理例外
app.use(function (req,res, next) {
  var d = domain.create();
  //監聽 domain 的錯誤事件
  d.on('error', function (err) {
    logger.error(err);
    res.statusCode = 500;
    res.json({sucess:false, messag: '伺服器異常'});
    d.dispose();
  });

  d.add(req);
  d.add(res);
  d.run(next);
});

app.get('/index', function (req, res) {
  //處理業務
});
```

需要注意的是，domain 模組已經廢棄了，不再推薦使用了。

2. 為 error 事件註冊監聽器

作為最佳實踐，應該始終為 error 事件註冊監聽器。

```
const EventEmitter = require('events');

class MyEmitter extends EventEmitter { }

const myEmitter = new MyEmitter();

// 為 error 事件註冊監聽器
myEmitter.on('error', (err) => {
    console.error('錯誤資訊');
});

// 模擬觸發 error 事件
myEmitter.emit('error', new Error('錯誤資訊'));
```

本節的例子可以在 events-demo/error-event.js 檔案中找到。

6.4 事件的操作

本節介紹 Node.js 事件的常用操作。

6.4.1 實例 16：設定最大監聽器

預設情況下，每個事件可以註冊最多 10 個監聽器，可以使用 emitter.setMaxListeners(n) 方法改變單一 EventEmitter 實例的限制，也可以使用 EventEmitter.defaultMaxListeners 屬性來改變所有 EventEmitter 實例的預設值。

需要注意的是，設定 EventEmitter.defaultMaxListeners 要謹慎，因為這個設定會影響所有 EventEmitter 實例，包括之前建立的。因而，推薦優先使用 emitter.setMaxListeners(n) 而非 EventEmitter.defaultMaxListeners。

雖然可以設定最大監聽器，但這個限制不是硬性的。EventEmitter 實例可以增加超過限制的監聽器，只是會向 stderr 輸出追蹤警告，表示檢測到可能的記憶體洩漏。對於單一 EventEmitter 實例，可以使用 emitter.getMaxListeners() 和 emitter.setMaxListeners() 暫時消除警告：

```
emitter.setMaxListeners(emitter.getMaxListeners() + 1);

emitter.once('event', () => {
  // 做一些操作
  emitter.setMaxListeners(Math.max(emitter.getMaxListeners() - 1, 0));
});
```

如果想顯示此類警告的堆疊追蹤資訊，可以使用 -trace-warnings 命令列參數。

觸發的警告可以透過 process.on('warning') 進行檢查，並具有附加的 emitter、type 和 count 屬性，分別指向事件觸發器實例、事件名稱以及附加的監聽器數量。其 name 屬性設定為 MaxListenersExceededWarning。

6.4.2 實例 17：獲取已註冊的事件的名稱

可以透過 emitter.eventNames() 方法來傳回已註冊監聽器的事件名稱陣列。陣列中的值可以為字串或 Symbol。以下是範例：

```
const EventEmitter = require('events');

class MyEmitter extends EventEmitter { }

const myEmitter = new MyEmitter();

myEmitter.on('foo', () => {});
myEmitter.on('bar', () => {});

const sym = Symbol('symbol');
myEmitter.on(sym, () => {});

console.log(myEmitter.eventNames());
```

上述程式在主控台輸出的內容為：

```
[ 'foo', 'bar', Symbol(symbol) ]
```

本節的例子可以在 events-demo/event-names.js 檔案中找到。

6.4.3 實例 18：獲取監聽器陣列的副本

可以透過 emitter.listeners(eventName) 方法來傳回名為 eventName 的事件的監聽器陣列的副本。以下是範例：

```
const EventEmitter = require('events');

class MyEmitter extends EventEmitter { }

const myEmitter = new MyEmitter();

myEmitter.on('foo', () => {});

console.log(myEmitter.listeners('foo'));
```

上述程式在主控台輸出的內容為：

```
[ [Function] ]
```

本節的例子可以在 events-demo/event-listeners.js 檔案中找到。

6.4.4 實例 19：將事件監聽器增加到監聽器陣列的開頭

透過 emitter.on(eventName, listener) 方法，監聽器 listener 會被增加到監聽器陣列的尾端。透過 emitter.prependListener() 方法，事件監聽器將被增加到監聽器陣列的開頭。以下是範例：

```
const EventEmitter = require('events');

class MyEmitter extends EventEmitter { }

const myEmitter = new MyEmitter();

myEmitter.on('foo', () => console.log('a'));
myEmitter.prependListener('foo', () => console.log('b'));
myEmitter.emit('foo');
```

預設情況下，事件監聽器會按照增加的順序依次呼叫。由於 prependListener 方法讓監聽器提前到了陣列的開頭，因此該監聽器會被優先執行。因此主控台輸出內容為：

```
b
a
```

> **注意**
>
> 註冊監聽器時，不會檢查監聽器是否已被增加過。因此，多次呼叫並傳入相同的 eventName 與 listener 會導致 listener 被增加多次，這是合法的。

本節的例子可以在 events-demo/prepend-listener.js 檔案中找到。

6.4.5 實例 20：移除監聽器

透過 emitter.removeListener(eventName, listener) 方法從名為 eventName 的事件的監聽器陣列中移除指定的 listener。以下是範例：

```
const EventEmitter = require('events');

class MyEmitter extends EventEmitter { }

const myEmitter = new MyEmitter();

let listener1 = function () {
    console.log(' 監聽器 listener1');
}

// 獲取監聽器的個數
let getListenerCount = function () {

    let count = myEmitter.listenerCount('foo');
    console.log(" 監聽器監聽個數為：" + count);
}

myEmitter.on('foo', listener1);

getListenerCount();

myEmitter.emit('foo');

// 移除監聽器
myEmitter.removeListener('foo', listener1);

getListenerCount();
```

在上述範例中，透過 listenerCount() 方法來獲取監聽器的個數。透過 removeListener() 前後的監聽器個數的對比，可以看到 removeListener() 方法已經移除掉了 foo 監聽器。

以下是主控台的輸出內容：

```
監聽器監聽個數為：1
監聽器 listener1
監聽器監聽個數為：0
```

removeListener() 最多只會從監聽器陣列中移除一個監聽器。如果監聽器被多次增加到指定 eventName 的監聽器陣列中，則必須多次呼叫 removeListener() 才能移除所有實例。

如果想要快捷地刪除某個 eventName 所有的監聽器，則可以使用 emitter.removeAllListeners([eventName]) 方法。

```
const EventEmitter = require('events');

class MyEmitter extends EventEmitter { }

const myEmitter = new MyEmitter();

let listener1 = function () {
    console.log(' 監聽器 listener1');
}

// 獲取監聽器的個數
let getListenerCount = function () {

    let count = myEmitter.listenerCount('foo');
    console.log(" 監聽器監聽各數為：" + count);
}

// 增加多個監聽器
myEmitter.on('foo', listener1);
myEmitter.on('foo', listener1);
myEmitter.on('foo', listener1);

getListenerCount();

// 移除所有監聽器
```

```
myEmitter.removeAllListeners(['foo']);

getListenerCount();
```

在上述範例中，透過 listenerCount() 方法來獲取監聽器的各數。透過 removeListener() 前後的監聽器各數的對比，可以看到 removeListener() 方法已經移除掉了 foo 監聽器。

以下是主控台的輸出內容：

```
監聽器監聽個數為：3
監聽器監聽個數為：0
```

本節的例子可以在 events-demo/remove-listener.js 檔案中找到。

6.5 小結

本章介紹了 Node.js 事件處理機制的原理、事件發射器、事件類型以及常用事件的操作。

6.6 練習題

1. 請簡述 Node.js 事件處理機制的原理。
2. 請撰寫一個事件發射器的使用範例。
3. 請簡述常見的內建事件類型。
4. 請撰寫一個 error 事件的使用範例。
5. 請撰寫一個操作事件的範例。

第 7 章

Node.js 檔案處理

本章介紹如何以 Node.js 為基礎的 fs 模組來實作檔案的處理操作。

7.1 了解 fs 模組

Node.js 對應檔案處理的能力主要由 fs 模組來提供。fs 模組提供了一組 API，用以模仿標準 UNIX（POSIX）函式的方式與檔案系統進行互動。

使用 fs 模組的方式如下：

```
const fs = require('fs');
```

7.1.1 同步與非同步作業檔案

所有檔案系統操作都具有同步和非同步的形式。

非同步的形式總是將完成回呼作為最後一個參數。傳給完成回呼的參數取決於具體方法，但第一個參數始終預留用於例外。如果操作成功完成，則第一個參數將為 null 或 undefined。以下是一個異常操作檔案系統的範例：

```
const fs = require('fs');

fs.unlink('/tmp/hello', (err) => {
  if (err) throw err;
  console.log('已成功刪除 /tmp/hello');
});
```

使用同步的操作發生的例外會立即拋出，可以使用 try/catch 處理，也允許反昇。以下是一個同步操作檔案系統的範例：

```
const fs = require('fs');

try {
  fs.unlinkSync('/tmp/hello');
  console.log('已成功刪除 /tmp/hello');
} catch (err) {
  // 處理錯誤
}
```

使用非同步的方法時無法保證順序。因此，以下操作容易出錯，因為 fs.stat() 操作可能在 fs.rename() 操作之前完成：

```
fs.rename('/tmp/hello', '/tmp/world', (err) => {
  if (err) {
      throw err;
  }

  console.log('重新命名完成');
});

fs.stat('/tmp/world', (err, stats) => {
  if (err) {
      throw err;
  }

  console.log('檔案屬性：${JSON.stringify(stats)}');
});
```

要正確地為這些操作排序，則將 fs.stat() 呼叫移動到 fs.rename() 操作的回呼中：

```
fs.rename('/tmp/hello', '/tmp/world', (err) => {
  if (err) {
      throw err;
  }

  fs.stat('/tmp/world', (err, stats) => {
    if (err) {
        throw err;
    }

    console.log('檔案屬性：${JSON.stringify(stats)}');
  });
});
```

在繁忙的處理程式中，強烈建議使用這些呼叫的非同步版本。同步的版本將阻塞整個處理程式，直到它們完成（停止所有連接）。

雖然不推薦這樣使用，但大多數 fs 函式允許省略回呼參數，在這種情況下，使用一個會重新拋出錯誤的預設回呼。要獲取原始呼叫點的追蹤，則設定 NODE_DEBUG 環境變數。

不推薦在非同步的 fs 函式上省略回呼函式，因為可能導致將來拋出錯誤。

```
$ cat script.js
function bad() {
  require('fs').readFile('/');
}
bad();

$ env NODE_DEBUG=fs node script.js
fs.js:88
        throw backtrace;
        ^
Error: EISDIR: illegal operation on a directory, read
    <stack trace.>
```

7.1.2 檔案描述符號

在 POSIX 系統上，對於每個處理程式，核心都維護著一張當前開啟著的檔案和資源的表格。每個開啟的檔案都分配了一個稱為檔案描述符號（File Descriptor）的簡單數字識別碼符號。在系統層，所有檔案系統操作都使用這些檔案描述符號來標識和追蹤每個特定的檔案。Windows 系統使用了一個雖然不同但概念上類似的機制來追蹤資源。為了簡化使用者的工作，Node.js 抽象出作業系統之間的特定差異，並為所有開啟的檔案分配一個數字型的檔案描述符號。

fs.open() 方法用於分配新的檔案描述符號。一旦被分配，則檔案描述符號可用於從檔案讀取資料、向檔案寫入資料，或請求關於檔案的資訊。以下是範例：

```
fs.open('/open/some/file.txt', 'r', (err, fd) => {
  if (err) {
     throw err;
  }

  fs.fstat(fd, (err, stat) => {
    if (err) {
       throw err;
    }

    // 始終關閉檔案描述符號
    fs.close(fd, (err) => {
      if (err) {
          throw err;
      }
    });
  });
});
```

大多數作業系統限制在任何給定時間內可能開啟的檔案描述符號的數量，因此當操作完成時關閉描述符號非常重要。如果不這樣做將導致記憶體洩漏，甚至最終導致應用程式當機。

7.2 處理檔案路徑

大多數 fs 操作接受的檔案路徑可以指定為字串、Buffer 或使用 file: 協定的 URL 物件。

7.2.1 字串形式的路徑

字串形式的路徑被解析為標識絕對或相對檔案名稱的 UTF-8 字元序列。相對路徑將相對於 process.cwd() 指定的當前工作目錄進行解析。

在 POSIX 上使用絕對路徑的範例：

```
const fs = require('fs');

fs.open('/open/some/file.txt', 'r', (err, fd) => {
  if (err) {
      throw err;
  }

  fs.close(fd, (err) => {
    if (err) {
        throw err;
    }
  });
});
```

在 POSIX 上使用相對路徑（相對於 process.cwd()）的範例：

```
const fs = require('fs');

fs.open('file.txt', 'r', (err, fd) => {
  if (err) {
      throw err;
  }

  fs.close(fd, (err) => {
    if (err) {
```

```
        throw err;
    }
  });
});
```

7.2.2 Buffer 形式的路徑

使用 Buffer 指定的路徑主要用於將檔案路徑視為不透明位元組序列的某些 POSIX 作業系統。在這樣的系統上，單一檔案路徑可以包含使用多種字元編碼的子序列。與字串路徑一樣，Buffer 路徑可以是相對路徑或絕對路徑。

在 POSIX 上使用絕對路徑的範例：

```
fs.open(Buffer.from('/open/some/file.txt'), 'r', (err, fd) => {
  if (err) {
      throw err;
  }

  fs.close(fd, (err) => {
    if (err) {
        throw err;
    }
  });
});
```

在 Windows 上，Node.js 遵循每個驅動器工作目錄的概念。當使用沒有反斜線的驅動器路徑時，可以觀察到此行為。舉例來說，fs.readdirSync('c:\\') 可能會傳回與 fs.readdirSync('c:') 不同的結果。

7.2.3 URL 物件的路徑

對於大多數 fs 模組的函式，path 或 filename 參數可以傳入遵循 WHATWG 標準的 URL 物件[1]。Node.js 僅支援使用 file: 協定的 URL 物件。以下是使用 URL 物件的範例：

1 有關 WHATWG 標準的 URL 物件可見 https://url.spec.whatwg.org。

```
const fs = require('fs');
const fileUrl = new URL('file:///tmp/hello');

fs.readFileSync(fileUrl);
```

注意

file: 的 URL 始終是絕對路徑。

使用 WHATWG 標準的 URL 物件可能會採用特定於平臺的行為。比如在 Windows 上，帶有主機名稱的 URL 轉為 UNC 路徑，而帶有磁碟機代號的 URL 轉為本機絕對路徑。沒有主機名稱和磁碟機代號的 URL 將導致拋出錯誤。觀察下面的範例：

```
// 在 Windows 上

// - 帶有主機名稱的 WHATWG 檔案的 URL 轉為 UNC 路徑
// file://hostname/p/a/t/h/file => \\hostname\p\a\t\h\file
fs.readFileSync(new URL('file://hostname/p/a/t/h/file'));

// - 帶有磁碟機代號的 WHATWG 檔案的 URL 轉為絕對路徑
// file:///C:/tmp/hello => C:\tmp\hello
fs.readFileSync(new URL('file:///C:/tmp/hello'));

// - 沒有主機名稱的 WHATWG 檔案的 URL 必須包含磁碟機代號
fs.readFileSync(new URL('file:///notdriveletter/p/a/t/h/file'));
fs.readFileSync(new URL('file:///c/p/a/t/h/file'));
// TypeError [ERR_INVALID_FILE_URL_PATH]: File URL path must be absolute
```

帶有磁碟機代號的 URL 必須使用磁碟機代號後面的分隔符號號，使用其他分隔符號將導致拋出錯誤。

在所有其他平臺上，不支持附帶有主機名稱的 URL，使用時將導致拋出錯誤：

```
// 在其他平臺上

// - 不支持帶有主機名稱的 WHATWG 檔案的 URL
```

```
// file://hostname/p/a/t/h/file => throw!
fs.readFileSync(new URL('file://hostname/p/a/t/h/file'));
// TypeError [ERR_INVALID_FILE_URL_PATH]: must be absolute

// - WHATWG 檔案的 URL 轉為絕對路徑
// file:///tmp/hello => /tmp/hello
fs.readFileSync(new URL('file:///tmp/hello'));
```

包含編碼的斜桿字元（%2F）的 file: URL 在所有平臺上都將導致拋出錯誤：

```
// 在 Windows 上
fs.readFileSync(new URL('file:///C:/p/a/t/h/%2F'));
fs.readFileSync(new URL('file:///C:/p/a/t/h/%2f'));
/* TypeError [ERR_INVALID_FILE_URL_PATH]: File URL path must not include encoded
\ or / characters */

// 在 POSIX 上
fs.readFileSync(new URL('file:///p/a/t/h/%2F'));
fs.readFileSync(new URL('file:///p/a/t/h/%2f'));
/* TypeError [ERR_INVALID_FILE_URL_PATH]: File URL path must not include encoded
/ characters */
```

在 Windows 上，包含編碼的反斜桿字元（%5C）的 URL 將導致拋出錯誤：

```
// 在 Windows 上：
fs.readFileSync(new URL('file:///C:/path/%5C'));
fs.readFileSync(new URL('file:///C:/path/%5c'));
/* TypeError [ERR_INVALID_FILE_URL_PATH]: File URL path must not include encoded
\ or / characters */
```

7.3 開啟檔案

Node.js 提供了 fs.open(path[, flags[, mode]], callback) 方法，用於非同步開啟檔案。其中的參數說明如下：

- flags <string> | <number>：為所支持的檔案系統標識，預設值是 r。

- mode <integer>：為檔案模式，其預設值是 0o666（讀寫）。在 Windows 上，只能操作寫入許可權。

如果想同步開啟檔案，則使用 fs.openSync(path[, flags, mode]) 方法。

7.3.1 檔案系統標識

檔案系統標識選項採用字串時，可用以下標識：

- a：開啟檔案用於追加。如果檔案不存在，則建立該檔案。
- ax：與 a 相似，但如果路徑已存在，則失敗。
- a+：開啟檔案用於讀取和追加。如果檔案不存在，則建立該檔案。
- ax+：與 a+ 相似，但如果路徑已存在，則失敗。
- as：以同步模式開啟檔案用於追加。如果檔案不存在，則建立該檔案。
- as+：以同步模式開啟檔案用於讀取和追加。如果檔案不存在，則建立該檔案。
- r：開啟檔案用於讀取。如果檔案不存在，則出現例外。
- r+：開啟檔案用於讀取和寫入。如果檔案不存在，則出現例外。
- rs+：以同步模式開啟檔案用於讀取和寫入。指示作業系統繞過本機的檔案系統快取。這對於在 NFS 掛載上開啟檔案時非常有用，因為它允許跳過可能過時的本機快取。它對 I / O 性能有非常實際的影響，因此除非需要，否則不建議使用此標識。這不會將 fs.open() 或 fsPromises.open() 轉為同步的阻塞呼叫。如果需要同步的操作，則應使用 fs.openSync() 之類的。
- w：開啟檔案用於寫入。如果檔案不存在，則建立檔案；如果檔案已存在，則截斷檔案。
- wx：與 w 相似，但如果路徑已存在，則失敗。

- w+：開啟檔案用於讀取和寫入。如果檔案不存在，則建立檔案；如果檔案已存在，則截斷檔案。
- wx+：與 w+ 相似，但如果路徑已存在，則失敗。

檔案系統標識也可以是一個數字，參閱 open(2)[1] 檔案。常用的常數定義在了 fs.constants 中。在 Windows 上，檔案系統標識會被適當地轉為等效的標識，例如 O_WRONLY 轉為 FILE_GENERIC_WRITE，O_EXCL|O_CREAT 轉為能被 CreateFileW 接受的 CREATE_NEW。

特有的 x 標識可以確保路徑是新建立的。在 POSIX 系統上，即使路徑是一個符號連結且指向一個不存在的檔案，它也會被視為已存在。該特有標識不一定適用於網路檔案系統。

在 Linux 上，當以追加模式開啟檔案時，寫入無法指定位置。核心會忽略位置參數，並始終將資料追加到檔案的尾端。

如果要修改檔案而非覆蓋檔案，則標識模式應選為 r+ 模式而非預設的 w 模式。

某些標識的行為是針對特定的平臺的。舉例來說，在 macOS 和 Linux 上使用 a+ 標識開啟目錄會傳回一個錯誤。而在 Windows 和 FreeBSD 上，則傳回一個檔案描述符號或 FileHandle。觀察下面的範例：

```
// 在 macOS 和 Linux 上
fs.open('< 目錄 >', 'a+', (err, fd) => {
  // => [Error: EISDIR: illegal operation on a directory, open < 目錄 >]
});

// 在 Windows 和 FreeBSD 上
fs.open('< 目錄 >', 'a+', (err, fd) => {
  // => null, <fd>
});
```

1 有關 open(2) 文件的內容可見 http://man7.org/linux/man-pages/man2/open.2.html。

在 Windows 上，使用 w 標識開啟現存的隱藏檔案（透過 fs.open()、fs.writeFile() 或 fsPromises.open()）會拋出 EPERM。現存的隱藏檔案可以使用 r+ 標識開啟，用於寫入。

呼叫 fs.ftruncate() 或 fsPromises.ftruncate() 可以用於重置檔案的內容。

7.3.2 實例 21：開啟檔案的例子

以下是一個開啟檔案的例子：

```
const fs = require('fs');

fs.open('data.txt', 'r', (err, fd) => {
    if (err) {
        throw err;
    }

    fs.fstat(fd, (err, stat) => {
        if (err) {
            throw err;
        }

        // 始終關閉檔案描述符號
        fs.close(fd, (err) => {
            if (err) {
                throw err;
            }
        });
    });
});
```

該例子用於開啟目前的目錄下的 data.txt 檔案。若目前的目錄下不存在 data.txt 檔案，則回報以下異常：

```
D:\workspaceGitosc\nodejs-book\samples\fs-demo\fs-open.js:5
        throw err;
        ^
```

```
Error: ENOENT: no such file or directory, open 'D:\workspaceGitosc\nodejs-book\
samples\fs-demo\data.txt'
```

若目前的目錄下存在 data.txt 檔案，則程式能正常執行完成。

本節的例子可以在 fs-demo/fs-open.js 檔案中找到。

7.4 讀取檔案

Node.js 為讀取檔案的內容提供了以下 API：

- fs.read(fd, buffer, offset, length, position, callback)
- fs.readSync(fd, buffer, offset, length, position)
- fs.readdir(path[, options], callback)
- fs.readdirSync(path[, options])
- fs.readFile(path[, options], callback)
- fs.readFileSync(path[, options])

這些 API 都包含非同步方法，並提供與之對應的同步方法。

7.4.1 實例 22：用 fs.read 讀取檔案

fs.read(fd, buffer, offset, length, position, callback) 方法用於非同步地從 fd 指定的檔案中讀取資料。

觀察下面的範例：

```
const fs = require('fs');

fs.open('data.txt', 'r', (err, fd) => {
    if (err) {
        throw err;
    }
```

```
        var buffer = Buffer.alloc(255);

        // 讀取檔案
        fs.read(fd, buffer, 0, 255, 0, (err, bytesRead, buffer) => {
            if (err) {
                throw err;
            }

            // 列印出 buffer 中存入的資料
            console.log(bytesRead, buffer.slice(0, bytesRead).toString());

            // 始終關閉檔案描述符號
            fs.close(fd, (err) => {
                if (err) {
                    throw err;
                }
            });
        });
});
```

上述例子使用 fs.open() 方法來開啟檔案，接著透過 fs.read() 方法讀取檔案中的內容，並轉為字串列印到主控台。主控台輸出內容如下：

```
128 江上吟——唐朝 李白
興酣落筆搖五嶽，詩成笑傲淩滄洲。
功名富貴若長在，漢水亦應西北流。
```

與 fs.read(fd, buffer, offset, length, position, callback) 方法所對應的同步方法是 fs.readSync(fd, buffer, offset, length, position)。

本節的例子可以在 fs-demo/fs-read.js 檔案中找到。

7.4.2 實例 23：用 fs.readdir 讀取檔案

fs.readdir(path[, options], callback) 方法用於非同步地讀取目錄中的內容。

觀察下面的範例：

```
const fs = require("fs");

console.log(" 查看目前的目錄下所有的檔案 ");

fs.(".", (err, files) => {
    if (err) {
        throw err;
    }

    // 列出檔案名稱
    files.forEach(function (file) {
        console.log(file);
    });
});
```

上述例子使用 fs.readdir() 方法來獲取目前的目錄所有的檔案列表，並將檔案名稱列印到主控台。主控台輸出內容如下：

```
查看目前的目錄
data.txt
fs-open.js
fs-read-dir.js
fs-read.js
```

與 fs.readdir(path[, options], callback) 方法所對應的同步方法是 fs.readdirSync(path[, options])。

本節的例子可以在 fs-demo/fs-read-dir.js 檔案中找到。

7.4.3 實例 24：用 fs.readFile 讀取檔案

fs.readFile(path[, options], callback) 方法用於非同步地讀取檔案的全部內容。

觀察下面的範例：

```
const fs = require('fs');

fs.readFile('data.txt', (err, data) => {
    if (err) {
        throw err;
    }

    console.log(data);
});
```

readFile 方法回呼會傳入兩個參數：err 和 data，其中 data 是檔案的內容。

由於沒有指定字元編碼，因此主控台輸出的是原始的 Buffer：

```
<Buffer e6 b1 9f e4 b8 8a e5 90 9f e2 80 94 e2 80 94 e5 94 90 e6 9c 9d 20 e6 9d 8e e7
99 bd 0d 0a e5 85 b4 e9 85 a3 e8 90 bd e7 ac 94 e6 91 87 e4 ba 94 e5 b2 ... 78 more
bytes>
```

如果 options 是字串，並且已經指定字元編碼，像下面這樣：

```
const fs = require('fs');

// 指定為 UTF-8
fs.readFile('data.txt', 'utf8', (err, data) => {
    if (err) {
        throw err;
    }

    console.log(data);
});
```

則能把字串正常列印到主控台：

```
江上吟——唐朝 李白
興酣落筆搖五嶽，詩成笑傲凌滄洲。
功名富貴若長在，漢水亦應西北流。
```

與 fs.read(fd, buffer, offset, length, position, callback) 所對應的非同步方法是 fs.readSync(fd, buffer, offset, length, position)。

當 path 是目錄時，fs.readFile() 與 fs.readFileSync() 的行為是針對特定平臺的。在 macOS、Linux 和 Windows 上將傳回錯誤，在 FreeBSD 上將傳回目錄內容。

```
// 在 macOS、Linux 和 Windows 上
fs.readFile('<目錄>', (err, data) => {
  // => [Error: EISDIR: illegal operation on a directory, read <目錄>]
});

// 在 FreeBSD 上
fs.readFile('<目錄>', (err, data) => {
  // => null, <data>
});
```

由於 fs.readFile() 函式會緩衝整個檔案，因此為了最小化記憶體成本，盡可能透過 fs.createReadStream() 進行串流式傳輸。

本節的例子可以在 fs-demo/fs-read-file.js 檔案中找到。

7.5 寫入檔案

Node.js 為寫入檔案的內容提供了以下 API：

- fs.write(fd, buffer[, offset[, length[, position]]], callback)
- fs.writeSync(fd, buffer[, offset[, length[, position]]])
- fs.write(fd, string[, position[, encoding]], callback)
- fs.writeSync(fd, string[, position[, encoding]])
- fs.writeFile(file, data[, options], callback)
- fs.writeFileSync(file, data[, options])

這些 API 都包含非同步方法，並提供與之對應的同步方法。

7.5.1 實例 25：將 Buffer 寫入檔案

fs.write(fd, buffer[, offset[, length[, position]]], callback) 方法用於將 buffer 寫入 fd 指定的檔案。其中：

- offset 決定了 buffer 中要被寫入的部位。
- length 是一個整數，指定要寫入的位元組數。
- position 指定檔案開頭的偏移量（資料應該被寫入的位置）。如果 typeof position !== 'number'，則資料會被寫入當前的位置。
- 回呼有三個參數：err、bytesWritten 和 buffer，其中 bytesWritten 指定 buffer 中被寫入的位元組數。

以下是 fs.write(fd, buffer[, offset[, length[, position]]], callback) 方法的範例：

```
const fs = require('fs');

// 開啟檔案用於寫入。如果檔案不存在，則建立檔案
fs.open('write-data.txt', 'w', (err, fd) => {
    if (err) {
        throw err;
    }

    let buffer = Buffer.from("《Node.js 企業級應用程式開發實戰》");

    // 寫入檔案
    fs.write(fd, buffer, 0, buffer.length, 0, (err, bytesWritten, buffer) => {
        if (err) {
            throw err;
        }

        // 列印出 buffer 中存入的資料
        console.log(bytesWritten, buffer.slice(0, bytesWritten).toString());
```

```
        // 始終關閉檔案描述符號
        fs.close(fd, (err) => {
            if (err) {
                throw err;
            }
        });
    });
});
```

成功執行上述程式之後，可以發現在目前的目錄下已經新建了一個 write-data.txt 檔案。開啟該檔案，可以看到以下內容：

```
《Node.js 企業級應用程式開發實戰》
```

説明程式中的 Buffer 資料已經成功寫入檔案中。

在同一個檔案上多次使用 fs.write() 且不等待回呼是不安全的。對於這種情況，建議使用 fs.createWriteStream()。

在 Linux 上，當以追加模式開啟檔案時，寫入無法指定位置。核心會忽略位置參數，並始終將資料追加到檔案的尾端。

與 fs.write(fd, buffer[, offset[, length[, position]]], callback) 方法所對應的同步方法是 fs.writeSync(fd, buffer[, offset[, length[, position]]])。

本節的例子可以在 fs-demo/fs-write.js 檔案中找到。

7.5.2 實例 26：將字串寫入檔案

如果事先知道待寫入檔案的資料是字串格式的話，可以使用 fs.write(fd, string[, position[, encoding]], callback) 方法。該方法用於將字串寫入 fd 指定的檔案。如果 string 不是一個字串，則該值會被強制轉為字串。其中：

- position 指定檔案開頭的偏移量（資料應該被寫入的位置）。如果 typeof position !== 'number'，則資料會被寫入當前的位置。
- encoding 是期望的字元。預設值是 'utf8'。

- 回呼會接收到參數 err、written 和 string。其中 written 指定傳入的字串中被要求寫入的位元組數。被寫入的位元組數不一定與被寫入的字串字元數相同。

以下是 fs.write(fd, string[, position[, encoding]], callback) 方法的範例：

```
const fs = require('fs');

// 開啟檔案用於寫入。如果檔案不存在，則建立檔案
fs.open('write-data.txt', 'w', (err, fd) => {
    if (err) {
        throw err;
    }

    let string = "《Node.js 企業級應用程式開發實戰》";

    // 寫入檔案
    fs.write(fd, string, 0, 'utf8', (err, written, buffer) => {
        if (err) {
            throw err;
        }

        // 列印出存入的位元組數
        console.log(written);

        // 始終關閉檔案描述符號
        fs.close(fd, (err) => {
            if (err) {
                throw err;
            }
        });
    });
});
```

成功執行上述程式之後，可以發現在目前的目錄下已經新建了一個 write-data.txt 檔案。開啟該檔案，可以看到以下內容：

```
《Node.js 企業級應用程式開發實戰》
```

說明程式中的字串已經成功寫入檔案中。

在同一個檔案上多次使用 fs.write() 且不等待回呼是不安全的。對於這種情況，建議使用 fs.createWriteStream()。

在 Linux 上，當以追加模式開啟檔案時，寫入無法指定位置。核心會忽略位置參數，並始終將資料追加到檔案的尾端。

在 Windows 上，如果檔案描述符號連接到主控台（例如 fd == 1 或 stdout），則無論使用何種編碼，包含非 ASCII 字元的字串，預設情況下都不會被正確地繪製。透過使用 chcp 65001 命令更改活動的內碼表，可以將主控台設定為正確地繪製 UTF-8。

與 fs.write(fd, string[, position[, encoding]], callback) 方法所對應的同步方法是 fs.writeSync(fd, string[, position[, encoding]])。

本節的例子可以在 fs-demo/fs-write-string.js 檔案中找到。

7.5.3 實例 27：將資料寫入檔案

fs.writeFile(file, data[, options], callback) 方法用於將資料非同步地寫入一個檔案中，如果檔案已存在，則覆蓋該檔案。

data 可以是字串或 Buffer。

如果 data 是一個 Buffer，則 encoding 選項會被忽略；如果 options 是一個字串，則它指定了字元編碼。

以下是 fs.writeFile(file, data[, options], callback) 方法的範例：

```
const fs = require('fs');

let data = "《Node.js 企業級應用程式開發實戰》";

// 將資料寫入檔案。如果檔案不存在，則建立檔案
fs.writeFile('write-data.txt', data, 'utf-8', (err) => {
    if (err) {
```

```
        throw err;
    }
});
```

成功執行上述程式之後，可以發現在目前的目錄下已經新建了一個 write-data.txt 檔案。開啟該檔案，可以看到以下內容：

```
《Node.js 企業級應用程式開發實戰》
```

說明程式中的字串已經成功寫入檔案中。

在同一個檔案上多次使用 fs.writeFile() 且不等待回呼是不安全的。對於這種情況，建議使用 fs.createWriteStream()。

與 fs.writeFile(file, data[, options], callback) 方法所對應的同步方法是 fs.writeFileSync(file, data[, options])。

本節的例子可以在 fs-demo/fs-write-file.js 檔案中找到。

7.6 小結

本章詳細介紹了 Node.js 檔案處理，內容包括路徑的處理、開啟檔案、讀取檔案以及寫入檔案。

7.7 練習題

1. 請簡述 fs 模組的作用。
2. 請撰寫一個開啟檔案的範例。
3. 請撰寫一個讀取檔案的範例。
4. 請撰寫一個寫入檔案的範例。

第 8 章

Node.js HTTP 程式設計

HTTP 協定是伴隨著 WWW 而產生的傳送協定，用於將伺服器超文字傳輸到本機瀏覽器。目前，主流的網際網路應用都是採用 HTTP 協定來發佈 REST API 的，以實現用戶端與伺服器的輕鬆互聯。

本章介紹如何以 Node.js 為基礎來開發 HTTP 協定的應用。

8.1 建立 HTTP 伺服器

在 Node.js 中，要使用 HTTP 伺服器和用戶端，可使用 http 模組。用法如下：

```
const http = require('http');
```

Node.js 中的 HTTP 介面旨在支援傳統上難以使用的協定的許多特性，特別是大區塊的訊息。介面永遠不會緩衝整個請求或回應，使用者能夠流式傳輸資料。

8.1.1 實例 28：用 http.Server 建立伺服器

HTTP 伺服器主要由 http.Server 類別來提供功能。該類別繼承自 net.Server，因此具備很多 net.Server 的方法和事件。比如，以下範例中的 server.listen() 方法：

```
const http = require('http');

const hostname = '127.0.0.1';
const port = 8080;

const server = http.createServer((req, res) => {
  res.statusCode = 200;
  res.setHeader('Content-Type', 'text/plain');
  res.end('Hello World\n');
});

server.listen(port, hostname, () => {
  console.log(`伺服器執行在 http://${hostname}:${port}/`);
});
```

上述程式碼中：

- http.createServer() 建立了 HTTP 伺服器。
- server.listen() 方法用於指定伺服器啟動時所要綁定的通訊埠。
- res.end() 方法用於回應內容給用戶端。當用戶端存取伺服器時，伺服器將傳回「Hello World」文字內容給用戶端。

在瀏覽器造訪 http://127.0.0.1:8080/ 位址時所傳回的介面內容如圖 8-1 所示。

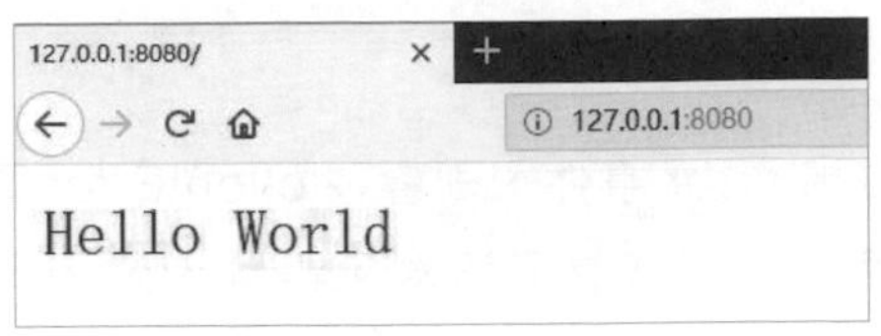

▲ 圖 8-1 Hello World 程式

本節的例子可以在 http-demo/hello-world.js 檔案中找到。

8.1.2 理解 http.Server 事件的用法

相比於 net.Server，http.Server 還具有以下額外的事件：

1. checkContinue 事件

每次收到 HTTP Expect: 100-continue 的請求時都會觸發。如果未監聽此事件，伺服器將自動回應 100 Continue。

處理此事件時，如果用戶端繼續發送請求主體，則呼叫 response.writeContinue() 方法；如果用戶端不繼續發送請求主體，則生成適當的 HTTP 回應（例如 400 Bad Request）。

在觸發和處理此事件時，不會觸發 request 事件。

2. checkExpectation 事件

每次收到帶有 HTTP Expect 請求標頭的請求時觸發，其中值不是 100-continue。如果未監聽此事件，則伺服器將根據需要自動回應 417 Expectation Failed。

在觸發和處理此事件時，不會觸發 request 事件。

3. clientError 事件

如果用戶端連接發出 error 事件，則會在 clientError 事件中轉發該事件。此事件的監聽器負責關閉或銷毀底層通訊端。舉例來說，人們可能希望使用自訂 HTTP 回應更優雅地關閉通訊端，而非突然切斷連接。

預設行為是嘗試使用 HTTP 的 400 Bad Request 來關閉通訊端，或在 HPE_HEADER_OVERFLOW 錯誤的情況下嘗試使用 431 Request Header Fields Too Large 關閉 HTTP。如果通訊端不寫入，則會立即銷毀。

以下是一個監聽的範例：

```
const http = require('http');

const server = http.createServer((req, res) => {
  res.end();
});
server.on('clientError', (err, socket) => {
  socket.end('HTTP/1.1 400 Bad Request\r\n\r\n');
});
server.listen(8000);
```

當 clientError 事件發生時，由於沒有請求或回應物件，因此必須將發送的任何 HTTP 回應（包括回應標頭和有效負載）直接寫入 socket 物件。必須注意確保回應是格式正確的 HTTP 回應訊息。

4. close 事件

伺服器關閉時觸發該 close 事件。

5. connect 事件

該事件在每次用戶端請求 HTTP CONNECT 方法時觸發。如果未監聽此事件，則請求 CONNECT 方法的用戶端將關閉其連接。

觸發此事件後，請求的通訊端將沒有 data 事件監聽器，這表示它需要綁定才能處理發送到該通訊端上的伺服器的資料。

6. connection 事件

當一個新的 TCP 串流被建立時觸發該事件。socket 是一個 net.Socket 類型的物件。通常使用者無須存取該事件。注意，因為協定解析器綁定到 socket 的方式，所以 socket 不會觸發 readable 事件。socket 也可以透過 request.connection 存取。

使用者也可以顯性觸發此事件，以將連接注入 HTTP 伺服器。在這種情況下，可以傳遞任何 Duplex 串流。

如果在此處呼叫 socket.setTimeout()，當通訊端已提供請求時（如果 server.keepAliveTimeout 為非零），逾時將被 server.keepAliveTimeout 替換。

7. request 事件

每次有請求時都會觸發。請注意，在 HTTP Keep-Alive 連接的情況下，每個連接可能會有多個請求。

8. upgrade 事件

每次用戶端請求 HTTP 升級時都觸發該事件。收聽此事件是可選的，用戶端無法堅持更改協定。

觸發此事件後，請求的通訊端將沒有 data 事件監聽器，這表示它需要綁定才能處理發送到該通訊端上的伺服器的資料。

8.2 處理 HTTP 常用操作

處理 HTTP 常用操作包括 GET、POST、PUT、DELETE 等。在 Node.js 中，這些操作方法被定義在 http.request() 方法的請求參數中：

```
const http = require('http');

const req = http.request({
```

```
  host: '127.0.0.1',
  port: 8080,
  method: 'POST' // POST 操作
}, (res) => {
  res.resume();
  res.on('end', () => {
    console.log(' 請求完成！ ');
  });
});
```

上面的範例中，method 的值是 POST，表示 http.request() 方法將發送 POST 請求操作。method 的預設值是 GET。

8.3 請求物件和回應物件

HTTP 請求物件和回應物件在 Node.js 中被定義在 http.ClientRequest 和 http.ServerResponse 類別中。

8.3.1 理解 http.ClientRequest 類別

http.ClientRequest 物件是由 http.request() 內部建立並傳回的。它表示正在進行的請求，且其請求標頭已進入佇列。請求標頭仍然可以使用 setHeader(name, value)、getHeader(name) 或 removeHeader(name) 改變。實際的請求標頭將與第一個資料區塊一起發送，或當呼叫 request.end() 時發送。

以下是建立 http.ClientRequest 物件 req 的範例：

```
const http = require('http');

const req = http.request({
  host: '127.0.0.1',
  port: 8080,
  method: 'POST' // POST 操作
}, (res) => {
```

```
  res.resume();
  res.on('end', () => {
    console.info('請求完成！');
  });
});
```

要獲得回應，則為請求物件增加 response 事件監聽器。當接收到回應標頭時，將從請求物件觸發 response 事件。response 事件執行時有一個參數，該參數是 http.IncomingMessage 的實例。

在 response 事件期間，可以增加監聽器到響應物件，比如監聽 data 事件。

如果沒有增加 response 事件處理函式，則回應將被完全捨棄。如果增加了 response 事件處理函式，則必須消費完回應物件中的資料，比如透過呼叫 response.read()，或增加 data 事件處理函式，或透過呼叫 .resume() 方法來消費對應物件中的資料。在消費完資料之前不會觸發 end 事件。此外，在讀取資料之前，它將佔用記憶體，最終可能導致處理程式記憶體不足的錯誤。

Node.js 不檢查 Content-Length 和已傳輸的主體的長度是否相等。

http.ClientRequest 繼承自 Stream，並另外實現以下內容。

1. 終止請求

request.abort() 方法用於將請求標記為中止。呼叫此方法將導致回應中剩餘的資料被捨棄並且通訊端被銷毀。

當請求被用戶端中止時，可以觸發 abort 事件。此事件僅在第一次呼叫 abort() 方法時觸發。

2. connect 事件

每次伺服器使用 connect 方法回應請求時將觸發 connect 事件。如果未監聽此事件，則接收 connect 方法的用戶端將關閉其連接。

下面的範例將演示如何監聽 connect 事件：

```
const http = require('http');
const net = require('net');
const url = require('url');

// 建立 HTTP 代理伺服器
const proxy = http.createServer((req, res) => {
  res.writeHead(200, { 'Content-Type': 'text/plain' });
  res.end('okay');
});
proxy.on('connect', (req, cltSocket, head) => {
  // 連接到原始伺服器
  const srvUrl = url.parse(`http://${req.url}`);
  const srvSocket = net.connect(srvUrl.port, srvUrl.hostname, () => {
    cltSocket.write('HTTP/1.1 200 Connection Established\r\n' +
                    'Proxy-agent: Node.js-Proxy\r\n' +
                    '\r\n');
    srvSocket.write(head);
    srvSocket.pipe(cltSocket);
    cltSocket.pipe(srvSocket);
  });
});

// 代理伺服器執行
proxy.listen(1337, '127.0.0.1', () => {

  // 建立一個到代理伺服器的請求
  const options = {
    port: 1337,
    host: '127.0.0.1',
    method: 'CONNECT',
    path: 'www.google.com:80'
  };

  const req = http.request(options);
  req.end();

  req.on('connect', (res, socket, head) => {
```

```
    console.log('got connected!');

    // 建立請求
    socket.write('GET / HTTP/1.1\r\n' +
                 'Host: www.google.com:80\r\n' +
                 'Connection: close\r\n' +
                 '\r\n');
    socket.on('data', (chunk) => {
      console.log(chunk.toString());
    });
    socket.on('end', () => {
      proxy.close();
    });
  });
});
```

3. information 事件

伺服器發送 1xx 回應（不包括 101 Upgrade）時觸發該事件。該事件的監聽器將接收包含狀態碼的物件。

以下是使用 information 事件的案例：

```
const http = require('http');

const options = {
  host: '127.0.0.1',
  port: 8080,
  path: '/length_request'
};

// 建立請求
const req = http.request(options);
req.end();

req.on('information', (info) => {
  console.log(`Got information prior to main response: ${info.statusCode}`);
});
```

101 Upgrade 狀態不會觸發此事件，是因為它們與傳統的 HTTP 請求 / 回應鏈斷開了，例如在 WebSocket 中 HTTP 升級為 TLS 或 HTTP 2.0。如果想要接收到 101 Upgrade 的通知，則需要額外監聽 upgrade 事件。

4. upgrade 事件

每次伺服器回應升級請求時觸發該事件。如果未監聽此事件且回應狀態碼為 101 Switching Protocols，則接收升級標頭的用戶端將關閉其連接。

以下是使用 upgrade 事件的範例：

```
const http = require('http');

// 建立一個 HTTP 伺服器
const srv = http.createServer((req, res) => {
  res.writeHead(200, { 'Content-Type': 'text/plain' });
  res.end('okay');
});
srv.on('upgrade', (req, socket, head) => {
  socket.write('HTTP/1.1 101 Web Socket Protocol Handshake\r\n' +
               'Upgrade: WebSocket\r\n' +
               'Connection: Upgrade\r\n' +
               '\r\n');

  socket.pipe(socket);
});

// 伺服器執行
srv.listen(1337, '127.0.0.1', () => {

  // 請求參數
  const options = {
    port: 1337,
    host: '127.0.0.1',
    headers: {
      'Connection': 'Upgrade',
      'Upgrade': 'websocket'
    }
```

```
  };

  const req = http.request(options);
  req.end();

  req.on('upgrade', (res, socket, upgradeHead) => {
    console.log('got upgraded!');
    socket.end();
    process.exit(0);
  });
});
```

5. request.end()

request.end([data[, encoding]][, callback]) 方法用於完成發送請求。如果部分請求主體還未發送，則將它們更新到串流中。如果請求被分塊，則發送結束字元「0」。

如果指定了 data，則相當於先呼叫 request.write(data, encoding)，再呼叫 request.end(callback)。

如果指定了 callback，當請求串流完成時將呼叫它。

6. request.setHeader()

request.setHeader(name, value) 方法為請求標頭物件設定單一請求標頭的值。如果此請求標頭已存在於待發送的請求標頭中，則其值將被替換。這裡可以使用字串陣列來發送具有相同名稱的多個請求標頭，非字串值將被原樣儲存。因此，request.getHeader() 可能會傳回非字串值。但是非字串值將轉為字串以進行網路傳輸。

以下是該方法使用的範例：

```
request.setHeader('Content-Type', 'application/json');

request.setHeader('Cookie', ['type=ninja', 'language=javascript']);
```

7. request.write()

request.write(chunk[, encoding][, callback]) 用於發送一個請求主體的資料區塊。透過多次呼叫此方法，可以將請求主體發送到伺服器，在這種情況下，建議在建立請求時使用 ['Transfer-Encoding', 'chunked'] 請求標頭行。其中：

- encoding 參數是可選的，僅當 chunk 是字串時才適用。預設值為 utf8。
- callback 參數是可選的，當更新此資料區塊時呼叫，但僅當資料區塊不可為空時才會呼叫。

如果將整個資料成功更新到核心緩衝區，則傳回 true。如果全部或部分資料在使用者記憶體中排隊，則傳回 false。當緩衝區再次空閒時，則觸發 drain 事件。

當使用空字串或 buffer 呼叫 write 函式時，則什麼也不做，等待更多輸入。

8.3.2 理解 http.ServerResponse 類別

http.ServerResponse 物件由 HTTP 伺服器在內部建立，而非由使用者建立。它作為第二個參數傳給 request 事件。

ServerResponse 繼承自 Stream，並額外實現以下內容：

1. close 事件

該事件用於表示底層連接已終止。

2. finish 事件

在回應發送後觸發。更具體地說，當回應標頭和主體的最後一部分已被交給作業系統透過網路進行傳輸時，觸發該事件。但這並不表示用戶端已收到任何資訊。

3. response.addTrailers()

response.addTrailers(headers) 方法用於將 HTTP 尾部回應標頭（一種在訊息尾端的回應標頭）增加到回應中。

只有使用分塊編碼進行回應時才會觸發尾部回應標頭，如果不是（例如請求是 HTTP/1.0），則它們將被靜默捨棄。

需要注意的是，HTTP 需要發送 Trailer 回應標頭才能觸發尾部回應標頭，並在其值中包含回應標頭欄位清單。例如：

```
response.writeHead(200, { 'Content-Type': 'text/plain',
                          'Trailer': 'Content-MD5' });
response.write(fileData);
response.addTrailers({ 'Content-MD5': '7895bf4b8828b55ceaf47747b4bca667' });
response.end();
```

嘗試設定包含無效字元的回應標頭欄位名稱或值將導致拋出 TypeError。

4. response.end()

response.end([data][, encoding][, callback]) 方法用於向伺服器發出訊號，表示已發送所有回應標頭和正文，該伺服器應考慮此訊息在何時完成，必須在每個回應上呼叫 response.end() 方法。

如果指定了 data，則它實際上類似於先呼叫 response.write(data, encoding) 方法，接著呼叫 response.end() 方法。

如果指定了 callback，則在回應串流完成時呼叫它。

5. response.getHeader()

response.getHeader(name) 方法用於讀出已排隊但未發送到用戶端的回應標頭。需要注意的是，該名稱不區分大小寫。傳回值的類型取決於提供給 response.setHeader() 的參數。

以下是使用範例：

```
response.setHeader('Content-Type', 'text/html');
response.setHeader('Content-Length', Buffer.byteLength(body));
response.setHeader('Set-Cookie', ['type=ninja', 'language=javascript']);

const contentType = response.getHeader('content-type');// contentType 是 'text/html'。

const contentLength = response.getHeader('Content-Length');// contentLength 的類型為數值。

const setCookie = response.getHeader('set-cookie');// setCookie 的類型為字串陣列。
```

6. response.getHeaderNames()

該方法傳回一個陣列，其中包含當前傳出的響應標頭的唯一名稱。所有響應標頭名稱都是小寫的。

以下是使用範例：

```
response.setHeader('Foo', 'bar');
response.setHeader('Set-Cookie', ['foo=bar', 'bar=baz']);

const headerNames = response.getHeaderNames();// headerNames === ['foo', 'set-
cookie']
```

7. response.getHeaders()

該方法用於傳回當前傳出的響應標頭的淺拷貝。由於是淺拷貝，因此可以更改陣列的值而無須額外呼叫各種與回應標頭相關的 http 模組方法。傳回物件的鍵是回應標頭名稱，值是各自的回應標頭值。所有響應標頭名稱都是小寫的。

response.getHeaders() 方法傳回的物件不是從 JavaScript Object 原型繼承的。這表示典型的 Object 方法（如 obj.toString()、obj.hasOwnProperty() 等）都沒有定義並且不起作用。

以下是使用範例：

```
response.setHeader('Foo', 'bar');
response.setHeader('Set-Cookie', ['foo=bar', 'bar=baz']);

const headers = response.getHeaders();
// headers === { foo: 'bar', 'set-cookie': ['foo=bar', 'bar=baz'] }
```

8. response.setTimeout()

response.setTimeout(msecs[, callback]) 方法用於將通訊端的逾時值設定為 msecs。

如果提供了 callback，則會將其作為監聽器增加到回應物件上的 timeout 事件中。

如果沒有 timeout 監聽器增加到請求、回應或伺服器，則通訊端在逾時時將被銷毀。如果有回呼處理函式分配給請求、回應或伺服器的 timeout 事件，則必須顯性處理逾時的通訊端。

9. response.socket

該方法用於指向底層的通訊端。通常使用者不需要存取此屬性。特別是，由於協定解析器附加到通訊端的方式，通訊端將不會觸發 readable 事件。在呼叫 response.end() 之後，此屬性將為空。也可以透過 response.connection 來存取 socket。

以下是使用範例：

```
const http = require('http');

const server = http.createServer((req, res) => {
  const ip = res.socket.remoteAddress;
  const port = res.socket.remotePort;
  res.end(' 你的 IP 位址是 ${ip}，通訊埠是 ${port}');
}).listen(3000);
```

10. response.write()

如果呼叫此 response.write(chunk[, encoding][, callback]) 方法並且尚未呼叫 response.writeHead()，則將切換到隱式回應標頭模式並更新隱式回應標頭。

這會發送一塊回應主體，可以多次呼叫該方法以提供連續的回應主體部分。

需要注意的是，在 http 模組中，當請求是 HEAD 請求時，則省略回應主體。同樣地，204 和 304 回應不得包含訊息主體。

chunk 可以是字串或 Buffer。如果 chunk 是一個字串，則第二個參數指定如何將其編碼為位元組流。當更新此資料區塊時將呼叫 callback。

第一次呼叫 response.write() 時，它會將緩衝的回應標頭資訊和主體的第一個資料區塊發送給用戶端。第二次呼叫 response.write() 時，Node.js 假設資料將被流式傳輸，並分別發送新資料。也就是說，回應被緩衝到主體的第一個資料區塊。

如果將整個資料成功更新到核心緩衝區，則傳回 true。如果全部或部分資料在使用者記憶體中排隊，則傳回 false。當緩衝區再次空閒時，則觸發 drain 事件。

8.4 REST 概述

以 HTTP 為主的網路通訊應用廣泛，特別是 REST（Representational State Transfer，表述性狀態轉移）風格（RESTful）的 API，具有平臺」獨立性、語言」獨立性等特點，在網際網路應用、Cloud Native 架構中作為主要的通訊協定。那麼，到底什麼樣的 HTTP 算是 REST 呢？

8.4.1 REST 定義

一說到 REST，很多人的第一反應就是這是前端請求後台的一種通訊方式，甚至有人將 REST 和 RPC 混為一談，認為兩者都是基於 HTTP 的。實際上，很少有人能詳細説明 REST 所提出的各個約束、風格特點及如何開始架設 REST 服務。

REST 描述了一個架構樣式的網路系統，如 Web 應用程式。它第一次出現在 2000 年 Roy Fielding 的博士論文 ***Architectural Styles and the Design of Network-based Software Architectures*** 中。Roy Fielding 是 HTTP 標準的主要撰寫者之一，也是 Apache HTTP 伺服器專案的共同創立者。所以這篇文章一經發表，就引起了極大的反響。很多公司或組織都宣稱自己的應用服務實現了 REST API。但該論文實際上只是描述了一種架構風格，並未對具體的實現做出標準，所以各大廠商中不免存在渾水摸魚或「掛羊頭賣狗肉」的誤用和濫用 REST 者。在這種背景下，Roy Fielding 不得不再次發文澄清，坦言了他的失望，並對 SocialSite REST API 提出了批評。同時他還指出，除非應用狀態引擎是超文字驅動的，否則它就不是 REST 或 REST API。據此，他舉出了 REST API 應該具備的條件：

- REST API 不應該依賴於任何通訊協定，儘管要成功映射到某個協定可能會依賴於中繼資料的可用性、所選的方法等。
- REST API 不應該包含對通訊協定的任何改動，除非是補充或確定標準協定中未規定的部分。
- REST API 應該將大部分描述工作放在定義表示資源和驅動應用狀態的媒體類型上，或定義現有標準媒體類型的擴充關係名稱和（或）支援超文字的標記。
- REST API 絕不應該定義一個固定的資源名稱或層次結構（用戶端和伺服器之間的明顯耦合）。
- REST API 永遠不應該有那些會影響用戶端的「類型化」資源。
- REST API 不應該要求有先驗知識（Prior Knowledge），除了初始 URI 和適合目標使用者的一組標準化的媒體類型外（即它能被任何潛在使用該 API 的用戶端理解）。

8.4.2 REST 設計原則

REST 並非標準，而是一種開發 Web 應用的架構風格，可以將其理解為一種設計模式。REST 基於 HTTP、URI 及 XML 這些現有且廣泛流行的協定和標準，伴隨著 REST 的應用，HTTP 獲得了更加正確的使用。

REST 是指一組架構的限制條件和原則。滿足這些限制條件和原則的應用程式或設計就是 REST 風格。相較於以 SOAP 和 WSDL 為基礎的 Web 服務，REST 風格提供了更為簡潔的實現方案。REST Web 服務（RESTful Web Service）是鬆散耦合的，特別適用於建立在網際網路上傳播的輕量級的 Web 服務 API。REST 應用程式是以「資源表述的轉移」（the Transfer of Representations of Resources）為中心來進行請求和回應的。資料和功能均被視為資源，並使用統一的資源識別字（URI）來存取資源。

網頁中的連結就是典型的 URI。該資源由檔案表述，並透過一組簡單的、定義明確的操作來執行。舉例來說，一個 REST 資源可能是一個城市當前的天氣情況。該資源的表述可能是一個 XML 檔案、影像檔或 HTML 頁面。用戶端可以檢索特定表述，透過更新其資料來修改資源，或完全刪除該資源。

目前，越來越多的 Web 服務開始採用 REST 風格來設計和實現，比較知名的 REST 服務包括 Google 的 AJAX 搜尋 API、Amazon 的 Simple Storage Service（Amazon S3）等。以 REST 風格為基礎的 Web 服務需遵循以下基本設計原則，這會使 RESTful 應用程式更加簡單、輕量，開發速度也更快：

（1）透過 URI 來標識資源。系統中的每一個物件或資源都可以透過唯一的 URI 來進行定址，URI 的結構應該簡單、可預測且易於理解，如定義目錄結構式的 URI。

（2）統一介面。以遵循 RFC-2616 所定義的協定方式顯性地使用 HTTP 方法，建立建立、檢索、更新和刪除（Create、Retrieve、Update 及 Delete，簡稱為 CRUD）操作與 HTTP 方法之間的一對一映射。

（3）若要在伺服器上建立資源，則應該使用 POST 方法。

（4）若要檢索某個資源，則應該使用 GET 方法。

（5）若要更新或增加資源，則應該使用 PUT 方法。

（6）若要刪除某個資源，則應該使用 DELETE 方法。

（7）資源多重表述。URI 所存取的每個資源都可以使用不同的形式來表示（如 XML 或 JSON），具體的表現形式取決於存取資源的用戶端，用戶端與服務提供者使用一種內容協商機制（請求標頭與 MIME 類型）來選擇合適的資料格式，以最小化彼此之間的資料耦合。在 REST 的世界中，資源即狀態，而網際網路就是一個巨大的狀態機，每個網頁都是它的狀態；URI 是狀態的表述；REST 風格的應用程式則是從一個狀態遷移到下一個狀態的狀態轉移過程。早期的網際網路只有靜態頁面，透過超連結在靜態網頁之間跳躍瀏覽模式就是一種典型的狀態轉移過程，即早期的網際網路就是天然的 REST 風格。

（8）無狀態。對伺服器端的請求應該是無狀態的，完整、獨立的請求不要求伺服器在處理請求時檢索任何類型的應用程式上下文或狀態。無狀態約束使伺服器的變化對用戶端是不可見的，因為在兩次連續的請求中，用戶端並不依賴於同一台伺服器。一個用戶端從某台伺服器上收到一份包含連結的檔案，當它要進行一些處理時，這台伺服器當機了，可能是硬碟壞掉而被拿去修理，也可能是軟體需要升級重新啟動，如果這個用戶端存取了從這台伺服器接收的連結，那麼它不會察覺到後台的伺服器已經改變了。透過超連結實現有狀態互動，即請求訊息是自包含的（每次互動都包含完整的資訊），有多種技術實現了不同請求間狀態資訊的傳輸，如 URI、Cookies 和隱藏表單欄位等，狀態可以嵌入應答訊息中，這樣一來，狀態在接下來的互動中仍然有效。REST 風格應用可以實現互動，但它卻天然地具有伺服器無狀態的特徵。在狀態遷移的過程中，伺服器不需要記錄任何 Session，所有的狀態都透過 URI 的形式記錄在了用戶端。更準確地説，這裡的無狀態伺服器是指伺服器不儲存階段狀態（Session）；而資源本身則是天然的狀態，通常是需要被儲存的。這裡的無狀態伺服器均指無階段狀態伺服器。

8.5 成熟度模型

正如前文所述，正確、完整地使用 REST 是困難的，關鍵在於 Roy Fielding 所定義的 REST 只是一種架構風格，並不是標準，所以也就缺乏可以直接參考的依據。好在 Leonard Richardson 改進了這方面的不足，他提出的關於 REST 的成熟度模型（Richardson Maturity Model）將 REST 的實現劃分為不同的等級。圖 8-2 展示了不同等級的成熟度模型。

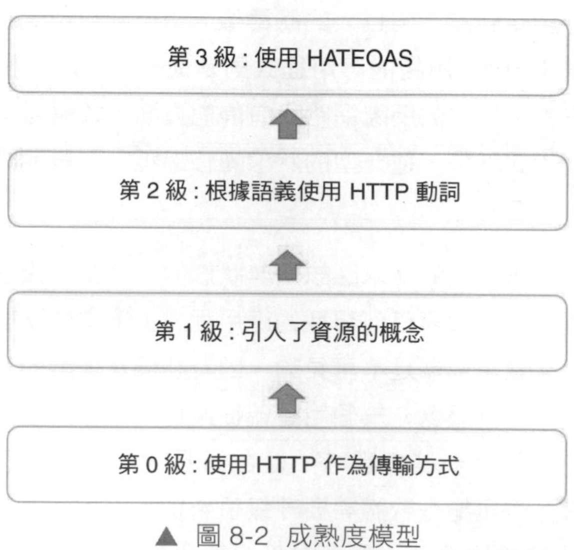

▲ 圖 8-2 成熟度模型

8.5.1 第 0 級：使用 HTTP 作為傳輸方式

在第 0 級中，Web 服務只是使用 HTTP 作為傳輸方式，實際上只是遠端程式呼叫（Remote Procedure Call，RPC）的一種具體形式。SOAP 和 XML-RPC 都屬於此類。

比如，在一個醫院掛號系統中，醫院會透過某個 URI 來曝露出該掛號服務端點（Service Endpoint）。然後患者會向該 URL 發送一個檔案作為請求，檔案中包含請求的所有細節。

```
POST /appointmentService HTTP/1.1
[ 省略了其他標頭的資訊 ...]

<openSlotRequest date = "2010-01-04" doctor = "mjones"/>
```

然後伺服器會傳回一個包含所需資訊的檔案：

```
HTTP/1.1 200 OK
[ 省略了其他標頭的資訊 ...]

<openSlotList>
  <slot start = "1400" end = "1450">
    <doctor id = "mjones"/>
  </slot>
  <slot start = "1600" end = "1650">
    <doctor id = "mjones"/>
  </slot>
</openSlotList>
```

在這個例子中，我們使用了 XML，但是內容實際上可以是任何格式，比如 JSON、YAML、鍵值對等，或其他自訂的格式。

有了這些資訊，下一步就是建立一個預約。這同樣可以透過向某個端點（Endpoint）發送一個檔案來完成。

```
POST /appointmentService HTTP/1.1
[ 省略了其他標頭的資訊 ...]

<appointmentRequest>
  <slot doctor = "mjones" start = "1400" end = "1450"/>
  <patient id = "jsmith"/>
</appointmentRequest>
```

如果一切正常的話，那麼患者能夠收到一個預約成功的響應：

```
HTTP/1.1 200 OK
[ 省略了其他標頭的資訊 ...]
```

```
<appointment>
  <slot doctor = "mjones" start = "1400" end = "1450"/>
  <patient id = "jsmith"/>
</appointment>
```

如果發生了問題，比如有人在該患者前面預約上了，那麼該患者會在響應本體中收到某種錯誤資訊：

```
HTTP/1.1 200 OK
[ 省略了其他標頭的資訊 ...]

<appointmentRequestFailure>
  <slot doctor = "mjones" start = "1400" end = "1450"/>
  <patient id = "jsmith"/>
  <reason>Slot not available</reason>
</appointmentRequestFailure>
```

到目前為止，這都是非常直觀的以 RPC 風格為基礎的系統。它很簡單，因為只有 POX（Plain Old XML）在這個過程中被傳輸。如果你使用 SOAP 或 XML-RPC，原理上基本是相同的，唯一的不同是將 XML 訊息包含在了某種特定的格式中。

8.5.2 第 1 級：引入了資源的概念

在第 1 級中，Web 服務引入了資源的概念，每個資源都有對應的識別字和運算式。所以相比將所有的請求發送到單一服務端點，現在我們會和單獨的資源進行互動。

因此，在我們的首個請求中，對指定醫生會有一個對應資源：

```
POST /doctors/mjones HTTP/1.1
[ 省略了其他標頭的資訊 ...]

<openSlotRequest date = "2010-01-04"/>
```

回應會包含一些基本資訊，但是每個時間視窗作為一個資源可以被單獨處理：

```
HTTP/1.1 200 OK
[省略了其他標頭的資訊...]

<openSlotList>
  <slot id = "1234" doctor = "mjones" start = "1400" end = "1450"/>
  <slot id = "5678" doctor = "mjones" start = "1600" end = "1650"/>
</openSlotList>
```

有了這些資源，建立一個預約就是向某個特定的時間視窗發送請求：

```
POST /slots/1234 HTTP/1.1
[省略了其他標頭的資訊...]

<appointmentRequest>
  <patient id = "jsmith"/>
</appointmentRequest>
```

如果一切順利，會收到和前面類似的響應：

```
HTTP/1.1 200 OK
[省略了其他標頭的資訊...]

<appointment>
  <slot id = "1234" doctor = "mjones" start = "1400" end = "1450"/>
  <patient id = "jsmith"/>
</appointment>
```

8.5.3 第 2 級：根據語義使用 HTTP 動詞

在第 2 級中，Web 服務使用不同的 HTTP 方法來進行不同的操作，並且使用 HTTP 狀態碼來表示不同的結果。例如 HTTP GET 方法用來獲取資源，HTTP DELETE 方法用來刪除資源。

在醫院掛號系統中，獲取醫生的時間視窗資訊表示需要使用 GET。

```
GET /doctors/mjones/slots?date=20100104&status=open HTTP/1.1
Host: royalhope.nhs.uk
```

回應和之前使用 POST 發送請求時一致：

```
HTTP/1.1 200 OK
[ 省略了其他標頭的資訊 ...]

<openSlotList>
  <slot id = "1234" doctor = "mjones" start = "1400" end = "1450"/>
  <slot id = "5678" doctor = "mjones" start = "1600" end = "1650"/>
</openSlotList>
```

像上面那樣使用 GET 來發送一個請求是非常重要的。HTTP 將 GET 定義為一個安全的操作，它並不會對任何事物的狀態造成影響。這也就允許我們可以以不同的順序若干次呼叫 GET 請求，每次還能夠獲取到相同的結果。一個重要的結論就是它允許參與到路由中的參與者使用快取機制，該機制是讓目前的 Web 運轉得如此良好的關鍵因素之一。HTTP 封包含許多方法來支援快取，這些方法可以在通訊過程中被所有的參與者使用。透過遵守 HTTP 的規則，我們可以極佳地利用該能力。

為了建立一個預約，我們需要使用一個能夠改變狀態的 HTTP 動詞 POST 或 PUT。這裡使用一個和前面相同的 POST 請求：

```
POST /slots/1234 HTTP/1.1
[ 省略了其他標頭的資訊 ...]

<appointmentRequest>
  <patient id = "jsmith"/>
</appointmentRequest>
```

如果一切順利，服務會傳回一個 201 響應來表示新增了一個資源。這是與第 1 級的 POST 回應完全不同的。在第 2 級的操作回應都有統一的傳回狀態碼。

```
HTTP/1.1 201 Created
Location: slots/1234/appointment
[ 省略了其他標頭的資訊 ...]
```

```
<appointment>
  <slot id = "1234" doctor = "mjones" start = "1400" end = "1450"/>
  <patient id = "jsmith"/>
</appointment>
```

在 201 響應中包含一個 Location 屬性，它是一個 URI，將來用戶端可以透過 GET 請求獲取到該資源的狀態。以上回應還包含該資源的資訊，從而省去了一個獲取該資源的請求。

當出現問題時，還有一個不同之處，比如某人預約了該時段：

```
HTTP/1.1 409 Conflict
[various headers]

<openSlotList>
  <slot id = "5678" doctor = "mjones" start = "1600" end = "1650"/>
</openSlotList>
```

在上例中，409 表示該資源已經被更新了。相比使用 200 作為響應碼再附帶一個錯誤資訊，在第 2 級中我們會明確類似上面的響應方式。

8.5.4 第 3 級：使用 HATEOAS

在第 3 級中，Web 服務使用 HATEOAS。在資源的表達中包含連結資訊，用戶端可以根據連結來發現可以執行的動作。

從上述 REST 成熟度模型中可以看到，使用 HATEOAS 的 REST 服務是成熟度最高的，也是 Roy Fielding 所推薦的「超文字驅動」的做法。對於不使用 HATEOAS 的 REST 服務，用戶端和伺服器的實現之間是緊密耦合的。用戶端需要根據伺服器提供的相關檔案來了解所曝露的資源和對應的操作。當伺服器發生了變化，如修改了資源的 URI，用戶端也需要進行對應的修改。而使用 HATEOAS 的 REST 服務時，用戶端可以透過伺服器提供的資源的表達來智慧地發現可以執行的操作。當伺服器發生了變化時，用戶端並不需要做出修改，因為資源的 URI 和其他資訊都是動態發現的。

下面是一個 HATEOAS 的例子：

```
{
  "id": 711,
  "manufacturer": "bmw",
  "model": "X5",
  "seats": 5,
  "drivers": [
   {
    "id": "23",
    "name": "Way Lau",
    "links": [
     {
     "rel": "self",
     "href": "/api/v1/drivers/23"
    }
   ]
  }
 ]
}
```

回到我們的醫院掛號系統案例中，還是使用在第 2 級中使用過的 GET 作為首個請求：

```
GET /doctors/mjones/slots?date=20100104&status=open HTTP/1.1
Host: royalhope.nhs.uk
```

但是響應中增加了一個新元素：

```
HTTP/1.1 200 OK
[ 省略了其他標頭的資訊 ...]

<openSlotList>
  <slot id = "1234" doctor = "mjones" start = "1400" end = "1450">
     <link rel = "/linkrels/slot/book"
           uri = "/slots/1234"/>
  </slot>
  <slot id = "5678" doctor = "mjones" start = "1600" end = "1650">
     <link rel = "/linkrels/slot/book"
```

```
        uri = "/slots/5678"/>
  </slot>
</openSlotList>
```

每個時間視窗資訊現在都包含一個 URI 用來告訴我們如何建立一個預約。

超媒體控制（Hypermedia Control）的關鍵在於它告訴我們下一步能夠做什麼，以及對應資源的 URI。相比事先就知道了如何去哪個位址發送預約請求，回應中的超媒體控制直接在響應本體中告訴了我們如何做。

預約的 POST 請求和第 2 級中類似：

```
POST /slots/1234 HTTP/1.1
[ 省略了其他標頭的資訊 ...]

<appointmentRequest>
  <patient id = "jsmith"/>
</appointmentRequest>
```

然後在回應中包含一系列的超媒體控制，用來告訴我們後面可以進行什麼操作：

```
HTTP/1.1 201 Created
Location: http://royalhope.nhs.uk/slots/1234/appointment
[ 省略了其他標頭的資訊 ...]

<appointment>
  <slot id = "1234" doctor = "mjones" start = "1400" end = "1450"/>
  <patient id = "jsmith"/>
  <link rel = "/linkrels/appointment/cancel"
        uri = "/slots/1234/appointment"/>
  <link rel = "/linkrels/appointment/addTest"
        uri = "/slots/1234/appointment/tests"/>
  <link rel = "self"
        uri = "/slots/1234/appointment"/>
  <link rel = "/linkrels/appointment/changeTime"
        uri = "/doctors/mjones/slots?date=20100104@status=open"/>
  <link rel = "/linkrels/appointment/updateContactInfo"
```

```
        uri = "/patients/jsmith/contactInfo"/>
    <link rel = "/linkrels/help"
        uri = "/help/appointment"/>
</appointment>
```

超媒體控制的顯著優點在於它能夠在保證用戶端不受影響的條件下，改變伺服器傳回的 URI 方案。只要用戶端查詢 addTest 這一 URI，後台開發團隊就可以根據需要隨意修改與之對應的 URI（除了最初的入口 URI 不能被修改外）。

另一個優點是它能夠幫助用戶端開發人員進行探索。其中的連結告訴了用戶端開發人員下面可能需要執行的操作。它並不會告訴所有的資訊，但是至少它提供了一個思考的起點，當有需要時，開發人員可以協定檔案中查看對應的 URI。

同樣地，它也讓伺服器端的團隊可以透過向回應中增加新的連結來增加功能。如果用戶端開發人員留意到了以前未知的連結，那麼就能夠激起他們的探索欲望。

8.6 實例 29：建構 REST 服務的例子

本節將以 Node.js 為基礎來實作一個簡單的「使用者管理」應用，該應用能夠透過 REST API 來實作使用者的新增、修改、刪除。

正如前面的章節所介紹的，REST API 與 HTTP 操作之間有一定的映射關係。在本例中，將使用 POST 來新增使用者，使用 PUT 來修改使用者，使用 DELETE 來刪除使用者。

應用的主流程結構如下：

```
const http = require('http');

const hostname = '127.0.0.1';
const port = 8080;
```

```
const server = http.createServer((req, res) => {

  req.setEncoding('utf8');
  req.on('data', function (chunk) {
    console.log(req.method + user);

    // 判斷不同的方法類型
    switch (req.method) {
      case 'POST':
        // ...
        break;
      case 'PUT':
        // ...
        break;
      case 'DELETE':
        // ...
        break;
    }

  });

});

server.listen(port, hostname, () => {
  console.log('伺服器執行在 http://${hostname}:${port}/');
});
```

8.6.1 新增使用者

為了儲存新增的使用者，在程式中使用 Array 將使用者儲存在記憶體中。

```
let users = new Array();
```

當使用者發送 POST 請求時，則在 users 陣列中新增一個元素。程式碼如下：

```
let users = new Array();
let user;
```

```
const server = http.createServer((req, res) => {

  req.setEncoding('utf8');
  req.on('data', function (chunk) {
    user = chunk;
    console.log(req.method + user);

    // 判斷不同的方法類型
    switch (req.method) {
      case 'POST':
        users.push(user);
        console.log(users);
        break;
      case 'PUT':
        // ...
        break;
      case 'DELETE':
        // ...
        break;
    }

  });

});
```

在本例中，為求簡單，使用者的資訊只有使用者名稱。

8.6.2 修改使用者

修改使用者是指將 users 中的使用者替換為指定的使用者。 由於本例中只有使用者名稱一個資訊，因此只是簡單地將 users 的使用者名稱替換為傳入的使用者名稱。

程式碼如下：

```
let users = new Array();
let user;
```

```
const server = http.createServer((req, res) => {

  req.setEncoding('utf8');
  req.on('data', function (chunk) {
    user = chunk;
    console.log(req.method + user);

    // 判斷不同的方法類型
    switch (req.method) {
      case 'POST':
        users.push(user);
        console.log(users);
        break;
      case 'PUT':
        for (let i = 0; i < users.length; i++) {
          if (user == users[i]) {
            users.splice(i, 1, user);
            break;
          }
        }
        console.log(users);
        break;
      case 'DELETE':
        // ...
        break;
    }

  });

});
```

正如上面的程式碼所示，當使用者發起 PUT 請求時，會使用傳入的 user 替換掉 users 中相同使用者名稱的元素。

8.6.3 刪除使用者

刪除使用者是指將 users 中指定的使用者從 users 中刪除掉。

程式碼如下：

```
let users = new Array();
let user;

const server = http.createServer((req, res) => {

  req.setEncoding('utf8');
  req.on('data', function (chunk) {
    user = chunk;
    console.log(req.method + user);

    // 判斷不同的方法類型
    switch (req.method) {
      case 'POST':
        users.push(user);
        console.log(users);
        break;
      case 'PUT':
        for (let i = 0; i < users.length; i++) {
          if (user == users[i]) {
            users.splice(i, 1, user);
            break;
          }
        }
        console.log(users);
        break;
      case 'DELETE':
        or (let i = 0; i < users.length; i++) {
          if (user == users[i]) {
            users.splice(i, 1);
            break;
          }
        }
        break;
    }

  });

});
```

8.6.4 回應請求

回應請求是指伺服器處理完使用者的請求之後，將資訊傳回給使用者的過程。

在本例中，我們將記憶體中所有的使用者資訊作為回應請求的內容。

程式碼如下：

```
let users = new Array();
let user;

const server = http.createServer((req, res) => {

  req.setEncoding('utf8');
  req.on('data', function (chunk) {
    user = chunk;
    console.log(req.method + user);

    // 判斷不同的方法類型
    switch (req.method) {
      case 'POST':
        users.push(user);
        console.log(users);
        break;
      case 'PUT':
        for (let i = 0; i < users.length; i++) {
          if (user == users[i]) {
            users.splice(i, 1, user);
            break;
          }
        }
        console.log(users);
        break;
      case 'DELETE':
        or (let i = 0; i < users.length; i++) {
          if (user == users[i]) {
            users.splice(i, 1);
            break;
```

```
            }
        }
        break;
    }

    // 回應請求
    res.statusCode = 200;
    res.setHeader('Content-Type', 'text/plain');
    res.end(JSON.stringify(users));
  });

});
```

8.6.5 執行應用

透過下面的命令來啟動伺服器：

```
$ node rest-service
```

啟動成功之後，就可以透過 REST 用戶端來進行 REST API 的測試。在本例中使用 RESTClient，這是一款 Firefox 外掛程式。

1. 測試建立使用者 API

在 RESTClient 中，選擇 POST 請求方法，填入「waylau」作為使用者的請求內容，並執行「發送」。發送成功後，可以看到如圖 8-3 所示的回應內容。

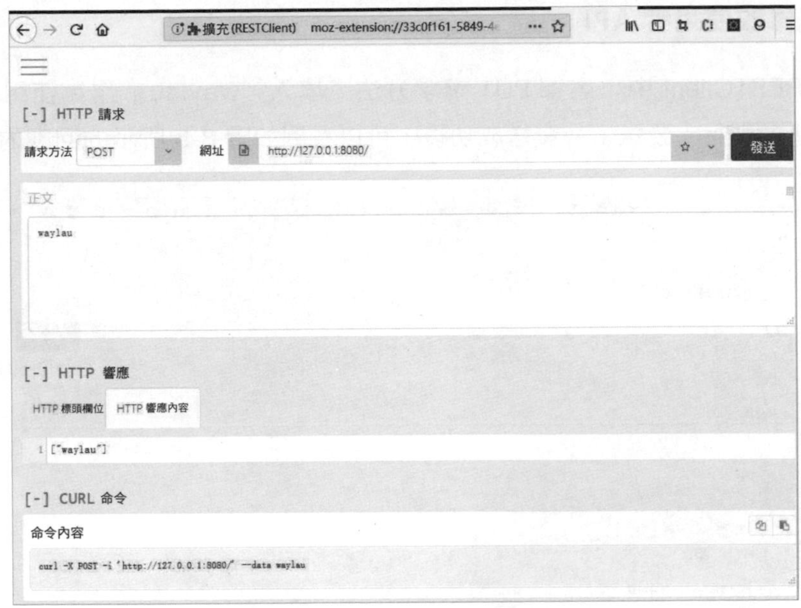

▲ 圖 8-3 POST 建立使用者

可以看到，已經將所增加的使用者資訊傳回了，可以增加多個使用者以便測試，如圖 8-4 所示。

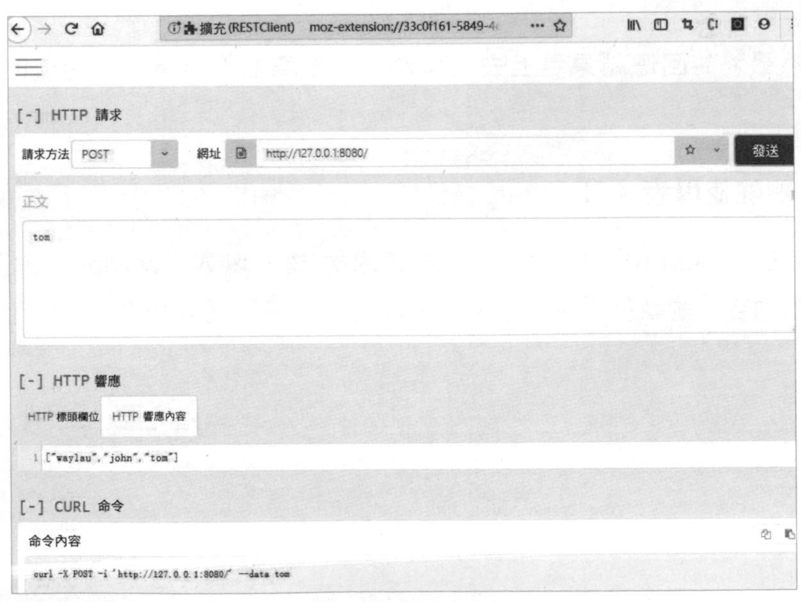

▲ 圖 8-4 POST 建立多個使用者

2. 測試修改使用者 API

在 RESTClient 中，選擇 PUT 請求方法，填入「waylau」作為使用者的請求內容，並執行「發送」。發送成功後，可以看到如圖 8-5 所示的回應內容。

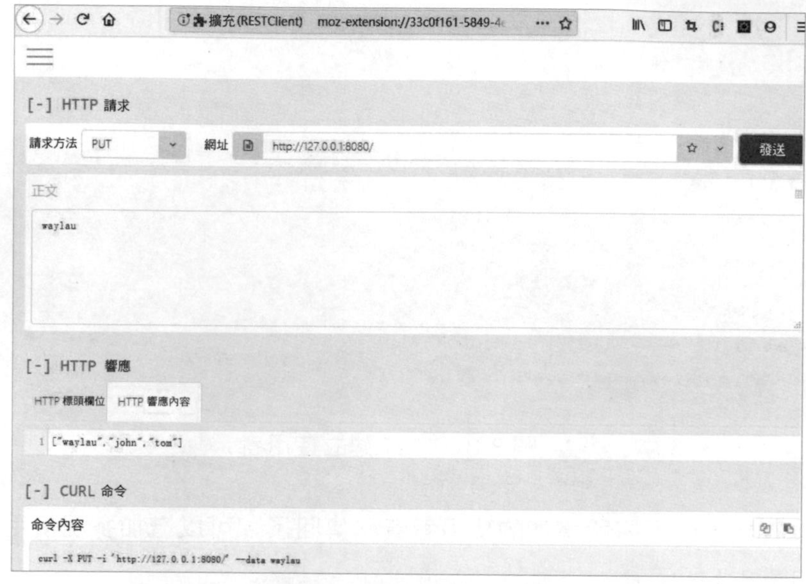

▲ 圖 8-5 PUT 修改使用者

雖然最終的回應結果看上去並無變化，實際上「waylau」的值已經替換過了。

3. 測試刪除使用者 API

在 RESTClient 中，選擇 DELETE 請求方法，填入「waylau」作為使用者的請求內容，並執行「發送」。發送成功後，可以看到如圖 8-6 所示的回應內容。

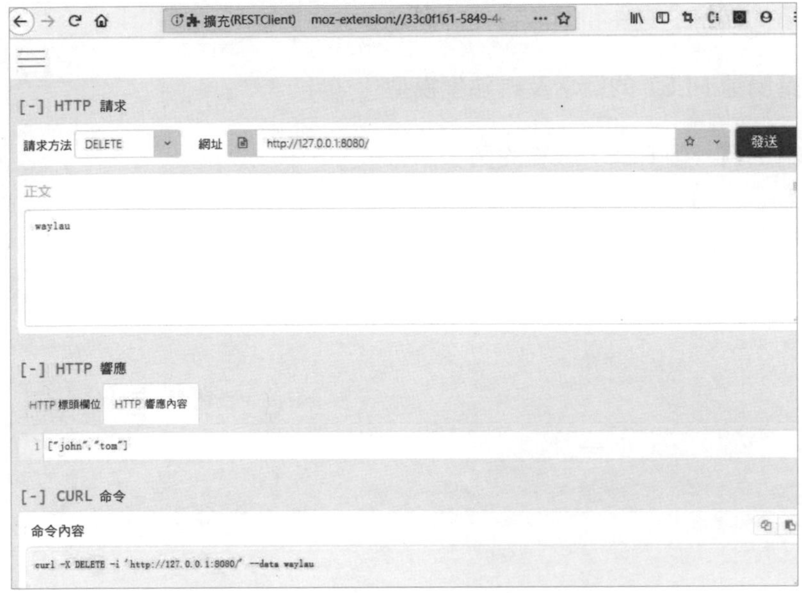

▲ 圖 8-6 DELETE 刪除使用者

最終的回應結果可以看到「waylau」的資訊被刪除了。

本節的例子可以在 http-demo/rest-service.js 檔案中找到。

8.7 小結

本章介紹如何以 Node.js 為基礎來開發 HTTP 協定的應用，內容涉及處理 HTTP 常用操作、理解請求物件和回應物件的概念、理解 REST 的概念及成熟度模型。

8.8 練習題

1. 請撰寫一個以 Node.js 為基礎來建立伺服器的例子。
2. 請簡述 HTTP 常用操作。

3. 請簡述請求物件和回應物件的概念。

4. 請簡述 REST 的概念及成熟度模型。

5. 請撰寫一個 REST 服務的例子。

第 9 章

Express 基礎

透過前面幾章的學習，讀者應該已經基本會使用 Node.js 來建構一些簡單的 Web 應用範例。但實際上，這些範例離真實的專案差距還很大，歸根結底是由於這些都是以原生為基礎的 Node.js 的 API。這些 API 都太偏向底層，要實作真實的專案，還需要很多的工作要做。

中介軟體則是為了簡化真實專案的開發而準備的。中介軟體的應用非常廣泛，比如有 Web 伺服器中介軟體、訊息中介軟體、ESB 中介軟體、日誌中介軟體、資料庫中介軟體等。借助中介軟體可以快速實作專案中的業務功能，而無須關心中介軟體底層的技術細節。

本章介紹 Node.js 專案中常用的 Web 中介軟體——Express。

9.1 安裝 Express

Express 是一個簡潔而靈活的 Node.js Web 應用框架，提供了一系列強大的特性幫助使用者建立各種 Web 應用。同時，Express 也是一款功能非常強大的 HTTP 工具。

使用 Express 可以快速地架設一個功能完整的網站。其核心特性包括：

- 可以設定中介軟體來回應 HTTP 請求。
- 定義了路由表用於執行不同的 HTTP 請求動作。
- 可以透過向範本傳遞參數來動態繪製 HTML 頁面。

接下來介紹如何安裝 Express。

9.1.1 初始化應用目錄

首先，初始化一個名為 express-demo 的應用：

```
$ mkdir express-demo
$ cd express-demo
```

9.1.2 初始化應用結構

接著，透過 npm init 來初始化該應用的程式碼結構：

```
$ npm init

This utility will walk you through creating a package.json file.
It only covers the most common items, and tries to guess sensible defaults.

See `npm help json` for definitive documentation on these fields
and exactly what they do.

Use `npm install <pkg>` afterwards to install a package and
save it as a dependency in the package.json file.

Press ^C at any time to quit.
package name: (express-demo)
version: (1.0.0)
description:
entry point: (index.js)
test command:
```

```
git repository:
keywords:
author: waylau.com
license: (ISC)
About to write to D:\workspaceGithub\mean-book-samples\samples\express-demo\package.
json:

{
  "name": "express-demo",
  "version": "1.0.0",
  "description": "",
  "main": "index.js",
  "scripts": {
    "test": "echo \"Error: no test specified\" && exit 1"
  },
  "author": "waylau.com",
  "license": "ISC"
}

Is this OK? (yes) yes
```

9.1.3 在應用中安裝 Express

最後透過 npm install 命令來安裝 Express：

```
$ npm install express --save

npm notice created a lockfile as package-lock.json. You should commit this file.
npm WARN express-demo@1.0.0 No description
npm WARN express-demo@1.0.0 No repository field.

+ express@4.17.1
added 50 packages from 37 contributors in 4.655s
```

9.2 實例 30：撰寫 Hello World 應用

在安裝完 Express 之後，就可以透過 Express 來撰寫 Web 應用了。以下是一個簡單版本的 Hello World 應用程式碼：

```
const express = require('express');
const app = express();
const port = 8080;

app.get('/', (req, res) => res.send('Hello World!'));

app.listen(port, () => console.log(`Server listening on port ${port}!`));
```

該範例非常簡單，當伺服器啟動之後會佔用 8080 通訊埠。當使用者存取應用的「/」路徑時，會回應「Hello World!」字樣的內容給用戶端。

9.3 實例 31：執行 Hello World 應用

執行下面的命令，以啟動伺服器：

```
$ node index.js

Server listening on port 8080!
```

伺服器啟動之後，透過瀏覽器造訪 http://localhost:8080/，可以看到如圖 9-1 所示的內容。

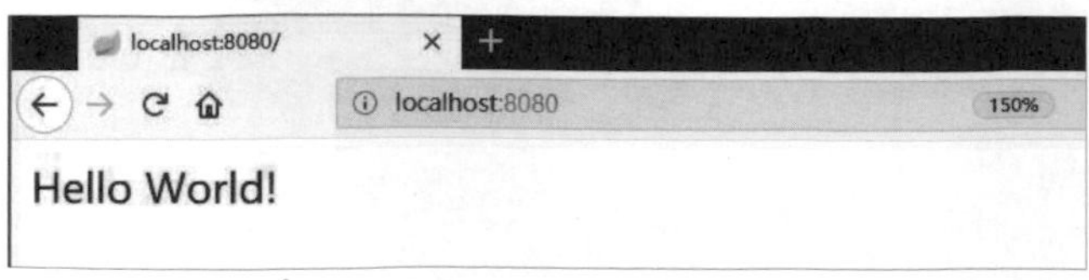

▲ 圖 9-1 可以看到「Hello World!」

本節的例子可以在 express-demo 目錄下找到。

9.4 小結

本章介紹了如何初始化 Express 應用，並演示了如何透過 Express 來撰寫、執行 Web 應用。

9.5 練習題

1. 請簡述 Express 的作用。
2. 請透過 Express 來撰寫、執行 Web 應用範例。

第 10 章

Express 路由——頁面的導覽員

在 Web 伺服器中，路由是為了在不同的頁面直接進行導覽。

本章介紹 Express 的路由功能。

10.1 路由方法

路由方法是從其中一個 HTTP 方法衍生的，並附加到 express 類別的實例。

以下程式碼是為應用程式根目錄的 GET 和 POST 方法定義路由的範例。

```
// GET 請求到應用的根目錄
app.get('/', (req, res) => res.send('GET request to the homepage!'));

// POST 請求到應用的根目錄
app.post('/', (req, res) => res.send('POST request to the homepage!'));
```

Express 支持與所有 HTTP 請求方法相對應的方法，包括 get、post、put、delete 等。下面是有關完整方法列表：

- checkout
- copy
- delete
- get
- head
- lock
- merge
- mkactivity
- mkcol
- move
- m-search
- notify
- options
- patch
- post
- purge
- put
- report
- search
- subscribe

- trace
- unlock
- unsubscribe

路由方法 all 較為特殊，該方法用於在路由上為所有 HTTP 請求方法載入中介軟體函式。舉例來說，無論是使用 GET、POST、PUT、DELETE 還是 http 模組支援的任何其他 HTTP 請求方法，都會對路由「/secret」的請求執行以下處理程式：

```
app.all('/secret', function (req, res, next) {
  console.log('Accessing the secret section ...')
  next()
})
```

10.2 路由路徑

路由路徑與請求方法相結合，便可以定義請求的端點。路由路徑可以是字串、字串模式或正規標記法。

字元「?」「+」「*」和「()」是它們的正規標記法對應物的子集。連字號「-」和點「.」由字串路徑按字面解釋。

如果需要在路徑字串中使用美元「$」，那麼請將其包含在「([」和「])」內。舉例來說，對「/data/$book」處請求的路徑字串將是「/data/([\$])book」。Express 使 用 Path-To-RegExp 函 式 庫（https://www.npmjs.com/package/path-to-regexp）來比對路由路徑。

10.2.1 實例 32：以字串為基礎的路由路徑

以下是以字串為基礎的路由路徑的一些範例。

下面是路由路徑將比對對根路由「/」的請求。

```
app.get('/', function (req, res) {
  res.send('root')
})
```

下面是路由路徑將比對對「/about」的請求。

```
app.get('/about', function (req, res) {
  res.send('about')
})
```

下面是路由路徑將比對對「/random.text」的請求。

```
app.get('/random.text', function (req, res) {
  res.send('random.text')
})
```

10.2.2 實例 33：以字串模式為基礎的路由路徑

以下是以字串模式為基礎的路由路徑的一些範例。

下面是路由路徑將比對 acd 和 abcd。

```
app.get('/ab?cd', function (req, res) {
  res.send('ab?cd')
})
```

下面是路由路徑將比對 abcd、abbcd、abbbcd 等。

```
app.get('/ab+cd', function (req, res) {
  res.send('ab+cd')
})
```

下面是路由路徑將比對 abcd、abxcd、abRANDOMcd、dab123cd 等。

```
app.get('/ab*cd', function (req, res) {
  res.send('ab*cd')
})
```

下面是路由路徑將比對 abe、abcde 等。

```
app.get('/ab(cd)?e', function (req, res) {
  res.send('ab(cd)?e')
})
```

10.2.3 實例 34：以正規表示法為基礎的路由路徑

以下是以正規標記法為基礎的路由路徑範例。

下面是路由路徑將比對其中包含 a 的任何內容。

```
app.get(/a/, function (req, res) {
  res.send('/a/')
})
```

下面是路由路徑將比對 butterfly 和 dragonfly，但不會比對 butterflyman 和 dragonflyman 等。

```
app.get(/.*fly$/, function (req, res) {
  res.send('/.*fly$/')
})
```

10.3 路由參數

路由參數是命名的 URL 段，用於捕捉在 URL 中的位置指定的值。捕捉的值將填充在 req.params 物件中，路徑參數的名稱在路徑中指定為其各自的鍵。

觀察下面的請求：

```
Route path: /users/:userId/books/:bookId
Request URL: http://localhost:3000/users/34/books/8989
req.params: { "userId": "34", "bookId": "8989" }
```

要使用路由參數定義路由，只需在路由路徑中指定路由參數，如下所示：

```
app.get('/users/:userId/books/:bookId', function (req, res) {
  res.send(req.params)
})
```

如果想要更進一步地控制路由參數，可以在括號「()」中附加正規標記法：

```
Route path: /user/:userId(\d+)
Request URL: http://localhost:3000/user/42
req.params: {"userId": "42"}
```

10.4 路由處理器

路由處理器可以提供多個回呼函式，其行為類似於中介軟體來處理請求。唯一的例外是這些回呼可能會呼叫「next('route')」來繞過剩餘的路由回呼。可以使用此機制對路徑施加前置條件，然後在沒有理由繼續當前路由的情況下將控制權傳遞給後續路由。

路由處理程式可以是函式、函式陣列或兩者的組合形式，如以下範例所示。

10.4.1 實例 35：單一回呼函式

單一回呼函式可以處理路由。例如：

```
app.get('/example/a', function (req, res) {
  res.send('Hello from A!')
})
```

10.4.2 實例 36：多個回呼函式

多個回呼函式可以處理路由（確保指定下一個物件）。例如：

```
app.get('/example/b', function (req, res, next) {
  console.log('the response will be sent by the next function ...')
```

```
  next()
}, function (req, res) {
  res.send('Hello from B!')
})
```

10.4.3 實例 37：一組回呼函式

一組回呼函式可以處理路由。例如：

```
var cb0 = function (req, res, next) {
  console.log('CB0')
  next()
}

var cb1 = function (req, res, next) {
  console.log('CB1')
  next()
}

var cb2 = function (req, res) {
  res.send('Hello from C!')
}

app.get('/example/c', [cb0, cb1, cb2])
```

10.4.4 實例 38：獨立函式和函式陣列的組合

獨立函式和函式陣列的組合可以處理路由路徑。例如：

```
var cb0 = function (req, res, next) {
  console.log('CB0')
  next()
}

var cb1 = function (req, res, next) {
  console.log('CB1')
  next()
}
```

```
app.get('/example/d', [cb0, cb1], function (req, res, next) {
  console.log('the response will be sent by the next function ...')
  next()
}, function (req, res) {
  res.send('Hello from D!')
})
```

10.5 回應方法

下面的回應物件上的方法可以向用戶端發送回應，並終止請求 - 回應週期。如果沒有從路由處理程式呼叫這些方法，則用戶端請求將保持暫停狀態。

- res.download()：提示下載檔案。
- res.end()：結束回應過程。
- res.json()：發送 JSON 回應。
- res.jsonp()：使用 JSONP 支援發送 JSON 回應。
- res.redirect()：重新導向請求。
- res.render()：繪製視圖範本。
- res.send()：發送各種類型的回覆。
- res.sendFile()：以八位元位元組流的形式發送檔案。
- res.sendStatus()：設定回應狀態碼並將其字串表示形式作為回應主體發送。

10.6 實例 39：Express 建構 REST API

在 8.6 節中，我們透過 Node.js 的 http 模組實作了一個簡單的使用者管理應用。本節將演示如何以 Express 為基礎來更加簡潔地實作 REST API。

為了能順利解析 JSON 格式的資料，需要引入下面的模組：

```
const express = require('express');
const app = express();
const port = 8080;
const bodyParser = require('body-parser');// 用於 req.body 獲設定值的
app.use(bodyParser.json());
```

同時，我們在記憶體中定義了一個 Array 來模擬使用者資訊的儲存：

```
// 儲存使用者資訊
let users = new Array();
```

透過不同的 HTTP 操作來辨識不同的對於使用者的操作。我們將使用 POST 來新增使用者，用 PUT 來修改使用者，用 DELETE 來刪除使用者，用 GET 來獲取所有使用者的資訊。程式碼如下：

```
// 儲存使用者資訊
let users = new Array();

app.get('/', (req, res) => res.json(users).end());

app.post('/', (req, res) => {
    let user = req.body.name;

    users.push(user);

    res.json(users).end();
});

app.put('/', (req, res) => {
    let user = req.body.name;

    for (let i = 0; i < users.length; i++) {
        if (user == users[i]) {
            users.splice(i, 1, user);
            break;
        }
```

```
    }

    res.json(users).end();
});

app.delete('/', (req, res) => {
    let user = req.body.name;

    for (let i = 0; i < users.length; i++) {
        if (user == users[i]) {
            users.splice(i, 1);
            break;
        }
    }

    res.json(users).end();
});
```

本應用的完整程式碼如下：

```
const express = require('express');
const app = express();
const port = 8080;
const bodyParser = require('body-parser');// 用於獲取 req.body 的值
app.use(bodyParser.json());

// 儲存使用者資訊
let users = new Array();

app.get('/', (req, res) => res.json(users).end());

app.post('/', (req, res) => {
    let user = req.body.name;

    users.push(user);

    res.json(users).end();
});
```

```
app.put('/', (req, res) => {
    let user = req.body.name;

    for (let i = 0; i < users.length; i++) {
        if (user == users[i]) {
            users.splice(i, 1, user);
            break;
        }
    }

    res.json(users).end();
});

app.delete('/', (req, res) => {
    let user = req.body.name;

    for (let i = 0; i < users.length; i++) {
        if (user == users[i]) {
            users.splice(i, 1);
            break;
        }
    }

    res.json(users).end();
});

app.listen(port, () => console.log(`Server listening on port ${port}!`));
```

本節的例子可以在 express-rest 目錄下找到。

10.7 測試 Express 的 REST API

執行上述範例，並在 REST 用戶端中進行 REST API 的偵錯。

10.7.1 測試建立使用者 API

在 RESTClient 中，選擇 POST 請求方法，填入「{"name":"waylau"}」作為使用者的請求內容，並執行「發送」。發送成功後，可以看到已經將所增加的使用者資訊給傳回了，如圖 10-1 所示。也可以增加多個使用者以便測試。

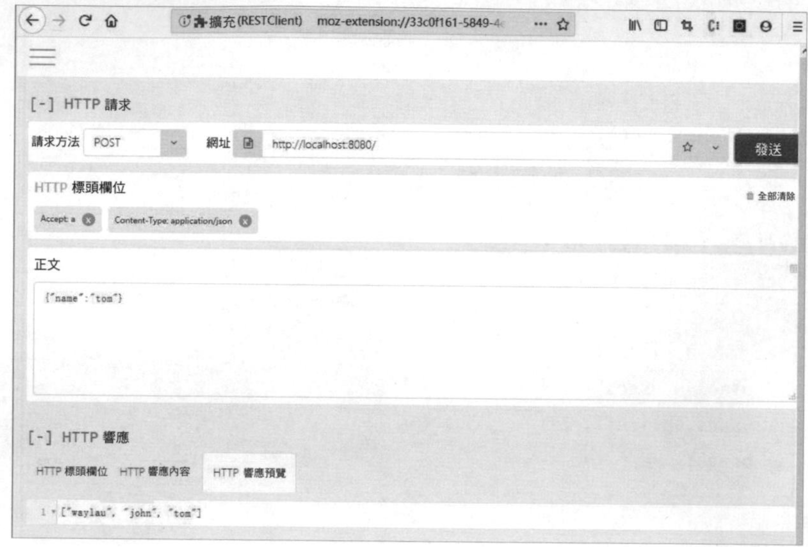

▲ 圖 10-1 POST 建立使用者

10.7.2 測試刪除使用者 API

在 RESTClient 中，選擇 DELETE 請求方法，填入「{"name":"tom"}」作為使用者的請求內容，並執行「發送」。發送成功後，可以看到如圖 10-2 所示的回應內容。

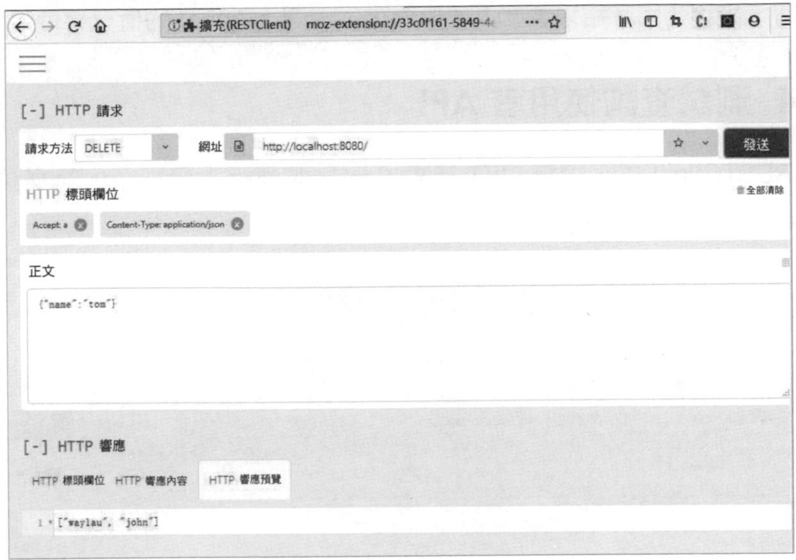

▲ 圖 10-2 DELETE 刪除使用者

最終的回應結果可以看到 tom 的資訊被刪除了。

10.7.3 測試修改使用者 API

在 RESTClient 中，選擇 PUT 請求方法，填入「{"name":"john"}」作為使用者的請求內容，並執行「發送」。發送成功後，可以看到如圖 10-3 所示的回應內容。

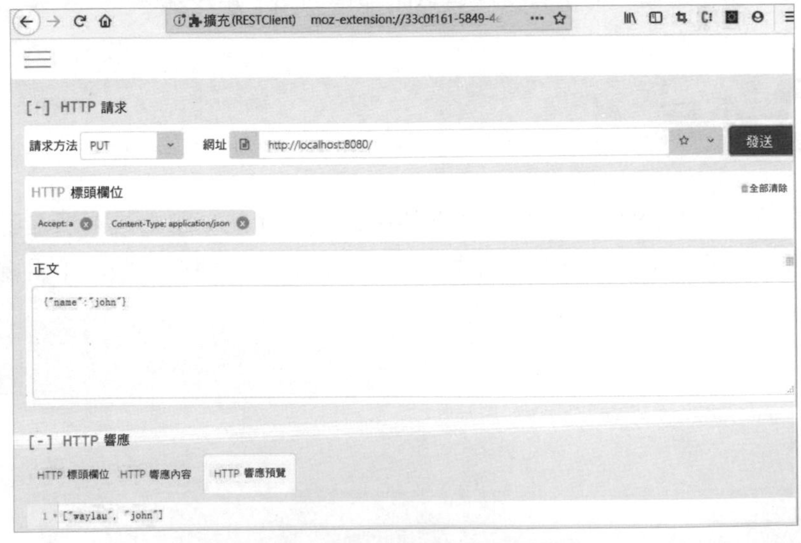

▲ 圖 10-3 PUT 修改使用者

雖然，最終的回應結果看上去並無變化，實際上 "john" 的值已經做過替換了。

10.7.4 測試查詢使用者 API

在 RESTClient 中，選擇 GET 請求方法，並執行「發送」。發送成功後，可以看到如圖 10-4 所示的回應內容。

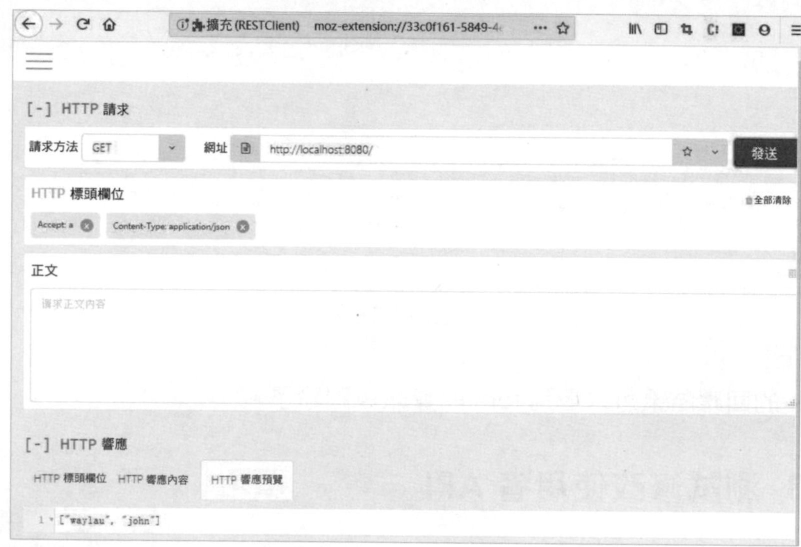

▲ 圖 10-4 查詢使用者

最終，將記憶體中的所有使用者資訊都傳回給了用戶端。

10.8 小結

本章介紹了 Express 在 Web 伺服器中的路由功能，路由是為了在不同的頁面直接進行導覽，主要內容涉及路由方法、路由路徑、路由參數、路由處理器、回應方法。

10.9 練習題

1. 請簡述 Express 的路由功能的作用。
2. 請撰寫一個 Express 路由路徑的例子。
3. 請撰寫一個 Express 路由處理器的例子。
4. 請撰寫一個 Express 建構 REST API 的例子。

第 11 章

Express 錯誤處理器

本章介紹 Express 對於錯誤的處理。錯誤處理是指 Express 如何捕捉和處理在同步和非同步發生時的錯誤。

Express 會提供預設的錯誤處理器，因此開發者無須撰寫自己的錯誤處理程式即可開始使用。當然，開發者也可以選擇自訂錯誤處理器。

11.1 捕捉錯誤

程式在執行過程中有可能會發生錯誤，而對於錯誤的處理非常重要。Express 可以捕捉執行時期的錯誤，處理也比較簡單。

下面的範例展示了在 Express 中捕捉並處理錯誤的過程。例如：

```
app.get('/', function (req, res) {
  throw new Error('BROKEN') // Express 會自己捕捉這個錯誤
})
```

對於由路由處理器和中介軟體呼叫的非同步函式傳回的錯誤，必須將它們傳遞給 next() 函式，這樣 Express 就能捕捉並處理它們。例如：

```
app.get('/', function (req, res, next) {
  fs.readFile('/file-does-not-exist', function (err, data) {
    if (err) {
      next(err) // 傳遞錯誤給 Express
    } else {
      res.send(data)
    }
  })
})
```

除字串 'route' 外，將任何內容傳遞給 next() 函式，Express 都會將當前請求視為錯誤，並將跳過任何剩餘的非錯誤處理路由和中介軟體函式。

如果序列中的回呼不提供資料，只提供錯誤，則可以按以下方式簡化此程式碼：

```
app.get('/', [
  function (req, res, next) {
    fs.writeFile('/inaccessible-path', 'data', next)
  },
  function (req, res) {
    res.send('OK')
  }
])
```

在上面的範例中，next 作為 fs.writeFile 的回呼提供，呼叫時有或沒有錯誤。如果沒有錯誤，則執行第二個處理程式，否則 Express 會捕捉並處理錯誤。

必須捕捉由路由處理器或中介軟體呼叫的非同步程式碼中發生的錯誤，並將它們傳遞給 Express 進行處理。例如：

```
app.get('/', function (req, res, next) {
  setTimeout(function () {
    try {
      throw new Error('BROKEN')
```

```
    } catch (err) {
      next(err)
    }
  }, 100)
})
```

上面的範例使用 try-catch 區塊來捕捉非同步程式碼中的錯誤並將它們傳遞給 Express。如果省略 try-catch 區塊，Express 將不會捕捉錯誤，因為它不是同步處理程式程式碼的一部分。

使用 promise 可以避免 try-catch 區塊的消耗，或使用傳回 promise 的函式。例如：

```
app.get('/', function (req, res, next) {
  Promise.resolve().then(function () {
    throw new Error('BROKEN')
  }).catch(next) // 傳遞錯誤給 Express
})
```

由於 promise 會自動捕捉同步錯誤和拒絕的 promise，因此可以簡單地將 next 作為最終的 catch 處理程式，Express 將捕捉錯誤，因為 catch 處理程式會將錯誤作為第一個參數。

還可以使用一系列處理程式來縮減程式碼的規模。例如：

```
app.get('/', [
  function (req, res, next) {
    fs.readFile('/maybe-valid-file', 'utf-8', function (err, data) {
      res.locals.data = data
      next(err)
    })
  },
  function (req, res) {
    res.locals.data = res.locals.data.split(',')[1]
    res.send(res.locals.data)
  }
])
```

上面的例子有一些來自 readFile 呼叫的簡單語句。如果 readFile 導致錯誤，不是它將錯誤傳遞給 Express，就是就快速傳回到鏈中下一個錯誤處理器進行處理。

無論使用哪種方法，如果要呼叫 Express 錯誤處理器並使應用程式始終可用，則必須確保 Express 收到錯誤。

11.2 預設錯誤處理器

Express 內建了錯誤處理器，可以處理應用程式中可能遇到的任何錯誤。此預設錯誤處理器中介軟體函式增加在中介軟體函式堆疊的尾端。

如果將錯誤傳遞給 next() 並且沒有在自訂錯誤處理器中處理它，它將由內建錯誤處理器處理。錯誤將透過堆疊追蹤寫入用戶端。堆疊追蹤不包含在生產環境中。

如果在開始撰寫回應後呼叫 next() 並出現錯誤，例如在將回應流式傳輸到用戶端時遇到錯誤，則 Express 預設錯誤處理器將關閉連接並使請求失敗。

因此，開發者在增加自訂錯誤處理器時，必須在 header 已發送到用戶端時委派給預設的 Express 錯誤處理器。範例如下：

```
function errorHandler (err, req, res, next) {
  if (res.headersSent) {
    return next(err)
  }
  res.status(500)
  res.render('error', { error: err })
}
```

請注意，如果因程式碼中的錯誤而多次呼叫 next()，則會觸發預設錯誤處理器，即使自訂錯誤處理器中介軟體已就緒也是如此。

11.3 自訂錯誤處理器

自訂錯誤處理器的中介軟體函式的定義，與其他中介軟體函式有著相同的方式，除了錯誤處理函式有 4 個參數（err、req、res、next），而非 3 個。例如：

```
app.use(function (err, req, res, next) {
  console.error(err.stack)
  res.status(500).send('Something broke!')
})
```

可以在其他 app.use() 和路由呼叫之後定義錯誤處理中介軟體。例如：

```
var bodyParser = require('body-parser')
var methodOverride = require('method-override')

app.use(bodyParser.urlencoded({
  extended: true
}))
app.use(bodyParser.json())
app.use(methodOverride())
app.use(function (err, req, res, next) {
  // logic
})
```

中介軟體函式內的回應可以是任何格式，例如 HTML 錯誤頁面、簡單訊息或 JSON 字串。

也可以定義多個錯誤處理中介軟體函式，就像使用常規中介軟體函式一樣。舉例來說，為使用 XHR 和不使用 XHR 的請求定義錯誤處理器：

```
var bodyParser = require('body-parser')
var methodOverride = require('method-override')

app.use(bodyParser.urlencoded({
  extended: true
}))
app.use(bodyParser.json())
```

```
app.use(methodOverride())
app.use(logErrors)
app.use(clientErrorHandler)
app.use(errorHandler)
```

在上述範例中，通用 logErrors 可能會將請求和錯誤資訊寫入 stderr，例如：

```
function logErrors (err, req, res, next) {
  console.error(err.stack)
  next(err)
}
```

同樣，在此範例中，clientErrorHandler 會將錯誤明確傳遞給下一個錯誤處理器。需要注意的是，在錯誤處理函式中，如果不呼叫 next，則開發者需要負責結束回應，否則這些請求將「暫停」，並且不符合垃圾回收的條件。

```
function clientErrorHandler (err, req, res, next) {
  if (req.xhr) {
    res.status(500).send({ error: 'Something failed!' })
  } else {
    next(err)
  }
}
```

errorHandler 用於捕捉所有的錯誤。

```
function errorHandler (err, req, res, next) {
  res.status(500)
  res.render('error', { error: err })
}
```

如果是具有多個回呼函式的路由處理程式，則可以使用 route 參數跳躍到下一個路由處理程式。例如：

```
app.get('/a_route_behind_paywall',
  function checkIfPaidSubscriber (req, res, next) {
    if (!req.user.hasPaid) {
      // 繼續處理請求
```

```
    next('route')
  } else {
    next()
  }
}, function getPaidContent (req, res, next) {
  PaidContent.find(function (err, doc) {
    if (err) return next(err)
    res.json(doc)
  })
})
```

在上述範例中，將跳過 getPaidContent 處理程式，但其餘的處理程式將繼續執行。

11.4 小結

本章介紹 Express 對於錯誤的處理，包括捕捉和處理在同步和非同步發生時的錯誤。

Express 提供了預設的錯誤處理器，因此開發者直接使用預設的錯誤處理程式即可。

11.5 練習題

1. 請簡述 Express 如何捕捉執行時期的錯誤。
2. 請簡述如何使用 Express 的錯誤處理器。
3. 請簡述如何自訂 Express 的錯誤處理器。

第 12 章 MongoDB 基礎

MongoDB 是強大的非關聯式資料庫（NoSQL）。本章講解 MongoDB 的基礎知識。

12.1 MongoDB 簡介

與 Redis 或 HBase 等不同，MongoDB 是一個介於關聯式資料庫和非關聯式資料庫之間的產品，是非關聯式資料庫中功能最豐富、最像關聯式資料庫的，旨在為 Web 應用提供可擴充的高性能資料儲存解決方案。它支援的資料結構非常鬆散，是類似 JSON 的 BSON 格式，因此可以儲存比較複雜的資料型態。MongoDB 最大的特點是其支援的查詢語言非常強大，其語法有點類似於物件導向的查詢語言，幾乎可以實作類似關聯式資料庫單表查詢的絕大部分功能，而且還支援對資料建立索引。

自 MongoDB 4.0 開始，MongoDB 開始支援事務管理。

MongoDB Server 是用 C++ 撰寫的、開放原始碼的、文件導向的資料庫（Document Database），它的特點是高性能、高可用，以及可以實作自動化擴充，儲存資料非常方便。其主要功能特性如下：

- MongoDB 將資料儲存為一個文件，資料結構由 field-value（字段 - 值）對組成。
- MongoDB 文件類似於 JSON 物件，欄位的值可以包含其他文件、陣列及文件陣列。

MongoDB 的文件結構如圖 12-1 所示。

```
{
   name: "sue",                          ← field: value
   age: 26,                              ← field: value
   status: "A",                          ← field: value
   groups: [ "news", "sports" ]          ← field: value
}
```

▲ 圖 12-1 MongoDB 的文件結構

使用文件的優點是：

- 文件（即物件）在許多程式語言裡可以對應原生資料型態。
- 嵌入式文件和陣列可以減少昂貴的連接操作。
- 動態模式支援流暢的多形性。

MongoDB 的特點是高性能、易部署、易使用，儲存資料非常方便。下面總結其主要功能特性。

1. 高性能

MongoDB 中提供了高性能的資料持久化。尤其是：

- 對於嵌入式資料模型的支援，減少了資料庫系統的 I / O 活動。
- 支援索引，用於快速查詢。其索引物件可以是嵌入文件或陣列的 key。

2. 豐富的查詢語言

MongoDB 支援豐富的查詢語言，包括讀取和寫入操作（CRUD）以及：

- 資料聚合。
- 文字搜尋和地理空間查詢。

3. 高可用

MongoDB 的複製裝置被稱為 replica set，提供了以下功能：

- 自動容錯移轉。
- 資料容錯。

replica set 是一組儲存相同資料集合的 MongoDB 伺服器，提供了資料容錯並提高了資料的可用性。

4. 橫向擴充

MongoDB 提供水平橫向擴充並作為其核心功能部分：

- 將資料分片到一組電腦叢集上。
- tag aware sharding（標籤意識分片）允許將數據傳到特定的碎片，比如在分片時考慮碎片的地理分佈。

5. 支援多個儲存引擎

MongoDB 支援多個儲存引擎，例如：

- WiredTiger Storage Engine。
- MMAPv1 Storage Engine。

此外，MongoDB 中提供外掛程式式儲存引擎的 API，允許協力廠商來開發 MongoDB 的儲存引擎。

12.2 安裝 MongoDB

在 MongoDB 官網可以免費下載 MongoDB 伺服器，位址是 https://www.mongodb.com/download-center/community。

本書演示的是在 Windows 下載的安裝。

首先，根據你的系統下載 32 位元或 64 位元的 .msi 檔案，下載後按兩下該檔案，按操作提示安裝即可。 在安裝過程中，可以指定任意安裝目錄，透過點擊 Custom 來設定。本例安裝在 D:Files 目錄。

接著設定服務。設定情況如圖 12-2 所示。

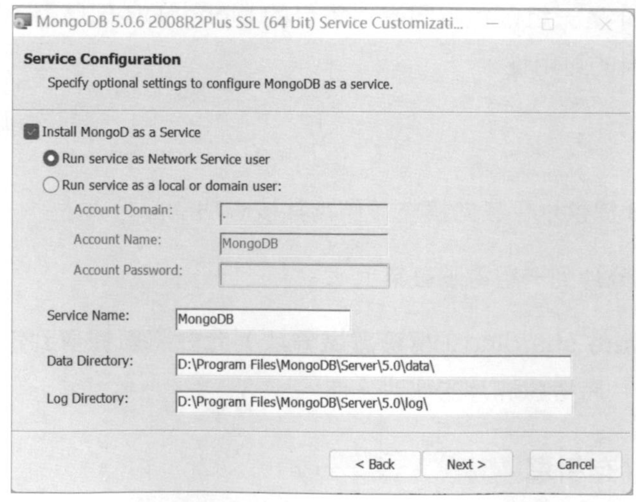

▲ 圖 12-2 MongoDB 的安裝設定

12.3 啟動 MongoDB 服務

安裝 MongoDB 成功之後，MongoDB 服務就會被安裝到 Windows 中，可以透過 Windows 服務管理來對 MongoDB 服務進行管理，比如可以啟動、關閉、重新啟動 MongoDB 服務，也可以設定跟隨 Windows 作業系統自動啟動。

圖 12-3 展示了 MongoDB 服務的管理介面。

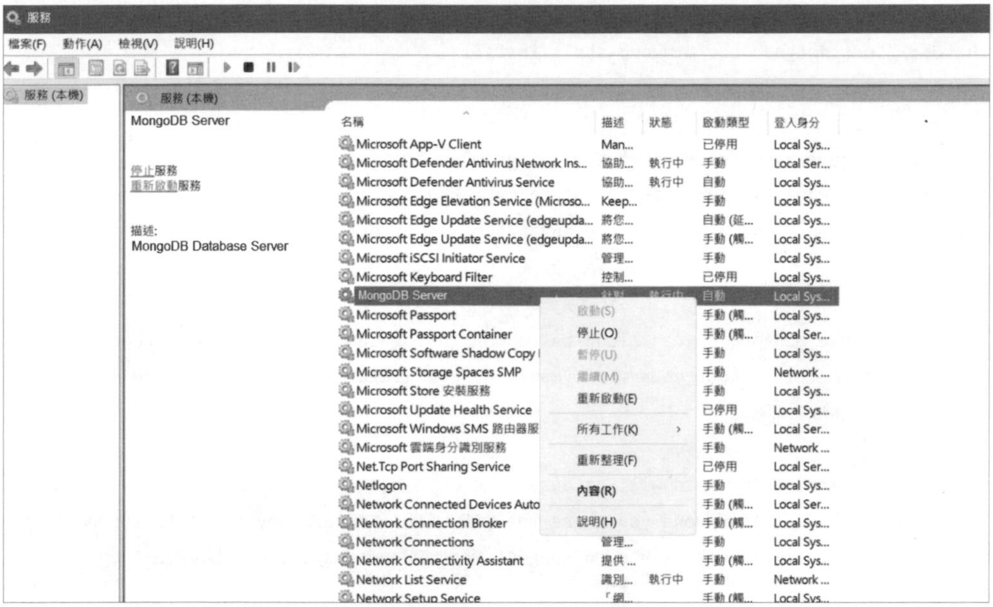

▲ 圖 12-3 MongoDB 服務

12.4 連接到 MongoDB 伺服器

MongoDB 服務成功啟動之後，就可以透過 MongoDB 用戶端來連接到 MongoDB 伺服器了。

切換到 MongoDB 安裝目錄的 bin 目錄下，執行 mongo.exe 檔案：

```
$ mongo.exe

MongoDB shell version v5.0.6
connecting to: mongodb://127.0.0.1:27017/?compressors=disabled&gssapiServiceName=mongo
db Implicit session: session { "id" : UUID("0d2349d9-a5b3-4454-9ae3-6a415f594f59") }
MongoDB server version: 5.0.6
================
Warning: the "mongo" shell has been superseded by "mongosh",
which delivers improved usability and compatibility.The "mongo" shell has been
```

```
deprecated and will be removed in
an upcoming release.
For installation instructions, see
https://docs.mongodb.com/mongodb-shell/install/
================
---
The server generated these startup warnings when booting:
        2022-04-05T12:19:39.154+08:00: Access control is not enabled for the database.
Read and write access to data and configuration is unrestricted
---
---
        Enable MongoDB's free cloud-based monitoring service, which will then receive
and display metrics about your deployment (disk utilization, CPU, operation
statistics, etc).

        The monitoring data will be available on a MongoDB website with a unique URL
accessible to you and anyone you share the URL with. MongoDB may use this information
to make product improvements and to suggest MongoDB products and deployment options to
you.

        To enable free monitoring, run the following command: db.enableFreeMonitoring()
        To permanently disable this reminder, run the following command:
db.disableFreeMonitoring()
---

>
```

mongo.exe 檔案就是 MongoDB 附帶的用戶端工具，可以用來對 MongoDB 進行 CURD 操作。

12.5 小結

本章講解 MongoDB 的基礎知識，內容包括 MongoDB 的基本概念、安裝 MongoDB 並啟動 MongoDB 服務，以及用戶端連接到 MongoDB 伺服器。

12.6 練習題

1. 請簡述 MongoDB 的特徵，以及與傳統的關聯式資料庫有哪些不同。

2. 請在本機開發機上安裝並啟動 MongoDB 伺服器。

3. 請使用 MongoDB 用戶端來連接到 MongoDB 伺服器。

第 13 章 MongoDB 常用操作

本章介紹 MongoDB 的常用操作。

13.1 顯示已有的資料庫

在安裝完 MongoDB 之後，就可以透過附帶的 mongo.exe 來對 MongoDB 進行基本操作了。

使用 show dbs 命令可以顯示已有的資料庫：

```
> show dbs
admin        0.000GB
config       0.000GB
local        0.000GB
```

使用 db 命令可以顯示當前使用的資料庫：

```
> db
test
```

在 MongoDB 新建時預設會有一個 test 資料庫。

13.2 建立、使用資料庫

use 命令有兩個作用：

- 切換到指定的資料庫。
- 在資料庫不存在時，建立資料庫。

因此，可以透過下面的命令來建立並使用資料庫：

```
> use nodejsBook
switched to db nodejsBook
```

13.3 插入文件

插入文件（Document）可以分為兩種：一種是插入單一文件，另一種是插入多個文件。在 MongoDB 的概念中，文件類似於 MySQL 資料表中的資料。

13.3.1 實例 40：插入單一文件

db.collection.insertOne() 方法用於插入單一文件到集合（Collection）中。集合在 MongoDB 中的概念類似於 MySQL 中資料表的概念。

以下是插入一本書的資訊的例子：

```
db.book.insertOne(
   { title: " 分散式系統常用技術及案例分析 ", price: 99, press: " 電子工業出版社 ", author:
```

```
    { age: 32, name: " 柳偉衛 " } }
)
```

在上述例子中，「book」就是一個集合。在該集合不存在的情況下，會自動建立名為「book」的集合。

執行插入命令之後，主控台的輸出內容如下：

```
> db.book.insertOne(
...     { title: " 分散式系統常用技術及案例分析 ", price: 99, press: " 電子工業出版社 ",
            author: { age: 32, name: " 柳偉衛 " } }
... )
{
        "acknowledged" : true,
        "insertedId" : ObjectId("5d0788c1da0dce67ba3b279d")
}
```

其中，文件中的「_id」欄位如果沒有指定，MongoDB 會自動給該欄位賦值，其類型是 ObjectId。

為了查詢上述插入的文件資訊，可以使用 db.collection.find() 方法。命令如下：

```
> db.book.find( { title: " 分散式系統常用技術及案例分析 " } )

{ "_id" : ObjectId("5d0788c1da0dce67ba3b279d"), "title" : " 分散式系統常用技術及
案例分析 ", "price" : 99, "press" : " 電子工業出版社 ", "author" : { "age" : 32, "name"
:" 柳偉衛 " } }
>
```

13.3.2 實例 41：插入多個文件

db.collection.insertMany() 方法用於插入多個文件到集合中。

以下是插入多本書的資訊的例子：

```
db.book.insertMany([
    { title: "Spring Boot 企業級應用程式開發實戰 ", price: 98, press: " 北京大學出版社 ",
```

```
        author: { age: 32, name: " 柳偉衛 " } },
    { title: "Spring Cloud 微服務架構開發實戰 ", price: 79, press: " 北京大學出版社 ",
        author: { age: 32, name: " 柳偉衛 " } },
    { title: "Spring 5 案例大全 ", price: 119, press: " 北京大學出版社 ", author: { age:
        32, name: " 柳偉衛 " } }]
)
```

執行插入命令之後，主控台的輸出內容如下：

```
> db.book.insertMany([
...     { title: "Spring Boot 企業級應用程式開發實戰 ", price: 98, press: " 北京大學出版
社 ", author: { age: 32, name: " 柳偉衛 " } },
...     { title: "Spring Cloud 微服務架構開發實戰 ", price: 79, press: " 北京大學出版社 ",
author: { age: 32, name: " 柳偉衛 " } },
...     { title: "Spring 5 案例大全 ", price: 119, press: " 北京大學出版社 ", author: {
age: 32, name: " 柳偉衛 " } }]
... )
{
        "acknowledged" : true,
        "insertedIds" : [
                ObjectId("5d078bd1da0dce67ba3b279e"),
                ObjectId("5d078bd1da0dce67ba3b279f"),
                ObjectId("5d078bd1da0dce67ba3b27a0")
        ]
}
```

其中，文件中的「_id」欄位如果沒有指定，MongoDB 會自動給該欄位賦值，其類型是 ObjectId。

為了查詢上述插入的文件資訊，可以使用 db.collection.find() 方法。命令如下：

```
> db.book.find( {} )

{ "_id" : ObjectId("5d0788c1da0dce67ba3b279d"), "title" : " 分散式系統常用技術及
案例分析 ", "price" : 99, "press" : " 電子工業出版社 ", "author" : { "age" : 32, "name"
:" 柳偉衛 " } }
{ "_id" : ObjectId("5d078bd1da0dce67ba3b279e"), "title" : "Spring Boot 企業級
```

```
應用程式開發實戰 ", "price" : 98, "press" : " 北京大學出版社 ", "author" : { "age"
: 32, "name" : " 柳偉衛 " } }
{ "_id" : ObjectId("5d078bd1da0dce67ba3b279f"), "title" : "Spring Cloud 微服務
架構開發實戰 ", "price" : 79, "press" : " 北京大學出版社 ", "author" : { "age" :
32, "name" :  " 柳偉衛 " } }
{ "_id" : ObjectId("5d078bd1da0dce67ba3b27a0"), "title" : "Spring 5 案例大全 ",
 "price" : 119, "press" : " 北京大學出版社 ", "author" : { "age" : 32, "name" :
" 柳偉衛 " } }
```

13.4 查詢文件

前面已經演示了使用 db.collection.find() 方法來查詢文件。除此之外，還有更多查詢方式。

13.4.1 實例 42：巢狀結構文件查詢

以下是一個巢狀結構文件的查詢範例，用於查詢指定作者的書籍：

```
> db.book.find( {author: { age: 32, name: " 柳偉衛 " }} )

{ "_id" : ObjectId("5d0788c1da0dce67ba3b279d"), "title" : " 分散式系統常用技術及
案例分析 ", "price" : 99, "press" : " 電子工業出版社 ", "author" : { "age" :
32, "name" :      " 柳偉衛 " } }
{ "_id" : ObjectId("5d078bd1da0dce67ba3b279e"), "title" : "Spring Boot 企業級
應用程式開發實戰 ", "price" : 98, "press" : " 北京大學出版社 ", "author" : { "age"
: 32, "name" :      " 柳偉衛 " } }
{ "_id" : ObjectId("5d078bd1da0dce67ba3b279f"), "title" : "Spring Cloud 微服務
架構開發實戰 ", "price" : 79, "press" : " 北京大學出版社 ", "author" : { "age" :
32, "name" :
" 柳偉衛 " } }
{ "_id" : ObjectId("5d078bd1da0dce67ba3b27a0"), "title" : "Spring 5 案例大全 ",
"price" : 119, "press" : " 北京大學出版社 ", "author" : { "age" : 32, "name" : " 柳
偉衛 " } }
```

上述查詢從所有的文件中查詢出了 author 欄位等於 "{ age: 32, name:" 柳偉衛 " }" 的融皁。

需要注意的是，整個嵌入式文件的等式比對需要指定的文件的完全符合，包括欄位順序。舉例來說，以下查詢將與集合中的任何文件都不符合：

```
> db.book.find( {author: {name: "柳偉衛", age: 32}} )
```

13.4.2 實例 43：巢狀結構欄位查詢

要在嵌入 / 巢狀結構文件中的欄位上指定查詢準則，請使用點標記法。以下範例選擇作者姓名是「柳偉衛」的所有文件：

```
> db.book.find( {"author.name": "柳偉衛"} )

{ "_id" : ObjectId("5d0788c1da0dce67ba3b279d"), "title" : "分散式系統常用技術及案例分析", "price" : 99, "press" : "電子工業出版社", "author" : { "age" : 32, "name" : "柳偉衛" } }
{ "_id" : ObjectId("5d078bd1da0dce67ba3b279e"), "title" : "Spring Boot 企業級應用開發實戰", "price" : 98, "press" : "北京大學出版社", "author" : { "age" : 32, "name" : "柳偉衛" } }
{ "_id" : ObjectId("5d078bd1da0dce67ba3b279f"), "title" : "Spring Cloud 微服務架構開發實戰", "price" : 79, "press" : "北京大學出版社", "author" : { "age" : 32, "name" :"柳偉衛" } }
{ "_id" : ObjectId("5d078bd1da0dce67ba3b27a0"), "title" : "Spring 5 案例大全", "price" : 119, "press" : "北京大學出版社", "author" : { "age" : 32, "name" : "柳偉衛" } }
```

13.4.3 實例 44：使用查詢運算子

查詢篩檢程式文件可以使用查詢運算元。以下查詢在 price 欄位中使用小於運算元（$lt）：

```
> db.book.find( {"price":  {$lt: 100} })

{ "_id" : ObjectId("5d0788c1da0dce67ba3b279d"), "title" : "分散式系統常用技術及案例分析", "price" : 99, "press" : "電子工業出版社", "author" : { "age" : 32, "name" :"柳偉衛" } }
{ "_id" : ObjectId("5d078bd1da0dce67ba3b279e"), "title" : "Spring Boot 企業級應用開發實戰", "price" : 98, "press" : "北京大學出版社", "author" : { "age" :
```

```
32, "name" :" 柳偉衛 " } }
{ "_id" : ObjectId("5d078bd1da0dce67ba3b279f"), "title" : "Spring Cloud 微服務架
構開發實戰 ", "price" : 79, "press" : " 北京大學出版社 ", "author" : { "age" : 32,
"name" :" 柳偉衛 " } }
```

上述範例查詢出了單價小於 100 元的所有書籍。

13.4.4 實例 45：多條件查詢

多個查詢準則可以結合使用。以下範例查詢出了單價小於 100 元且作者是「柳偉衛」的所有書籍：

```
> db.book.find( {"price":  {$lt: 100}, "author.name": " 柳偉衛 "} )

{ "_id" : ObjectId("5d0788c1da0dce67ba3b279d"), "title" : " 分散式系統常用技術及案
例分析 ", "price" : 99, "press" : " 電子工業出版社 ", "author" : { "age" : 32, "name"
:" 柳偉衛 " } }
{ "_id" : ObjectId("5d078bd1da0dce67ba3b279e"), "title" : "Spring Boot 企業級應
用開發實戰 ", "price" : 98, "press" : " 北京大學出版社 ", "author" : { "age" : 32,
"name" :\" 柳偉衛 " } }
{ "_id" : ObjectId("5d078bd1da0dce67ba3b279f"), "title" : "Spring Cloud 微服務架
構開發實戰 ", "price" : 79, "press" : " 北京大學出版社 ", "author" : { "age" : 32,
"name" :" 柳偉衛 " } }
```

上述範例查詢出了單價小於 100 元且作者是「柳偉衛」的所有書籍。

13.5 修改文件

修改文件主要有以下三種方式：

- db.collection.updateOne()。
- db.collection.updateMany()。
- db.collection.replaceOne()。

下面演示各種修改文件的方式。

13.5.1 實例 46：修改單一文件

db.collection.updateOne() 可以用來修改單一文件。同時，提供了 "$set" 操作符號來修改欄位值。以下是一個範例：

```
> db.book.updateOne(
...     {"author.name": " 柳偉衛 "},
...     {$set: {"author.name": "Way Lau" } } )

{ "acknowledged" : true, "matchedCount" : 1, "modifiedCount" : 1 }
```

上述命令會將作者從「柳偉衛」改為「Way Lau」。由於是修改單一文件，故即使作者為「柳偉衛」的書籍可能有多本，但只會修改查詢到的第一本。

透過下面的命令來驗證修改的內容：

```
> db.book.find( {} )

{ "_id" : ObjectId("5d0788c1da0dce67ba3b279d"), "title" : " 分散式系統常用技術及案例分析 ", "price" : 99, "press" : " 電子工業出版社 ", "author" : { "age" : 32, "name" :"Way Lau" } }
{ "_id" : ObjectId("5d078bd1da0dce67ba3b279e"), "title" : "Spring Boot 企業級應用開發實戰 ", "price" : 98, "press" : " 北京大學出版社 ", "author" : { "age" : 32, "name" :" 柳偉衛 " } }
{ "_id" : ObjectId("5d078bd1da0dce67ba3b279f"), "title" : "Spring Cloud 微服務架構開發實戰 ", "price" : 79, "press" : " 北京大學出版社 ", "author" : { "age" : 32, "name" :" 柳偉衛 " } }
{ "_id" : ObjectId("5d078bd1da0dce67ba3b27a0"), "title" : "Spring 5 案例大全 ", "price" : 119, "press" : " 北京大學出版社 ", "author" : { "age" : 32, "name" : " 柳偉衛 " } }
```

13.5.2 實例 47：修改多個文件

db.collection.updateMany() 可以用來修改多個文件。以下是一個範例：

```
> db.book.updateMany(
... {"author.name": " 柳偉衛 "},
... {$set: {"author.name": "Way Lau" } } )
```

```
{ "acknowledged" : true, "matchedCount" : 3, "modifiedCount" : 3 }
```

上述命令會將所有作者為「柳偉衛」的改為「Way Lau」。

透過下面的命令來驗證修改的內容：

```
> db.book.find( {} )} )

{ "_id" : ObjectId("5d0788c1da0dce67ba3b279d"), "title" : "分散式系統常用技術及案例分析", "price" : 99, "press" : "電子工業出版社", "author" : { "age" : 32, "name" :"Way Lau" } }
{ "_id" : ObjectId("5d078bd1da0dce67ba3b279e"), "title" : "Spring Boot 企業級應用開發實戰", "price" : 98, "press" : "北京大學出版社", "author" : { "age" : 32, "name" :"Way Lau" } }
{ "_id" : ObjectId("5d078bd1da0dce67ba3b279f"), "title" : "Spring Cloud 微服務架構開發實戰", "price" : 79, "press" : "北京大學出版社", "author" : { "age" : 32, "name" :"Way Lau" } }
{ "_id" : ObjectId("5d078bd1da0dce67ba3b27a0"), "title" : "Spring 5 案例大全", "price" : 119, "press" : "北京大學出版社", "author" : { "age" : 32, "name" : "Way Lau" } }
```

13.5.3 實例 48：替換單一文件

db.collection.replaceOne() 方法可以用來替換除了「_id」欄位之外的整個文件。

```
> db.book.replaceOne(
... {"author.name": "Way Lau"},
... { title: "Cloud Native 分散式架構原理與實踐", price: 79, press: "北京大學出版社", author: { age: 32, name: "柳偉衛" } }
... )

{ "acknowledged" : true, "matchedCount" : 1, "modifiedCount" : 1 }
```

上述命令會將作者從「Way Lau」的文件替換為 title 為「Cloud Native 分散式架構原理與實踐」的新文件。由於替換操作是針對單一文件的，故即使作者為「Way Lau」的書籍可能有多本，但只會替換查詢到的第一本。

透過下面的命令來驗證修改的內容：

```
> db.book.find( {} )

{ "_id" : ObjectId("5d0788c1da0dce67ba3b279d"), "title" : "Cloud Native 分散式架構原理與實踐 ", "price" : 79, "press" : " 北京大學出版社 ", "author" : { "age" : 32, "name" : " 柳偉衛 " } }
{ "_id" : ObjectId("5d078bd1da0dce67ba3b279e"), "title" : "Spring Boot 企業級應用開發實戰 ", "price" : 98, "press" : " 北京大學出版社 ", "author" : { "age" : 32, "name" : "Way Lau" } }
{ "_id" : ObjectId("5d078bd1da0dce67ba3b279f"), "title" : "Spring Cloud 微服務架構開發實戰 ", "price" : 79, "press" : " 北京大學出版社 ", "author" : { "age" : 32, "name" : "Way Lau" } }
{ "_id" : ObjectId("5d078bd1da0dce67ba3b27a0"), "title" : "Spring 5 案例大全 ", "price" : 119, "press" : " 北京大學出版社 ", "author" : { "age" : 32, "name" : "Way Lau" } }
```

13.6 刪除文件

修改文件主要有以下兩種方式：

- db.collection.deleteOne()。
- db.collection.deleteMany()。

下面演示各種刪除文件的方式。

13.6.1 實例 49：刪除單一文件

db.collection.deleteOne() 可以用來刪除單一文件。同時，提供了「$set」操作符號來修改欄位值。以下是一個範例：

```
> db.book.deleteOne( {"author.name": " 柳偉衛 "} )

{ "acknowledged" : true, "deletedCount" : 1 }
```

上述命令會將作者為「柳偉衛」文件刪除掉。由於是刪除單一文件，故即使作者為「柳偉衛」的書籍可能有多本，但只會刪除查詢到的第一本。

透過下面的命令來驗證修改的內容：

```
> db.book.find( {} )

{ "_id" : ObjectId("5d078bd1da0dce67ba3b279e"), "title" : "Spring Boot 企業級應
用開發實戰 ", "price" : 98, "press" : " 北京大學出版社 ", "author" : { "age" : 32,
"name" :
"Way Lau" } }
{ "_id" : ObjectId("5d078bd1da0dce67ba3b279f"), "title" : "Spring Cloud 微服務架
構開發實戰 ", "price" : 79, "press" : " 北京大學出版社 ", "author" : { "age" : 32,
"name" :
"Way Lau" } }
{ "_id" : ObjectId("5d078bd1da0dce67ba3b27a0"), "title" : "Spring 5 案例大全 ",
"price" : 119, "press" : " 北京大學出版社 ", "author" : { "age" : 32, "name" : "Way
Lau" } }
```

13.6.2 實例 50：刪除多個文件

db.collection.deleteMany() 可以用來刪除多個文件。以下是一個範例：

```
> db.book.deleteMany( {"author.name": "Way Lau"} )

{ "acknowledged" : true, "deletedCount" : 3 }
```

上述命令會將所有作者為「Way Lau」的文件刪除掉。

透過下面的命令來驗證修改的內容：

```
> db.book.find( {} )
```

13.7 小結

本章介紹 MongoDB 的常用操作，內容包括顯示已有的資料庫、建立並使用資料庫，以及插入、查詢、修改、刪除文件。

13.8 練習題

1. 請簡述 MongoDB 有哪些常用操作。
2. 請在本機操作 MongoDB 顯示已有的資料庫，建立並使用資料庫。
3. 請在本機操作 MongoDB 插入、查詢、修改、刪除文件。

第 14 章

使用 Node.js 操作 MongoDB

操作 MongoDB 需要安裝 MongoDB 的驅動。其中，在 Node.js 領域，MongoDB 官方提供了 mongodb 模組用來操作 MongoDB。本章專注於介紹如何透過 mongodb 模組來操作 MongoDB。

14.1 安裝 mongodb 模組

為了演示如何使用 Node.js 操作 MongoDB，首先初始化一個名為 mongodb-demo 的應用。命令如下：

```
$ mkdir mongodb-demo
$ cd mongodb-demo
```

接著，透過 npm init 來初始化該應用：

```
$ npm init

This utility will walk you through creating a package.json file.
It only covers the most common items, and tries to guess sensible defaults.

See `npm help json` for definitive documentation on these fields
and exactly what they do.

Use `npm install <pkg>` afterwards to install a package and
save it as a dependency in the package.json file.

Press ^C at any time to quit.
package name: (mongodb-demo)
version: (1.0.0)
description:
entry point: (index.js)
test command:
git repository:
keywords:
author: waylau.com
license: (ISC)
About to write to D:\workspaceGithub\full-stack-development-with-vuejs-and-nodejs\
samples\mongodb-demo\package.json:

{
  "name": "mongodb-demo",
  "version": "1.0.0",
  "description": "",
  "main": "index.js",
  "scripts": {
    "test": "echo \"Error: no test specified\" && exit 1"
  },
  "author": "waylau.com",
  "license": "ISC"
}

Is this OK? (yes) yes
```

mongodb 模組是一個開放原始碼的、JavaScript 撰寫的 MongoDB 驅動，用來操作 MongoDB。你可以像安裝其他模組一樣來安裝 mongodb 模組，命令如下：

```
$ npm install mongodb --save

npm notice created a lockfile as package-lock.json. You should commit this file.
npm WARN mongodb-demo@1.0.0 No description
npm WARN mongodb-demo@1.0.0 No repository field.

+ mongodb@4.5.0
added 10 packages from 7 contributors and audited 11 packages in 3.847s
found 0 vulnerabilities
```

14.2 實作存取 MongoDB

安裝 mongodb 模組完成後，就可以透過 mongodb 模組來存取 MongoDB 了。

以下是一個簡單的操作 MongoDB 的範例，用來存取 nodejsBook 資料庫：

```
const MongoClient = require('mongodb').MongoClient;

// 連接 URL
const url = 'mongodb://127.0.0.1:27017';

// 資料庫名稱
const dbName = 'nodejsBook';

// 建立 MongoClient 用戶端
const client = new MongoClient(url);

// 使用連接方法來連接到伺服器
client.connect(function (err) {
    if (err) {
        console.error('error end: ' + err.stack);
```

```
        return;
    }

    console.log(" 成功連接到伺服器 ");

    const db = client.db(dbName);

    client.close();
});
```

其中：

- MongoClient 是用於建立連接的用戶端。
- client.connect() 方法用於建立連接。
- client.db() 方法用於獲取資料庫實例。
- lient.close() 用於關閉連接。

14.3 執行應用

執行下面的命令來執行應用。在執行應用之前，請確保已經將 MongoDB 伺服器啟動起來了。

```
$ node index.js
```

應用啟動之後，可以在主控台看到以下資訊：

```
$ node index.js

(node:4548) DeprecationWarning: current URL string parser is deprecated, and will be
removed in a future version. To use the new parser, pass option { useNewUrlParser:
true } to MongoClient.connect.
成功連接到伺服器
```

14.4 小結

本章詳細介紹了在 Node.js 應用中如何透過 mongodb 模組用來操作 MongoDB。

14.5 練習題

嘗試在本機建立一個 Node.js 應用，並安裝 mongodb 模組用來操作 MongoDB。

第 15 章

mongodb 模組的綜合應用

本章介紹 mongodb 模組的常用操作。使用 mongodb 模組，你會發現操作語法與 mongo.exe 的操作語法非常類似。

15.1 實例 51：建立連接

前面我們已經初步了解了建立 MongoDB 連接的方式：

```
const MongoClient = require('mongodb').MongoClient;

// 連接 URL
const url = 'mongodb://127.0.0.1:27017';

// 資料庫名稱
const dbName = 'nodejsBook';
```

```
// 建立 MongoClient 用戶端
const client = new MongoClient(url);

// 使用連接方法來連接到伺服器
client.connect(function (err) {
    if (err) {
        console.error('error end: ' + err.stack);
        return;
    }

    console.log(" 成功連接到伺服器 ");

    const db = client.db(dbName);
    // 省略對 db 的操作邏輯

    client.close();
});
```

我們獲取了 MongoDB 的資料庫實例 db 後，就可以使用 db 進一步操作了，比如 CURD 等。

15.2 實例 52：插入文件

以下是插入多個文件的範例：

```
// 插入文件
const insertDocuments = function (db, callback) {
    // 獲取集合
    const book = db.collection('book');

    // 插入文件
    book.insertMany([
        { title: "Spring Boot 企業級應用程式開發實戰 ", price: 98, press: " 北京大學出版社
", author: { age: 32, name: " 柳偉衛 " } },
        { title: "Spring Cloud 微服務架構開發實戰 ", price: 79, press: " 北京大學出版社
", author: { age: 32, name: " 柳偉衛 " } },
        { title: "Spring 5 案例大全 ", price: 119, press: " 北京大學出版社 ", author:
```

```
{ age: 32, name: "柳偉衛" } }], function (err, result) {
            console.log("已經插入文件，回應結果是：");
            console.log(result);
            callback(result);
        });
}
```

執行應用，可以在主控台看到以下輸出內容：

```
$ node index

(node:7188) DeprecationWarning: current URL string parser is deprecated, and will be
removed in a future version. To use the new parser, pass option { useNewUrlParser:
true } to MongoClient.connect.
成功連接到伺服器
已經插入文件，回應結果是：
{
  result: { ok: 1, n: 3 },
  ops: [
    {
      title: 'Spring Boot 企業級應用程式開發實戰',
      price: 98,
      press: '北京大學出版社',
      author: [Object],
      _id: 5d08db85112c291c14cd401b
    },
    {
      title: 'Spring Cloud 微服務架構開發實戰',
      price: 79,
      press: '北京大學出版社',
      author: [Object],
      _id: 5d08db85112c291c14cd401c
    },
    {
      title: 'Spring 5 案例大全',
      price: 119,
      press: '清華大學出版社',
      author: [Object],
      _id: 5d08db85112c291c14cd401d
```

```
    }
  ],
  insertedCount: 3,
  insertedIds: {
    '0': 5d08db85112c291c14cd401b,
    '1': 5d08db85112c291c14cd401c,
    '2': 5d08db85112c291c14cd401d
  }
}
```

15.3 實例 53：查詢文件

以下是查詢全部文件的範例：

```
// 查詢全部文件
const findDocuments = function (db, callback) {
    // 獲取集合
    const book = db.collection('book');

    // 查詢文件
    book.find({}).toArray(function (err, result) {
        console.log("查詢所有文件，結果如下：");
        console.log(result)
        callback(result);
    });
}
```

執行應用，可以在主控台看到以下輸出內容：

```
$ node index

(node:4432) DeprecationWarning: current URL string parser is deprecated, and will be
removed in a future version. To use the new parser, pass option { useNewUrlParser:
true } to MongoClient.connect.
成功連接到伺服器
查詢所有文件，結果如下：
[
```

```
  {
    _id: 5d08db85112c291c14cd401b,
    title: 'Spring Boot 企業級應用程式開發實戰 ',
    price: 98,
    press: ' 北京大學出版社 ',
    author: { age: 32, name: ' 柳偉衛 ' }
  },
  {
    _id: 5d08db85112c291c14cd401c,
    title: 'Spring Cloud 微服務架構開發實戰 ',
    price: 79,
    press: ' 北京大學出版社 ',
    author: { age: 32, name: ' 柳偉衛 ' }
  },
  {
    _id: 5d08db85112c291c14cd401d,
    title: 'Spring 5 案例大全 ',
    price: 119,
    press: ' 北京大學出版社 ',
    author: { age: 32, name: ' 柳偉衛 ' }
  }
]
```

在查詢準則中也可以加入過濾條件。比如，下面的例子查詢指定作者的文件：

```
// 根據作者查詢文件
const findDocumentsByAuthorName = function (db, authorName, callback) {
    // 獲取集合
    const book = db.collection('book');

    // 查詢文件
    book.find({ "author.name": authorName }).toArray(function (err, result) {
        console.log(" 根據作者查詢文件，結果如下：");
        console.log(result)
        callback(result);
    });
}
```

在主應用中，可以按以下方式來呼叫上述方法：

```
// 根據作者查詢文件
findDocumentsByAuthorName(db, "柳偉衛", function () {
    client.close();
});
```

執行應用，可以在主控台看到以下輸出內容：

```
$ node index

(node:13224) DeprecationWarning: current URL string parser is deprecated, and will be removed in a future version. To use the new parser, pass option { useNewUrlParser: true } to MongoClient.connect.
成功連接到伺服器
根據作者查詢文件，結果如下：
[
  {
    _id: 5d08db85112c291c14cd401b,
    title: 'Spring Boot 企業級應用程式開發實戰',
    price: 98,
    press: '北京大學出版社',
    author: { age: 32, name: '柳偉衛' }
  },
  {
    _id: 5d08db85112c291c14cd401c,
    title: 'Spring Cloud 微服務架構開發實戰',
    price: 79,
    press: '北京大學出版社',
    author: { age: 32, name: '柳偉衛' }
  },
  {
    _id: 5d08db85112c291c14cd401d,
    title: 'Spring 5 案例大全',
    price: 119,
    press: '北京大學出版社',
    author: { age: 32, name: '柳偉衛' }
  }
]
```

15.4 修改文件

15.4.1 實例 54：修改單一文件

以下是修改單一文件的範例：

```
// 修改單一文件
const updateDocument = function (db, callback) {
    // 獲取集合
    const book = db.collection('book');

    // 修改文件
    book.updateOne(
        { "author.name": " 柳偉衛 " },
        { $set: { "author.name": "Way Lau" } }, function (err, result) {
            console.log(" 修改單一文件，結果如下：");
            console.log(result)
            callback(result);
        });
}
```

執行應用，可以在主控台看到以下輸出內容：

```
$ node index

(node:13068) DeprecationWarning: current URL string parser is deprecated, and will be
removed in a future version. To use the new parser, pass option { useNewUrlParser:
true } to MongoClient.connect.
成功連接到伺服器
修改單一文件，結果如下：
CommandResult {
  result: { n: 1, nModified: 1, ok: 1 },
  connection: Connection {
    _events: [Object: null prototype] {
      error: [Function],
      close: [Function],
      timeout: [Function],
```

```
    parseError: [Function],
    message: [Function]
  },
  _eventsCount: 5,
  _maxListeners: undefined,
  id: 0,
  options: {
    host: 'localhost',
    port: 27017,
    size: 5,
    minSize: 0,
    connectionTimeout: 30000,
    socketTimeout: 360000,
    keepAlive: true,
    keepAliveInitialDelay: 300000,
    noDelay: true,
    ssl: false,
    checkServerIdentity: true,
    ca: null,
    crl: null,
    cert: null,
    key: null,
    passPhrase: null,
    rejectUnauthorized: false,
    promoteLongs: true,
    promoteValues: true,
    promoteBuffers: false,
    reconnect: true,
    reconnectInterval: 1000,
    reconnectTries: 30,
    domainsEnabled: false,
    disconnectHandler: [Store],
    cursorFactory: [Function],
    emitError: true,
    monitorCommands: false,
    socketOptions: {},
    promiseLibrary: [Function: Promise],
    clientInfo: [Object],
    read_preference_tags: null,
```

```
  readPreference: [ReadPreference],
  dbName: 'admin',
  servers: [Array],
  server_options: [Object],
  db_options: [Object],
  rs_options: [Object],
  mongos_options: [Object],
  socketTimeoutMS: 360000,
  connectTimeoutMS: 30000,
  bson: BSON {}
},
logger: Logger { className: 'Connection' },
bson: BSON {},
tag: undefined,
maxBsonMessageSize: 67108864,
port: 27017,
host: 'localhost',
socketTimeout: 360000,
keepAlive: true,
keepAliveInitialDelay: 300000,
connectionTimeout: 30000,
responseOptions: { promoteLongs: true, promoteValues: true, promoteBuffers: false },
flushing: false,
queue: [],
writeStream: null,
destroyed: false,
hashedName: '29bafad3b32b11dc7ce934204952515ea5984b3c',
workItems: [],
socket: Socket {
  connecting: false,
  _hadError: false,
  _parent: null,
  _host: 'localhost',
  _readableState: [ReadableState],
  readable: true,
  _events: [Object],
  _eventsCount: 5,
  _maxListeners: undefined,
  _writableState: [WritableState],
```

```
    writable: true,
    allowHalfOpen: false,
    _sockname: null,
    _pendingData: null,
    _pendingEncoding: '',
    server: null,
    _server: null,
    timeout: 360000,
    [Symbol(asyncId)]: 12,
    [Symbol(kHandle)]: [TCP],
    [Symbol(lastWriteQueueSize)]: 0,
    [Symbol(timeout)]: Timeout {
      _idleTimeout: 360000,
      _idlePrev: [TimersList],
      _idleNext: [TimersList],
      _idleStart: 1287,
      _onTimeout: [Function: bound ],
      _timerArgs: undefined,
      _repeat: null,
      _destroyed: false,
      [Symbol(refed)]: false,
      [Symbol(asyncId)]: 21,
      [Symbol(triggerId)]: 12
    },
    [Symbol(kBytesRead)]: 0,
    [Symbol(kBytesWritten)]: 0
  },
  buffer: null,
  sizeOfMessage: 0,
  bytesRead: 0,
  stubBuffer: null,
  ismaster: {
    ismaster: true,
    maxBsonObjectSize: 16777216,
    maxMessageSizeBytes: 48000000,
    maxWriteBatchSize: 100000,
    localTime: 2019-06-18T13:12:45.514Z,
    logicalSessionTimeoutMinutes: 30,
    minWireVersion: 0,
```

```
      maxWireVersion: 7,
      readOnly: false,
      ok: 1
    },
    lastIsMasterMS: 18
  },
  message: BinMsg {
    parsed: true,
    raw: <Buffer 3c 00 00 00 55 00 00 00 01 00 00 00 dd 07 00 00 00 00 00 00 27 00
00 00 10 6e 00 01 00 00 00 10 6e 4d 6f 64 69 66 69 65 64 00 01 00 00 00 01 6f 6b ...
10 more bytes>,
    data: <Buffer 00 00 00 00 00 27 00 00 00 10 6e 00 01 00 00 00 10 6e 4d 6f 64 69 66
69 65 64 00 01 00 00 00 01 6f 6b 00 00 00 00 00 00 00 f0 3f 00>,
    bson: BSON {},
    opts: { promoteLongs: true, promoteValues: true, promoteBuffers: false },
    length: 60,
    requestId: 85,
    responseTo: 1,
    opCode: 2013,
    fromCompressed: undefined,
    responseFlags: 0,
    checksumPresent: false,
    moreToCome: false,
    exhaustAllowed: false,
    promoteLongs: true,
    promoteValues: true,
    promoteBuffers: false,
    documents: [ [Object] ],
    index: 44,
    hashedName: '29bafad3b32b11dc7ce934204952515ea5984b3c'
  },
  modifiedCount: 1,
  upsertedId: null,
  upsertedCount: 0,
  matchedCount: 1
}
```

15.4.2 實例 55：修改多個文件

當然也可以修改多個文件，以下是操作範例：

```
// 修改單一文件
const updateDocuments = function (db, callback) {
    // 獲取集合
    const book = db.collection('book');

    // 修改文件
    book.updateMany(
        { "author.name": " 柳偉衛 " },
        { $set: { "author.name": "Way Lau" } }, function (err, result) {
            console.log(" 修改多個文件，結果如下：");
            console.log(result)
            callback(result);
        });
}
```

執行應用，可以在主控台看到以下輸出內容：

```
$ node index

(node:7108) DeprecationWarning: current URL string parser is deprecated, and will be
removed in a future version. To use the new parser, pass option { useNewUrlParser:
true } to MongoClient.connect.
成功連接到伺服器
修改多個文件，結果如下：
CommandResult {
  result: { n: 2, nModified: 2, ok: 1 },
  connection: Connection {
    _events: [Object: null prototype] {
      error: [Function],
      close: [Function],
      timeout: [Function],
      parseError: [Function],
      message: [Function]
    },
    _eventsCount: 5,
```

```
  _maxListeners: undefined,
  id: 0,
  options: {
    host: 'localhost',
    port: 27017,
    size: 5,
    minSize: 0,
    connectionTimeout: 30000,
    socketTimeout: 360000,
    keepAlive: true,
    keepAliveInitialDelay: 300000,
    noDelay: true,
    ssl: false,
    checkServerIdentity: true,
    ca: null,
    crl: null,
    cert: null,
    key: null,
    passPhrase: null,
    rejectUnauthorized: false,
    promoteLongs: true,
    promoteValues: true,
    promoteBuffers: false,
    reconnect: true,
    reconnectInterval: 1000,
    reconnectTries: 30,
    domainsEnabled: false,
    disconnectHandler: [Store],
    cursorFactory: [Function],
    emitError: true,
    monitorCommands: false,
    socketOptions: {},
    promiseLibrary: [Function: Promise],
    clientInfo: [Object],
    read_preference_tags: null,
    readPreference: [ReadPreference],
    dbName: 'admin',
    servers: [Array],
    server_options: [Object],
```

```
    db_options: [Object],
    rs_options: [Object],
    mongos_options: [Object],
    socketTimeoutMS: 360000,
    connectTimeoutMS: 30000,
    bson: BSON {}
  },
  logger: Logger { className: 'Connection' },
  bson: BSON {},
  tag: undefined,
  maxBsonMessageSize: 67108864,
  port: 27017,
  host: 'localhost',
  socketTimeout: 360000,
  keepAlive: true,
  keepAliveInitialDelay: 300000,
  connectionTimeout: 30000,
  responseOptions: { promoteLongs: true, promoteValues: true, promoteBuffers: false },
  flushing: false,
  queue: [],
  writeStream: null,
  destroyed: false,
  hashedName: '29bafad3b32b11dc7ce934204952515ea5984b3c',
  workItems: [],
  socket: Socket {
    connecting: false,
    _hadError: false,
    _parent: null,
    _host: 'localhost',
    _readableState: [ReadableState],
    readable: true,
    _events: [Object],
    _eventsCount: 5,
    _maxListeners: undefined,
    _writableState: [WritableState],
    writable: true,
    allowHalfOpen: false,
    _sockname: null,
    _pendingData: null,
```

```
    _pendingEncoding: '',
    server: null,
    _server: null,
    timeout: 360000,
    [Symbol(asyncId)]: 12,
    [Symbol(kHandle)]: [TCP],
    [Symbol(lastWriteQueueSize)]: 0,
    [Symbol(timeout)]: Timeout {
      _idleTimeout: 360000,
      _idlePrev: [TimersList],
      _idleNext: [TimersList],
      _idleStart: 1388,
      _onTimeout: [Function: bound ],
      _timerArgs: undefined,
      _repeat: null,
      _destroyed: false,
      [Symbol(refed)]: false,
      [Symbol(asyncId)]: 21,
      [Symbol(triggerId)]: 12
    },
    [Symbol(kBytesRead)]: 0,
    [Symbol(kBytesWritten)]: 0
  },
  buffer: null,
  sizeOfMessage: 0,
  bytesRead: 0,
  stubBuffer: null,
  ismaster: {
    ismaster: true,
    maxBsonObjectSize: 16777216,
    maxMessageSizeBytes: 48000000,
    maxWriteBatchSize: 100000,
    localTime: 2019-06-18T13:19:28.983Z,
    logicalSessionTimeoutMinutes: 30,
    minWireVersion: 0,
    maxWireVersion: 7,
    readOnly: false,
    ok: 1
  },
```

```
    lastIsMasterMS: 18
  },
  message: BinMsg {
    parsed: true,
    raw: <Buffer 3c 00 00 00 5a 00 00 00 01 00 00 00 dd 07 00 00 00 00 00 00 00 27 00
00 00 10 6e 00 02 00 00 00 10 6e 4d 6f 64 69 66 69 65 64 00 02 00 00 00 01 6f 6b ...
10 more bytes>,
    data: <Buffer 00 00 00 00 00 27 00 00 00 10 6e 00 02 00 00 00 10 6e 4d 6f 64 69 66
69 65 64 00 02 00 00 00 01 6f 6b 00 00 00 00 00 00 00 f0 3f 00>,
    bson: BSON {},
    opts: { promoteLongs: true, promoteValues: true, promoteBuffers: false },
    length: 60,
    requestId: 90,
    responseTo: 1,
    opCode: 2013,
    fromCompressed: undefined,
    responseFlags: 0,
    checksumPresent: false,
    moreToCome: false,
    exhaustAllowed: false,
    promoteLongs: true,
    promoteValues: true,
    promoteBuffers: false,
    documents: [ [Object] ],
    index: 44,
    hashedName: '29bafad3b32b11dc7ce934204952515ea5984b3c'
  },
  modifiedCount: 2,
  upsertedId: null,
  upsertedCount: 0,
  matchedCount: 2
}
```

15.5 刪除文件

15.5.1 實例 56：刪除單一文件

刪除文件可以選擇刪除單一文件或刪除多個文件。

以下是刪除單一文件的範例：

```
// 刪除單一文件
const removeDocument = function (db, callback) {
    // 獲取集合
    const book = db.collection('book');

    // 刪除文件
    book.deleteOne({ "author.name": "Way Lau" }, function (err, result) {
        console.log("刪除單一文件，結果如下：");
        console.log(result)
        callback(result);
    });
}
```

執行應用，可以在主控台看到以下輸出內容：

```
$ node index

(node:6216) DeprecationWarning: current URL string parser is deprecated, and will be
removed in a future version. To use the new parser, pass option { useNewUrlParser:
true } to MongoClient.connect.
成功連接到伺服器
刪除單一文件，結果如下：
CommandResult {
  result: { n: 1, ok: 1 },
  connection: Connection {
    _events: [Object: null prototype] {
      error: [Function],
      close: [Function],
      timeout: [Function],
```

```
    parseError: [Function],
    message: [Function]
  },
  _eventsCount: 5,
  _maxListeners: undefined,
  id: 0,
  options: {
    host: 'localhost',
    port: 27017,
    size: 5,
    minSize: 0,
    connectionTimeout: 30000,
    socketTimeout: 360000,
    keepAlive: true,
    keepAliveInitialDelay: 300000,
    noDelay: true,
    ssl: false,
    checkServerIdentity: true,
    ca: null,
    crl: null,
    cert: null,
    key: null,
    passPhrase: null,
    rejectUnauthorized: false,
    promoteLongs: true,
    promoteValues: true,
    promoteBuffers: false,
    reconnect: true,
    reconnectInterval: 1000,
    reconnectTries: 30,
    domainsEnabled: false,
    disconnectHandler: [Store],
    cursorFactory: [Function],
    emitError: true,
    monitorCommands: false,
    socketOptions: {},
    promiseLibrary: [Function: Promise],
    clientInfo: [Object],
    read_preference_tags: null,
```

```
    readPreference: [ReadPreference],
    dbName: 'admin',
    servers: [Array],
    server_options: [Object],
    db_options: [Object],
    rs_options: [Object],
    mongos_options: [Object],
    socketTimeoutMS: 360000,
    connectTimeoutMS: 30000,
    bson: BSON {}
  },
  logger: Logger { className: 'Connection' },
  bson: BSON {},
  tag: undefined,
  maxBsonMessageSize: 67108864,
  port: 27017,
  host: 'localhost',
  socketTimeout: 360000,
  keepAlive: true,
  keepAliveInitialDelay: 300000,
  connectionTimeout: 30000,
  responseOptions: { promoteLongs: true, promoteValues: true, promoteBuffers: false },
  flushing: false,
  queue: [],
  writeStream: null,
  destroyed: false,
  hashedName: '29bafad3b32b11dc7ce934204952515ea5984b3c',
  workItems: [],
  socket: Socket {
    connecting: false,
    _hadError: false,
    _parent: null,
    _host: 'localhost',
    _readableState: [ReadableState],
    readable: true,
    _events: [Object],
    _eventsCount: 5,
    _maxListeners: undefined,
    _writableState: [WritableState],
```

```
    writable: true,
    allowHalfOpen: false,
    _sockname: null,
    _pendingData: null,
    _pendingEncoding: '',
    server: null,
    _server: null,
    timeout: 360000,
    [Symbol(asyncId)]: 12,
    [Symbol(kHandle)]: [TCP],
    [Symbol(lastWriteQueueSize)]: 0,
    [Symbol(timeout)]: Timeout {
      _idleTimeout: 360000,
      _idlePrev: [TimersList],
      _idleNext: [TimersList],
      _idleStart: 1307,
      _onTimeout: [Function: bound ],
      _timerArgs: undefined,
      _repeat: null,
      _destroyed: false,
      [Symbol(refed)]: false,
      [Symbol(asyncId)]: 21,
      [Symbol(triggerId)]: 12
    },
    [Symbol(kBytesRead)]: 0,
    [Symbol(kBytesWritten)]: 0
  },
  buffer: null,
  sizeOfMessage: 0,
  bytesRead: 0,
  stubBuffer: null,
  ismaster: {
    ismaster: true,
    maxBsonObjectSize: 16777216,
    maxMessageSizeBytes: 48000000,
    maxWriteBatchSize: 100000,
    localTime: 2019-06-18T13:24:27.913Z,
    logicalSessionTimeoutMinutes: 30,
    minWireVersion: 0,
```

```
      maxWireVersion: 7,
      readOnly: false,
      ok: 1
    },
    lastIsMasterMS: 18
  },
  message: BinMsg {
    parsed: true,
    raw: <Buffer 2d 00 00 00 5f 00 00 00 01 00 00 00 dd 07 00 00 00 00 00 00 00 18 00
00 00 10 6e 00 01 00 00 00 01 6f 6b 00 00 00 00 00 00 00 f0 3f 00>,
    data: <Buffer 00 00 00 00 00 18 00 00 00 10 6e 00 01 00 00 00 01 6f 6b 00 00 00 00
00 00 00 f0 3f 00>,
    bson: BSON {},
    opts: { promoteLongs: true, promoteValues: true, promoteBuffers: false },
    length: 45,
    requestId: 95,
    responseTo: 1,
    opCode: 2013,
    fromCompressed: undefined,
    responseFlags: 0,
    checksumPresent: false,
    moreToCome: false,
    exhaustAllowed: false,
    promoteLongs: true,
    promoteValues: true,
    promoteBuffers: false,
    documents: [ [Object] ],
    index: 29,
    hashedName: '29bafad3b32b11dc7ce934204952515ea5984b3c'
  },
  deletedCount: 1
}
```

15.5.2 實例 57：刪除多個文件

以下是刪除多個文件的範例：

```
// 刪除多個文件
const removeDocuments = function (db, callback) {
```

```
    // 獲取集合
    const book = db.collection('book');

    // 刪除文件
    book.deleteMany({ "author.name": "Way Lau" }, function (err, result) {
        console.log("刪除多個文件，結果如下：");
        console.log(result)
        callback(result);
    });
}
```

執行應用，可以在主控台看到以下輸出內容：

```
$ node index

(node:6216) DeprecationWarning: current URL string parser is deprecated, and will be
removed in a future version. To use the new parser, pass option { useNewUrlParser:
true } to MongoClient.connect.
成功連接到伺服器
刪除多個文件，結果如下：
CommandResult {
  result: { n: 2, ok: 1 },
  connection: Connection {
    _events: [Object: null prototype] {
      error: [Function],
      close: [Function],
      timeout: [Function],
      parseError: [Function],
      message: [Function]
    },
    _eventsCount: 5,
    _maxListeners: undefined,
    id: 0,
    options: {
      host: 'localhost',
      port: 27017,
      size: 5,
      minSize: 0,
      connectionTimeout: 30000,
```

```
    socketTimeout: 360000,
    keepAlive: true,
    keepAliveInitialDelay: 300000,
    noDelay: true,
    ssl: false,
    checkServerIdentity: true,
    ca: null,
    crl: null,
    cert: null,
    key: null,
    passPhrase: null,
    rejectUnauthorized: false,
    promoteLongs: true,
    promoteValues: true,
    promoteBuffers: false,
    reconnect: true,
    reconnectInterval: 1000,
    reconnectTries: 30,
    domainsEnabled: false,
    disconnectHandler: [Store],
    cursorFactory: [Function],
    emitError: true,
    monitorCommands: false,
    socketOptions: {},
    promiseLibrary: [Function: Promise],
    clientInfo: [Object],
    read_preference_tags: null,
    readPreference: [ReadPreference],
    dbName: 'admin',
    servers: [Array],
    server_options: [Object],
    db_options: [Object],
    rs_options: [Object],
    mongos_options: [Object],
    socketTimeoutMS: 360000,
    connectTimeoutMS: 30000,
    bson: BSON {}
  },
  logger: Logger { className: 'Connection' },
```

```
bson: BSON {},
tag: undefined,
maxBsonMessageSize: 67108864,
port: 27017,
host: 'localhost',
socketTimeout: 360000,
keepAlive: true,
keepAliveInitialDelay: 300000,
connectionTimeout: 30000,
responseOptions: { promoteLongs: true, promoteValues: true, promoteBuffers: false },
flushing: false,
queue: [],
writeStream: null,
destroyed: false,
hashedName: '29bafad3b32b11dc7ce934204952515ea5984b3c',
workItems: [ [Object] ],
socket: Socket {
  connecting: false,
  _hadError: false,
  _parent: null,
  _host: 'localhost',
  _readableState: [ReadableState],
  readable: true,
  _events: [Object],
  _eventsCount: 5,
  _maxListeners: undefined,
  _writableState: [WritableState],
  writable: true,
  allowHalfOpen: false,
  _sockname: null,
  _pendingData: null,
  _pendingEncoding: '',
  server: null,
  _server: null,
  timeout: 360000,
  [Symbol(asyncId)]: 12,
  [Symbol(kHandle)]: [TCP],
  [Symbol(lastWriteQueueSize)]: 0,
  [Symbol(timeout)]: Timeout {
```

```
      _idleTimeout: 360000,
      _idlePrev: [TimersList],
      _idleNext: [TimersList],
      _idleStart: 2469,
      _onTimeout: [Function: bound ],
      _timerArgs: undefined,
      _repeat: null,
      _destroyed: false,
      [Symbol(refed)]: false,
      [Symbol(asyncId)]: 21,
      [Symbol(triggerId)]: 12
    },
    [Symbol(kBytesRead)]: 0,
    [Symbol(kBytesWritten)]: 0
  },
  buffer: null,
  sizeOfMessage: 0,
  bytesRead: 0,
  stubBuffer: null,
  ismaster: {
    ismaster: true,
    maxBsonObjectSize: 16777216,
    maxMessageSizeBytes: 48000000,
    maxWriteBatchSize: 100000,
    localTime: 2019-06-18T13:31:59.801Z,
    logicalSessionTimeoutMinutes: 30,
    minWireVersion: 0,
    maxWireVersion: 7,
    readOnly: false,
    ok: 1
  },
  lastIsMasterMS: 20
},
message: BinMsg {
  parsed: true,
  raw: <Buffer 2d 00 00 00 74 00 00 00 07 00 00 00 dd 07 00 00 00 00 00 00 00 18 00
00 00 10 6e 00 02 00 00 00 01 6f 6b 00 00 00 00 00 00 00 f0 3f 00>,
  data: <Buffer 00 00 00 00 00 18 00 00 00 10 6e 00 02 00 00 00 01 6f 6b 00 00 00 00
00 00 00 f0 3f 00>,
```

```
    bson: BSON {},
    opts: { promoteLongs: true, promoteValues: true, promoteBuffers: false },
    length: 45,
    requestId: 116,
    responseTo: 7,
    opCode: 2013,
    fromCompressed: undefined,
    responseFlags: 0,
    checksumPresent: false,
    moreToCome: false,
    exhaustAllowed: false,
    promoteLongs: true,
    promoteValues: true,
    promoteBuffers: false,
    documents: [ [Object] ],
    index: 29,
    hashedName: '29bafad3b32b11dc7ce934204952515ea5984b3c'
  },
  deletedCount: 2
}
```

本章的例子可以在 mongodb-demo 目錄下找到。

15.6 小結

本章介紹 mongodb 模組的常用操作，包括建立連接、插入文件、查詢文件、修改文件以及刪除文件。

15.7 練習題

1. 撰寫 Node.js 程式，實作與 MongoDB 的連接。
2. 使用 mongodb 模組實作對 MongoDB 的插入文件、查詢文件、修改文件以及刪除文件等操作。

第16章 Vue.js 基礎

本章介紹 Vue.js 的基本概念、Vue CLI 及如何來建立第一個 Vue.js 應用。

16.1 Vue.js 產生的背景

什麼是 Vue.js ？ Vue.js 也經常被簡稱為 Vue。Vue 的讀音是 [vju:]，與英文單字 view 的讀音相同。Vue 的用意與 view 的含義一致，是致力於視圖層的開發。

Vue.js 是一套用於建構使用者介面的框架。Vue.js 的核心函式庫只關注視圖層，不僅易於上手，還便於與協力廠商函式庫或既有專案整合。另外，當與現代化的工具鏈和各種支援類別庫結合使用時，Vue.js 完全能夠應對複雜的單頁應用（Single Page Application，SPA）。

Vue.js 的產生與當前的前端開發方式的巨變有著必然關聯。Vue.js 的優勢如下：

（1）Vue.js 是一個完整的框架，試圖解決現代 Web 應用程式開發的各方面。Vue.js 有著諸多特性，核心功能包括模組化、自動化雙向資料綁定、響應式等。

（2）用 Vue.js 可以用一種完全不同的方法來建構使用者介面，其中以宣告方式指定視圖的模型驅動的變化。而曾經流行的 jQuery 常常需要撰寫以 DOM 為中心的程式碼，隨著專案的增長（無論是在規模還是互動性方面）會變得越來越難控制。

所以，Vue.js 更加適合現代的企業級應用程式開發。

16.2 Vue.js 的下載安裝

Vue.js 的安裝是透過 Vue CLI 工具完成的。

16.2.1 安裝 Vue CLI

Vue CLI 是一個命令列介面工具，是進行快速 Vue 開發的完整系統，它提供：

- 透過 @vue/cli 實作互動式專案鷹架。
- 透過 @vue/cli 和 @vue/cli-service-global 實作零設定快速原型。
- 提供執行時期相依項 @vue/cli-service。
- 提供豐富的官方外掛程式集合，整合了前端生態系統中的最佳工具。
- 提供完整的圖形化使用者介面，用於建立和管理 Vue 專案。

Vue CLI 的目標是成為 Vue 生態系統的標準工具基準線。它可以確保各種建構工具與合理的預設設定一起順利執行，因此開發者可以專注於撰寫應用程式，而不必花費大量時間進行設定工作。同時，它仍然可以靈活地調整每個工具的設定，而無須退出。

可透過 npm 採用全域安裝的方式來安裝 Vue CLI，具體命令如下：

```
npm install -g @vue/cli
```

安裝完成之後，執行以下命令看到 Vue CLI 的版本編號，則證明安裝成功：

```
vue -V
@vue/cli 4.5.15
```

16.2.2 安裝 Vue Devtools

使用 Vue 時，建議在瀏覽器中安裝 Vue Devtools，這樣可以在對使用者更加友善的介面中檢查和偵錯 Vue 應用程式。

針對不同瀏覽器提供了不同的 Devtools 外掛程式，存取以下連結進行外掛程式的安裝即可。

- Chrome：https://chrome.google.com/webstore/detail/vuejs-devtools/ljjemllljcmogpfapbkkighbhhppjdbg。
- Firefox：https://addons.mozilla.org/en-US/firefox/addon/vue-js-devtools/。

16.3 Vue CLI 的常用操作

本節介紹 Vue CLI 的常用操作。

16.3.1 獲取幫助

執行 vue -h 命令可以獲取對於 Vue CLI 常用操作的提示。結果如下：

```
>vue -h
Usage: vue <command> [options]

Options:
  -V, --version                              output the version number
  -h, --help                                 output usage information

Commands:
```

```
  create [options] <app-name>                     create a new project powered by vue-cli-
service
  add [options] <plugin> [pluginOptions]          install a plugin and invoke its generator
in an already created project
  invoke [options] <plugin> [pluginOptions]  invoke the generator of a plugin in an
already created project
  inspect [options] [paths...]                    inspect the webpack config in a project
with vue-cli-service
  serve [options] [entry]                         serve a .js or .vue file in development
mode with zero config
  build [options] [entry]                         build a .js or .vue file in production
mode with zero config
  ui [options]                                    start and open the vue-cli ui
  init [options] <template> <app-name>            generate a project from a remote template
(legacy API, requires @vue/cli-init)
  config [options] [value]                        inspect and modify the config
  outdated [options]                              (experimental) check for outdated vue cli
service / plugins
  upgrade [options] [plugin-name]                 (experimental) upgrade vue cli service /
plugins
  migrate [options] [plugin-name]                 (experimental) run migrator for an
already-installed cli plugin
  info                                            print debugging information about your
environment

  Run vue <command> --help for detailed usage of given command.
```

16.3.2 建立應用

建立應用可以使用 vue create 命令，例如：

```
vue create hello-world
```

vue create 命令有一些可選項，使用者可以透過執行以下命令進行探索：

```
vue create --help
Usage: create [options] <app-name>

create a new project powered by vue-cli-service
```

```
Options:

  -p, --preset <presetName>       Skip prompts and use saved or remote preset
  -d, --default                   Skip prompts and use default preset
  -i, --inlinePreset <json>       Skip prompts and use inline JSON string as preset
  -m, --packageManager <command>  Use specified npm client when installing
                                  dependencies
  -r, --registry <url>            Use specified npm registry when installing
                                  dependencies
  -g, --git [message|false]       Force / skip git initialization, optionally
                                  specify initial commit message
  -n, --no-git                    Skip git initialization
  -f, --force                     Overwrite target directory if it exists
  -c, --clone                     Use git clone when fetching remote preset
  -x, --proxy                     Use specified proxy when creating project
  -b, --bare                      Scaffold project without beginner instructions
  -h, --help                      Output usage information
```

16.3.3 建立服務

在一個 Vue CLI 專案中，@vue/cli-service 安裝了一個名為 vue-cli-service 的命令。可以在 npm 腳本中以 vue-cli-service 或從終端中以 ./node_modules/.bin/vue-cli-service 存取這個命令。

這是預設的 package.json：

```
{
  "scripts": {
    "serve": "vue-cli-service serve",
    "build": "vue-cli-service build"
  }
}
```

可以透過 npm 或 yarn 呼叫這些腳本：

```
npm run serve
```

或

```
yarn serve
```

如果你可以使用 npx（新版的 npm 已經附帶），也可以直接這樣呼叫命令：

```
npx vue-cli-service serve
```

16.3.4 啟動應用

vue-cli-service serve 命令會啟動一個開發伺服器（以 webpack-dev-server 為基礎）並附帶開箱即用的模組熱重載（Hot Module Replacement）。用法如下：

```
Usage: vue-cli-service serve [options] [entry]

Options:

  --open         open browser on server start
  --copy         copy url to clipboard on server start
  --mode         specify env mode (default: development)
  --host         specify host (default: 0.0.0.0)
  --port         specify port (default: 8080)
  --https        use https (default: false)
  --public       specify the public network URL for the HMR client
  --skip-plugins comma-separated list of plugin names to skip for this run
```

除了透過命令列參數外，也可以使用 vue.config.js 中的 devServer 欄位設定開發伺服器。

命令列參數 [entry] 將被指定為唯一入口，而非額外的追加入口。嘗試使用 [entry] 覆蓋 config.pages 中的 entry 將可能引發錯誤。

16.3.5 編譯應用

vue-cli-service build 會在 dist/ 目錄產生一個可用於生產環境的套件，帶有 JS/CSS/HTML 的壓縮，以及為更進一步地快取而做的自動的 vendor chunk splitting。它的 chunk manifest 會內聯在 HTML 裡。命令如下：

```
Usage: vue-cli-service build [options] [entry|pattern]

Options:

  --mode          specify env mode (default: production)
  --dest          specify output directory (default: dist)
  --modern        build app targeting modern browsers with auto fallback
  --no-unsafe-inline build app without introducing inline scripts
  --target        app | lib | wc | wc-async (default: app)
  --formats       list of output formats for library builds (default: commonjs,
                  umd,umd-min)
  --inline-vue    include the Vue module in the final bundle of library or web
                  component target
  --name          name for lib or web-component mode (default: "name" in package.
                  json or entry filename)
  --filename      file name for output, only usable for 'lib' target (default: value
                  of --name),
  --no-clean      do not remove the dist directory before building the project
  --report        generate report.html to help analyze bundle content
  --report-json   generate report.json to help analyze bundle content
  --skip-plugins  comma-separated list of plugin names to skip for this run
  --watch         watch for changes
```

這裡還有一些有用的命令參數：

- --modern 使用現代模式建構應用，為現代瀏覽器交付原生支持的 ES2015 程式碼，並生成一個相容老瀏覽器的套件用來自動回退。
- --target 允許使用者將專案中的任何元件以一個函式庫或 Web Components 元件的方式進行建構。更多細節請查閱建構目標。
- --report 和 --report-json 會根據建構統計生成報告，它會幫助使用者分析包中包含的模組的大小。

16.4 實例 58：建立第一個 Vue.js 應用

下面將建立第一個 Vue 應用 Hello World。借助於 Vue CLI 工具，我們甚至不需要撰寫一行程式碼，就能實作一個完整可用的 Vue 應用。

16.4.1 使用 Vue CLI 初始化應用

主要有兩種初始化應用的方式，下面一一介紹。

1. 視覺化工具介面方式

在需要建立專案的資料夾下啟動終端，在命令列輸入下面的命令：

```
vue ui
```

這個命令會在瀏覽器開啟 Vue CLI 視覺化工具介面（http://localhost:8000/project/select），如圖 16-1 所示。

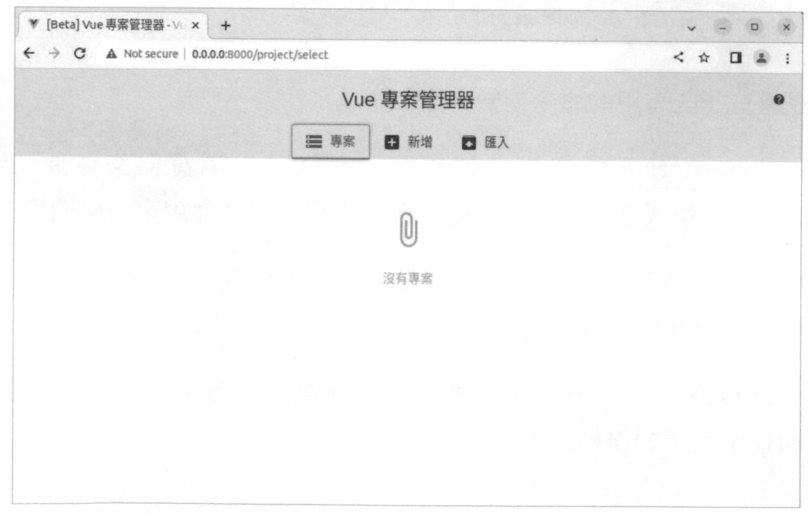

▲ 圖 16-1 Vue CLI 視覺化工具介面

可以透過頁面上的「新增」標籤來建立專案。點擊「在此新增新專案」按鈕（見圖 16-2）來執行下一步。

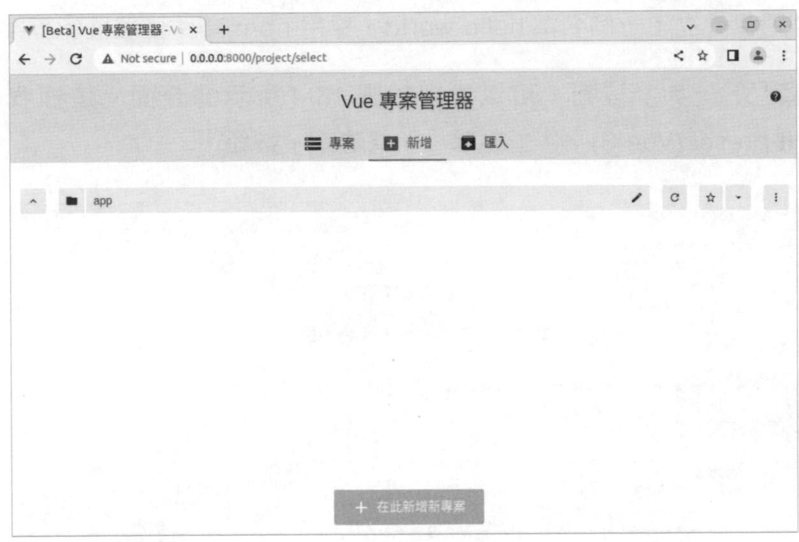

▲ 圖 16-2 點擊「在此建立新專案」按鈕

此時，可以看到一個「新增新專案」介面，在該介面輸入專案的資訊，比如專案檔案夾（專案名稱）、套件管理器等，如圖 16-3 所示。

▲ 圖 16-3 建立新專案

可以看到建立了一個名為 hello-world、採用 npm 套件管理器的專案。

點擊「下一步」按鈕，可以看到如圖 16-4 所示的介面。這裡我們選擇「Default preset (Vue 3)」，並點擊「新增專案」按鈕。

▲ 圖 16-4 選擇專案範本

看到如圖 16-5 所示的專案介面則證明專案建立完成。該介面就是我們所建立的「hello-world」應用的儀表板介面。

▲ 圖 16-5 專案建立完成

2. 命令列方式

在需要建立專案的資料夾下啟動終端，在命令列輸入下面的命令：

```
vue create hello-world
```

之後，透過「↑」「↓」鍵選擇範本。這裡我們選擇「Vue 3 Preview」範本，如圖 16-6 所示。

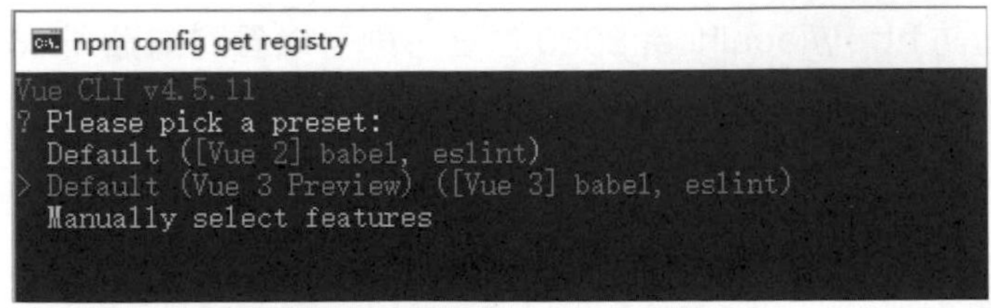

▲ 圖 16-6 選擇 Vue 3 Preview 範本

選定範本之後，按確認鍵，完成專案的建立。出現如圖 16-7 所示的內容，則證明專案已經建立完成。

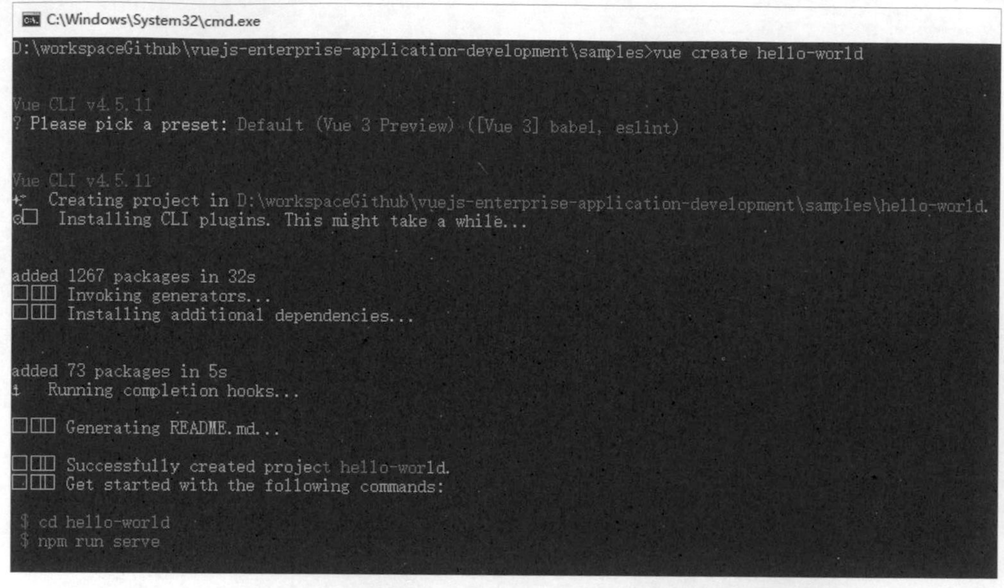

▲ 圖 16-7 專案建立完成

16.4.2 執行 Vue 應用

如果採用命令列方式初始化應用，則可以進入「hello-world」專案目錄，執行以下命令來啟動應用：

```
npm run serve
```

此時，造訪 http://localhost:8080 位址，則可以看到如圖 16-8 所示的專案介面。該介面就是我們所建立的「hello-world」應用的首頁介面。

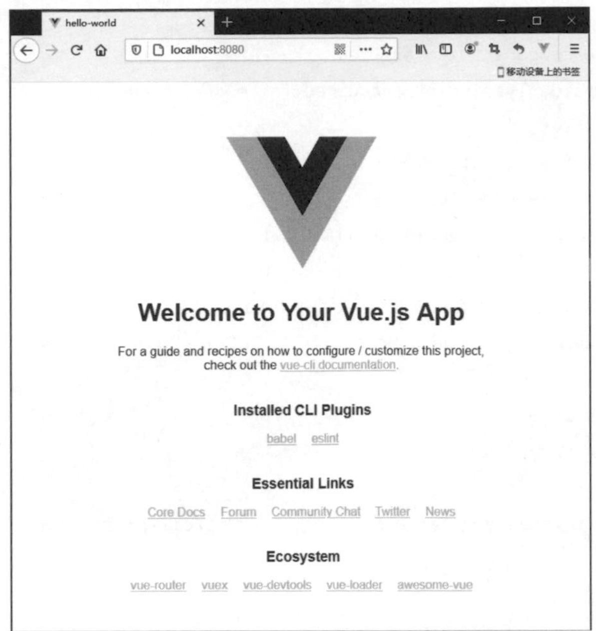

▲ 圖 16-8 專案介面

16.4.3 增加對 TypeScript 的支持

為了讓應用支援 TypeScript 的開發，需要在應用的根目錄下執行以下命令：

```
vue add typescript
```

此時，在命令列會出現提示框，根據提示選擇「Y」即可。可以看到如下所示的輸出內容：

```
> vue add typescript
 WARN  There are uncommitted changes in the current repository, it's recommended to
commit or stash them first.
? Still proceed? Yes

📦  Installing @vue/cli-plugin-typescript...

added 51 packages in 8s
✔  Successfully installed plugin: @vue/cli-plugin-typescript
```

```
? Use class-style component syntax? Yes
? Use Babel alongside TypeScript (required for modern mode, auto-detected polyfills,
transpiling JSX)? Yes
? Convert all .js files to .ts? Yes
? Allow .js files to be compiled? Yes
? Skip type checking of all declaration files (recommended for apps)? Yes

🚀  Invoking generator for @vue/cli-plugin-typescript...
📦  Installing additional dependencies...

added 45 packages in 9s
⚓  Running completion hooks...

✔  Successfully invoked generator for plugin: @vue/cli-plugin-typescript
```

16.5 探索 Vue.js 應用結構

本節我們來探索前一節所建立的「hello-world」。

16.5.1 整體專案結構

「hello-world」應用的整體專案結構如下：

```
hello-world
|   .gitignore
|   babel.config.js
|   package-lock.json
|   package.json
|   README.md
|
├─node_modules
├─public
|       favicon.ico
|       index.html
|
└─src
```

```
|   App.vue
|   main.js
|
├─assets
|       logo.png
|
└─components
        HelloWorld.vue
```

從上面的結果可以看出，專案主要分為 4 部分：

- 專案根目錄檔案。
- node_modules 目錄。
- public 目錄。
- src 目錄。

接下來詳細介紹上面 4 部分的含義。

16.5.2 專案根目錄檔案

專案根目錄檔案下包含以下幾個檔案：

- .gitignore：用於設定哪些檔案不受 git 管理。
- babel.config.js：Babel 中的設定檔。Babel 一款 JavaScript 的編譯器。
- package.json、package-lock.json：npm 套件管理器的設定檔。npm install 讀取 package.json 建立相依項列表，並使用 package-lock.json 通知要安裝這些相依項的哪個版本。如果某個相依項在 package.json 中，但是不在 package-lock.json 中，執行 npm install 會將這個相依項的確定版本更新到 package-lock.json 中，不會更新其他相依項的版本。
- README.md：專案的說明檔案。一般會詳細說明專案作用、怎麼建構、怎麼求助等內容。

16.5.3 node_modules 目錄

node_modules 目錄是用來存放用套件管理工具下載安裝的套件的資料夾。

開啟該目錄，可以看到專案所相依的套件非常多，如圖 16-9 所示。各個套件的含義這裡不再贅述。

.bin	2021/2/21 18:28	文件
.cache	2021/2/21 18:48	文件
@babel	2021/2/21 18:27	文件
@hapi	2021/2/21 18:27	文件
@intervolga	2021/2/21 18:27	文件
@mrmlnc	2021/2/21 18:27	文件
@nodelib	2021/2/21 18:27	文件
@soda	2021/2/21 18:27	文件
@types	2021/2/21 18:27	文件
@vue	2021/2/21 18:28	文件
@webassemblyjs	2021/2/21 18:27	文件
@xtuc	2021/2/21 18:27	文件
accepts	2021/2/21 18:28	文件
acorn	2021/2/21 18:28	文件
acorn-jsx	2021/2/21 18:28	文件
acorn-walk	2021/2/21 18:28	文件
address	2021/2/21 18:28	文件
aggregate-error	2021/2/21 18:28	文件
ajv	2021/2/21 18:28	文件
ajv-errors	2021/2/21 18:28	文件
ajv-keywords	2021/2/21 18:28	文件
alphanum-sort	2021/2/21 18:28	文件
ansi-colors	2021/2/21 18:28	文件
ansi-escapes	2021/2/21 18:28	文件
ansi-html	2021/2/21 18:28	文件
ansi-regex	2021/2/21 18:28	文件
ansi-styles	2021/2/21 18:28	文件
anymatch	2021/2/21 18:28	文件
any-promise	2021/2/21 18:28	文件
aproba	2021/2/21 18:28	文件
arch	2021/2/21 18:28	文件
argparse	2021/2/21 18:28	文件
array-flatten	2021/2/21 18:28	文件
array-union	2021/2/21 18:28	文件
array-uniq	2021/2/21 18:28	文件
array-unique	2021/2/21 18:28	文件
arr-diff	2021/2/21 18:28	文件
arr-flatten	2021/2/21 18:28	文件
arr-union	2021/2/21 18:28	文件
asn1	2021/2/21 18:28	文件
asn1.js	2021/2/21 18:28	文件
assert	2021/2/21 18:28	文件

▲ 圖 16-9 node_modules 目錄

16.5.4 public 目錄

public 目錄在下列情況下使用：

- 需要在建構輸出中指定一個檔案的名字。
- 有上千個圖片，需要動態引用它們的路徑。
- 有些函式庫可能和 webpack 不相容，這些函式庫放到這個目錄下，而後將其用一個獨立的 <script> 標籤引入。

public 目錄下的檔案如圖 16-10 所示。

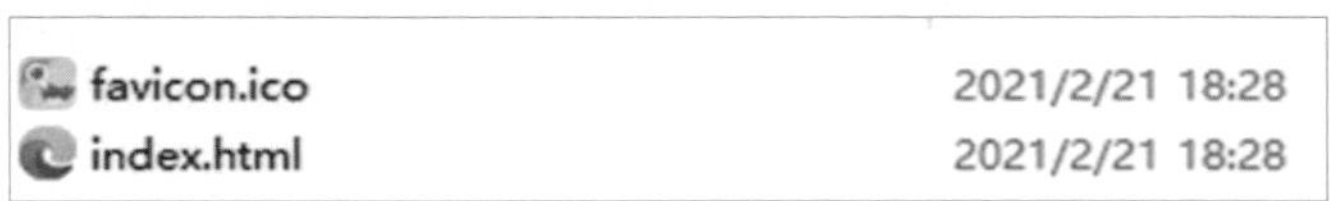

▲ 圖 16-10 public 目錄

16.5.5 src 目錄

src 目錄就是存放專案原始程式碼的目錄。如圖 16-11 所示的就是 src 目錄下的檔案。

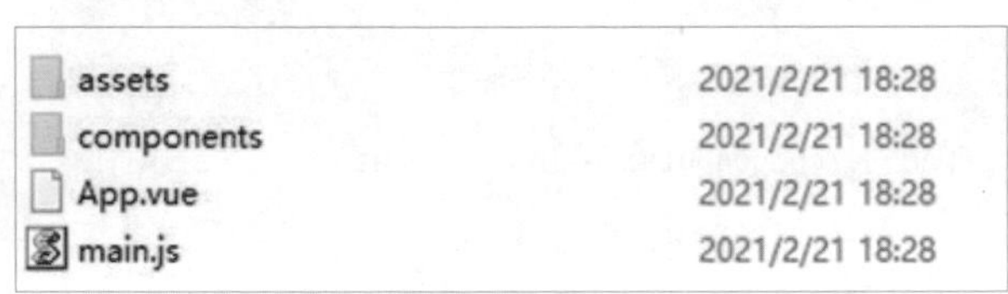

▲ 圖 16-11 src 目錄

其中：

- assets 目錄：用於放置靜態檔案，比如一些圖片、JSON 資料等。
- components 目錄：用於放置 Vue 公共元件。目前該目錄下僅有一個 HelloWorld.vue 元件。
- App.vue：頁面入口檔案也是根元件（整個應用只有一個），可以引用其他 Vue 元件。

- main.js：程式入口檔案，主要作用是初始化 Vue 實例並使用需要的外掛程式。

1. main.js

先看一下 main.js 的原始程式碼：

```
import { createApp } from 'vue'
import App from './App.vue'

createApp(App).mount('#app')
```

上述程式碼比較簡單，就是初始化了 Vue 的應用實例。應用實例來自 App.vue 元件。

2. App.vue

App.vue 是根元件，整個應用只有一個。原始程式碼如下：

```
<template>
  <img alt="Vue logo" src="./assets/logo.png">
  <HelloWorld msg="Welcome to Your Vue.js App"/>
</template>

<script>
import HelloWorld from './components/HelloWorld.vue'

export default {
  name: 'App',
  components: {
    HelloWorld
  }
}
</script>

<style>
#app {
  font-family: Avenir, Helvetica, Arial, sans-serif;
```

```
  -webkit-font-smoothing: antialiased;
  -moz-osx-font-smoothing: grayscale;
  text-align: center;
  color: #2c3e50;
  margin-top: 60px;
}
</style>
```

整體看主要分為三部分：<template>、<script> 和 <style>。這三部分可以簡單理解為一個網頁的三大核心部分 HTML、JavaScript、CSS。

其中，<template> 又引用了一個子元件 HelloWorld。該 HelloWorld 元件是透過 <script> 從「./components/HelloWorld.vue」檔案引入的。

3. HelloWorld.vue

HelloWorld.vue 子元件是整個應用的核心。原始程式碼如下：

```
<template>
  <div class="hello">
    <h1>{{ msg }}</h1>
    <p>
      For a guide and recipes on how to configure / customize this project,<br>
      check out the
      <a href="https://cli.vuejs.org" target="_blank" rel="noopener">vue-cli
      documentation</a>.
    </p>
    <h3>Installed CLI Plugins</h3>
    <ul>
      <li><a
href="https://github.com/vuejs/vue-cli/tree/dev/packages/%40vue/cli-
plugin-babel" target="_blank" rel="noopener">babel</a></li>
      <li><a
href="https://github.com/vuejs/vue-cli/tree/dev/packages/%40vue/cli-
plugin-eslint" target="_blank" rel="noopener">eslint</a></li>
    </ul>
    <h3>Essential Links</h3>
    <ul>
      <li><a href="https://vuejs.org" target="_blank" rel="noopener">Core Docs
```

```
      </a></li>
      <li><a href="https://forum.vuejs.org" target="_blank" rel="noopener">
Forum</a></li>
      <li><a href="https://chat.vuejs.org" target="_blank" rel="noopener">
Community Chat</a></li>
      <li><a href="https://twitter.com/vuejs" target="_blank" rel="noopener">
Twitter</a></li>
      <li><a href="https://news.vuejs.org" target="_blank" rel="noopener">
News</a></li>
    </ul>
    <h3>Ecosystem</h3>
    <ul>
      <li><a href="https://router.vuejs.org" target="_blank" rel="noopener">
      vue-router</a></li>
      <li><a href="https://vuex.vuejs.org" target="_blank" rel="noopener">
vuex</a></li>
      <li><a href="https://github.com/vuejs/vue-devtools#vue-devtools" target=
"_blank" rel="noopener">vue-devtools</a></li>
      <li><a href="https://vue-loader.vuejs.org" target="_blank" rel="noopener">
vue-loader</a></li>
      <li><a href="https://github.com/vuejs/awesome-vue" target="_blank" rel=
"noopener">awesome-vue</a></li>
    </ul>
  </div>
</template>

<script>
export default {
  name: 'HelloWorld',
  props: {
    msg: String
  }
}
</script>

<!-- Add "scoped" attribute to limit CSS to this component only -->
<style scoped>
h3 {
  margin: 40px 0 0;
```

```
}
ul {
  list-style-type: none;
  padding: 0;
}
li {
  display: inline-block;
  margin: 0 10px;
}
a {
  color: #42b983;
}
</style>
```

HelloWorld.vue 子元件的結構與 App.vue 元件是一樣的，也是包含三部分。

<script> 匯出了一個叫作 msg 的 String 類型的屬性變數，而後該變數在 <template> 的 <h1>{{ msg }}</h1> 做了綁定，這樣在介面繪製完成時，頁面的 {{ msg }} 位置的內容將被該屬性變數的值所替換。

那麼 msg 屬性變數的值到底是什麼呢？我們回到 App.vue 元件的原始程式碼：

```
<template>
  <img alt="Vue logo" src="./assets/logo.png">
  <HelloWorld msg="Welcome to Your Vue.js App"/>
</template>
```

可以看到 HelloWorld 元件的 msg 屬性值是「Welcome to Your Vue.js App」。這表示子元件 HelloWorld.vue 可以接收由父元件 App.vue 的傳值。

msg 屬性值在頁面實際繪製的效果如圖 16-12 所示。

Welcome to Your Vue.js App

▲ 圖 16-12 實際繪製的效果

16.6 小結

本章介紹 Vue.js 的基本概念、Vue CLI 及如何來建立第一個 Vue.js 應用，並透過探索一個「hello-world」應用了解到 Vue.js 應用的結構組成。

16.7 練習題

1. 請簡述 Vue.js 與 React、Angular 的異同點。

2. 安裝 Vue CLI，並使用 Vue CLI 建立一個 Vue.js 應用。

第 17 章 Vue.js 應用實例

「應用實例」是一個應用的根源所在。在 Vue 的世界中，一切都是從 Vue 的「應用實例」開始的。在開始 Vue 程式設計之初，首先就是要建立「應用實例」。

17.1 建立應用實例

本節介紹如何建立應用實例。

17.1.1 第一個應用實例

所有 Vue 應用都是從 createApp 這個全域 API 建立一個新的應用實例開始的。

以下程式碼中，常數 app 就是一個應用實例：

```
const app = Vue.createApp({ /* 選項 */ })
```

該應用實例 app 是用來在應用中註冊「全域」元件的，這個將在後面的內容中詳細討論。

也可以透過以下方式建立：

```
import { createApp } from 'vue'

createApp(/* 選項 */);
```

上述程式碼透過使用 createApp 這個 API 傳回一個應用實例。createApp 這個 API 是從 vue 模組匯入的。

17.1.2 讓應用實例執行方法

有了應用實例之後，就可以讓應用實例去執行方法，從而實作應用的功能。可以透過以下方式讓應用實例去執行方法：

```
const app = Vue.createApp({})
app.component('SearchInput', SearchInputComponent) // 註冊元件
app.directive('focus', FocusDirective) // 註冊指令
app.use(LocalePlugin) // 使用外掛程式
```

當然，也可以採用以下鏈式呼叫的方式，和上面的效果是一致的：

```
Vue.createApp({})
  .component('SearchInput', SearchInputComponent) // 註冊元件
  .directive('focus', FocusDirective) // 註冊指令
  .use(LocalePlugin) // 使用外掛程式
```

鏈式呼叫是指，在呼叫完一個方法之後，緊接著又呼叫下一個方法。因為應用實例的大多數方法都會傳回同一實例，所以它是允許鏈式呼叫的。鏈式呼叫讓程式碼看上去更加簡潔。

17.1.3 理解選項物件

在前面的例子中，傳遞給 createApp 的選項用於設定根元件。可以在 data 中以定義 property 的方式來定義選項物件，範例如下：

```
const app = Vue.createApp({
  data() {
```

```
    return { count: 4 } // 定義選項物件
  }
})

const vm = app.mount('#app')

console.log(vm.count) // => 4
```

還有各種其他的元件選項，都可以將使用者定義的 property 增加到元件實例中，例如 methods、props、computed、inject 和 setup。元件實例的所有 property 無論如何定義，都可以在元件的範本中存取。

Vue 還透過元件實例曝露了一些內建 property，如 attrs 和 emit。這些 property 都有一個「$」首碼，以避免與使用者定義的 property 名稱衝突。

17.1.4 理解根元件

傳遞給 createApp 的選項用於設定根元件。當應用實例被掛載時，該元件被用作繪製的起點。

一個應用實例需要被掛載到一個 DOM 元素中才能被正常繪製。舉例來說，如果想把一個 Vue 應用掛載到 <div id=」app」></div>，則可以按以下方式傳遞 #app：

```
const RootComponent = { /* 選項 */ }
const app = Vue.createApp(RootComponent)
const vm = app.mount('#app') // 應用實例被掛載到 DOM 元素的 app 中
```

與大多數應用方法不同的是，mount 並不傳回應用本身。相反，它傳回的是根元件實例。

儘管所有範例都只需要一個單一的元件，但是大多數的真實應用都是被組織成一個巢狀結構的、可重用的元件樹。

舉例來説，一個 todo 應用元件樹可能是這樣的：

```
Root Component
 └ TodoList
   ├── TodoItem
   │   ├── DeleteTodoButton
   │   └── EditTodoButton
   └── TodoListFooter
       ├── ClearTodosButton
       └── TodoListStatistics
```

對於元件樹而言，元件有上下層級關係，無論在哪個層級上，每個元件都有自己的元件實例 vm。這個應用中的所有元件實例都將共用同一個應用實例。

在稍後的第 18 章還會再具體展開。現在，只需要明白根元件與其他元件沒什麼不同，設定選項是一樣的，所對應的元件實例行為也是一樣的即可。

17.1.5 理解 MVVM 模型

MVVM（Model-View-ViewModel）本質上是 MVC 的改進版。MVVM 就是將其中的 View 的狀態和行為抽象化，讓應用的視圖 UI 和業務邏輯得以分開。當然這些事 ViewModel 已經幫我們做了，它可以取出 Model 的資料，同時幫助處理 View 中由於需要展示內容而涉及的業務邏輯。

> **注意**
>
> MVVM 最早由微軟提出，它參考了桌面應用的 MVC 思想，把 Model 和 View 連結起來的就是 ViewModel。ViewModel 負責把 Model 的資料同步到 View 顯示出來，還負責把 View 的修改同步回 Model。

在 MVVM 架構下，View 層和 Model 層並沒有直接關聯，而是透過 ViewModel 層進行互動。ViewModel 層透過雙向資料綁定將 View 層和 Model 層連接了起來，使得 View 層和 Model 層的同步工作完全是自動的。因此，開發者只需關注業務邏輯，無須手動操作 DOM，複雜的資料狀態維護交給 MVVM 統一來管理。

Vue.js 提供了對 MVVM 的支援。Vue.js 的實作方式是對資料進行綁架，當資料變動時，資料會觸發綁架時綁定的方法，對視圖進行更新。圖 17-1 展示了 Vue.js 中 MVVM 的實作原理。

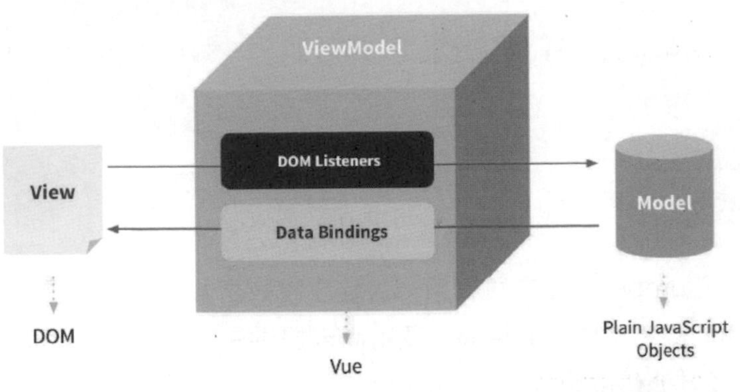

▲ 圖 17-1 Vue.js 中 MVVM 的實作原理

17.2 data 的 property 與 methods

本節介紹 data 的 property 與 methods。

17.2.1 理解 data property

元件的 data 選項是一個函式。Vue 在建立新元件實例的過程中呼叫此函式。它應該傳回一個物件，然後 Vue 會透過回應性系統將其包裹起來，並以 $data 的形式儲存在元件實例中。為方便起見，該物件的任何頂級 property 也直接透過元件實例曝露出來。觀察下面的例子：

```
const app = Vue.createApp({
  data() {
    return { count: 4 }
  }
})

const vm = app.mount('#app')

console.log(vm.$data.count) // => 4
console.log(vm.count)       // => 4

// 修改 vm.count 的值也會更新 $data.count
```

```
vm.count = 5
console.log(vm.$data.count) // => 5

// 反之亦然
vm.$data.count = 6
console.log(vm.count) // => 6
```

這些實例 property 僅在實例第一次建立時被增加，所以需要確保它們都在 data 函式傳回的物件中。必要時，要對尚未提供所需值的 property 使用 null、undefined 或其他佔位的值。

直接將不包含在 data 中的新 property 增加到元件實例也是可行的。但由於該 property 不在背後的響應式 $data 物件內，因此 Vue 的回應性系統不會自動追蹤它。

Vue 使用「$」首碼透過元件實例曝露自己的內建 API，它還為內部 property 保留「_」首碼。但開發者應該避免使用這兩個字元開頭的頂級 data property 名稱。

17.2.2 理解 data methods

用 methods 選項來向元件實例增加方法，它應該是一個包含所需方法的物件。觀察下面的例子：

```
const app = Vue.createApp({
  data() {
    return { count: 4 }
  },
  methods: {
    increment() {
      // 'this' 指向該元件實例
      this.count++
    }
  }
})

const vm = app.mount('#app')
```

```
console.log(vm.count) // => 4

vm.increment()

console.log(vm.count) // => 5
```

Vue 自動為 methods 綁定 this，以便於它始終指向元件實例。將會確保方法在用作事件監聽或回呼時保持正確的 this 指向。在定義 methods 時應避免使用箭頭函式（=>），因為這會阻止 Vue 綁定恰當的 this 指向。

這些 methods 和元件實例的其他所有 property 一樣可以在元件的範本中被存取。在範本中，它們通常被當作事件監聽使用，比如以下範例：

```
<button @click="increment">Up vote</button>
```

在上面的例子中，點擊 <button> 時會呼叫 increment 方法。

也可以直接從範本中呼叫方法。可以在範本支援 JavaScript 運算式的任何地方呼叫方法，例如以下範例：

```
<span :title="toTitleDate(date)">
  {{ formatDate(date) }}
</span>
```

如果 toTitleDate 或 formatDate 存取任何響應式資料，則將其作為繪製相依項進行追蹤，就像直接在範本中使用過一樣。

從範本呼叫的方法不應該有任何副作用，比如更改資料或觸發非同步處理程式。如果你想這麼做，則應該更換生命週期鉤子。

17.3 生命週期

每個元件在被建立時都要經過一系列的初始化過程，例如設定資料監聽、編譯範本、將實例掛載到 DOM 並在資料變化時更新 DOM 等，這些過程叫作元件的生命週期。

17.3.1 什麼是生命週期鉤子

元件在經歷生命週期過程的同時會執行一些叫作生命週期鉤子的函式，這給了使用者在不同階段增加自己的程式碼的機會。

比如 created 鉤子可以用來在一個實例被建立之後執行程式碼。範例如下：

```
Vue.createApp({
  data() {
    return { count: 1}
  },
  created() {
    // 'this' 指向 vm 實例
    console.log('count is: ' + this.count) // => "count is: 1"
  }
})
```

也有一些其他的鉤子，在實例生命週期的不同階段被呼叫，如 mounted、updated 和 unmounted。生命週期鉤子的 this 上下文指向呼叫它的當前活動實例。

注意

不要在選項 property 或回呼上使用箭頭函式，比如：

```
created: () => console.log(this.a)
```

或

```
vm.$watch('a', newValue => this.myMethod())
```

因為箭頭函式並沒有 this，this 會作為變數一直向上級詞法作用域查詢，直到找到為止，經常導致「Uncaught TypeError: Cannot read property of undefined」或「Uncaught TypeError: this.myMethod is not a function」之類的錯誤。

17.3.2 Vue.js 的生命週期

Vue.js 的生命週期指的是 Vue 實例的生命週期（見圖 17-2）。Vue 實例的生命週期是指實例從建立到執行再到銷毀的過程。

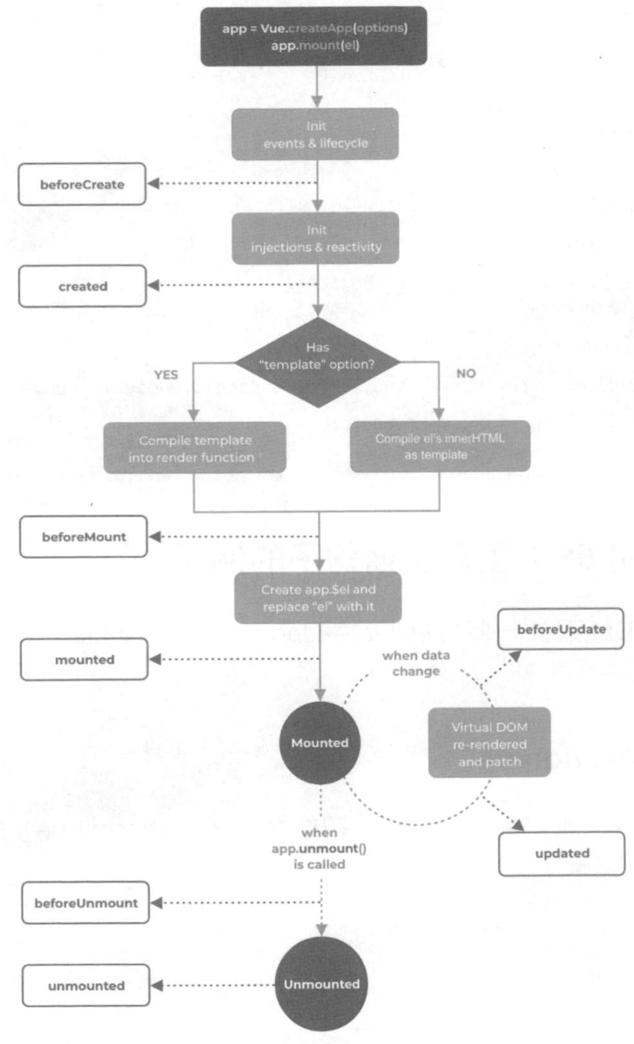

▲ 圖 17-2 Vue.js 生命週期圖示

Vue.js 的生命週期介面定義在 ClassComponentHooks 中，每個 Vue 元件都會實作該介面。ClassComponentHooks 原始程式碼如下：

```
export declare interface ClassComponentHooks {
    data?(): object;
    beforeCreate?(): void;
    created?(): void;
    beforeMount?(): void;
    mounted?(): void;
    beforeUnmount?(): void;
    unmounted?(): void;
    beforeUpdate?(): void;
    updated?(): void;
    activated?(): void;
    deactivated?(): void;
    render?(): VNode | void;
    errorCaptured?(err: Error, vm: Vue, info: string): boolean | undefined;
    serverPrefetch?(): Promise<unknown>;
}
```

17.3.3 實例 59：生命週期鉤子的例子

透過 Vue CLI 建立一個名為「vue-lifecycle」的 Vue.js 應用作為演示生命週期鉤子的例子。

1. 修改 HelloWorld.vue

初始化應用之後，會自動建立一個名為「HelloWorld.vue」的元件，修改該元件的程式碼如下：

```
<template>
  <div>
    <div id="app">
      Counter: {{count}}
      <button @click="plusOne()">+</button>
    </div>
  </div>
</template>
```

```
<script lang="ts">
import { Vue } from "vue-class-component";

export default class HelloWorld extends Vue {
  // 計數用的變數
  count = 0;

  // 定義一個元件方法
  plusOne() {
    this.count++;
    console.log("Hello World!");
  }

  // 定義生命週期鉤子函式
  beforeCreate() {
    console.log("beforeCreate");
  }

  created() {
    console.log("created");
  }

  beforeMount() {
    console.log("beforeMount");
  }

  mounted() {
    console.log("mounted");
  }

  beforeUpdate() {
    console.log("beforeUpdate");
  }

  updated() {
    console.log("updated");
  }
  beforeUnmount() {
```

```
    console.log("beforeUnmount");
  }

  unmounted() {
    console.log("unmounted");
  }
  activated() {
    console.log("activated");
  }

  deactivated() {
    console.log("deactivated");
  }

}
</script>

<style>
</style>
```

針對上述 TypeScript 程式碼：

- HelloWorld 類別繼承自 Vue 類別，以標識 HelloWorld 類別是一個 Vue 元件。
- HelloWorld 類別內部定義了一個計數用的變數 count。
- HelloWorld 類別內部定義了一個方法 plusOne，該方法每次都會將 count 遞增。
- 定義生命週期鉤子函式，每個函式在執行時都會列印一筆日誌。

針對上述 <template> 範本：

- {{count}} 用於綁定 HelloWorld 類別的變數 count。
- <button> 是一個按鈕，該按鈕透過 @click=」plusOne()」設定了點擊事件。當點擊該按鈕時，會觸發 HelloWorld 類別的 plusOne()。

針對上述 <style> 樣式，為了範例簡潔，省去了所有的樣式，所以是空的。

2. 修改 App.vue

App.vue 大體邏輯不變，只保留與本案例相關的程式碼。最終 App.vue 程式碼如下：

```
<template>
  <HelloWorld/>
</template>

<script lang="ts">
import { Options, Vue } from 'vue-class-component';
import HelloWorld from './components/HelloWorld.vue';

@Options({
  components: {
    HelloWorld,
  },
})
export default class App extends Vue {}
</script>

<style>
</style>
```

針對上述 TypeScript 程式碼，只是簡單地將 HelloWorld.vue 匯入成為 App.vue 的子元件。

針對上述 <template> 範本，將 HelloWorld 元件範本嵌入了 App 元件的範本中。

針對上述 <style> 樣式，為了範例簡潔，省去了所有的樣式，所以是空的。

3. 執行

第一次啟動應用的效果如圖 17-3 所示。

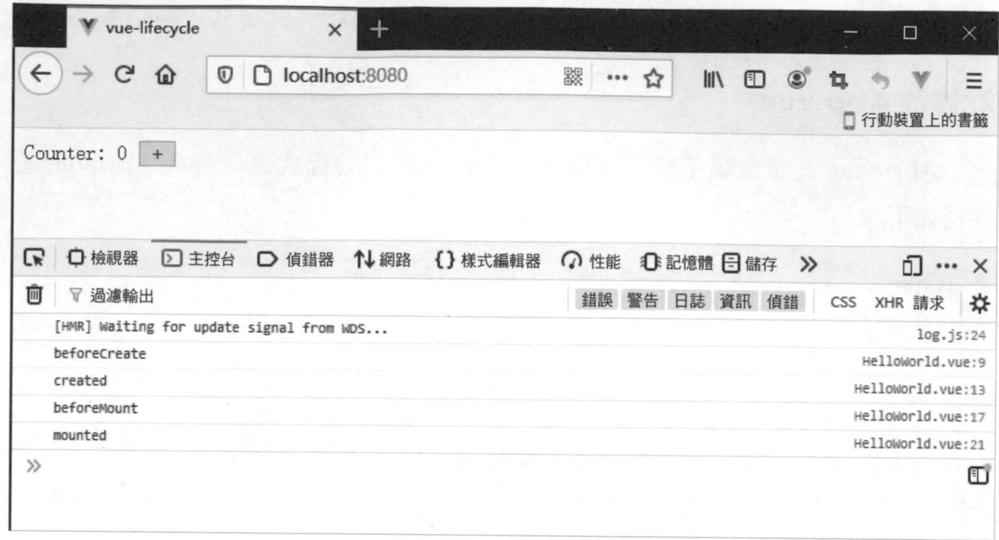

▲ 圖 17-3 第一次啟動應用的效果

從主控台的日誌可以看出，元件在初始化時經歷了 beforeCreate、created、beforeMount、mounted 四個生命週期。

當點擊按鈕，觸發點擊事件時，應用效果如圖 17-4 所示。

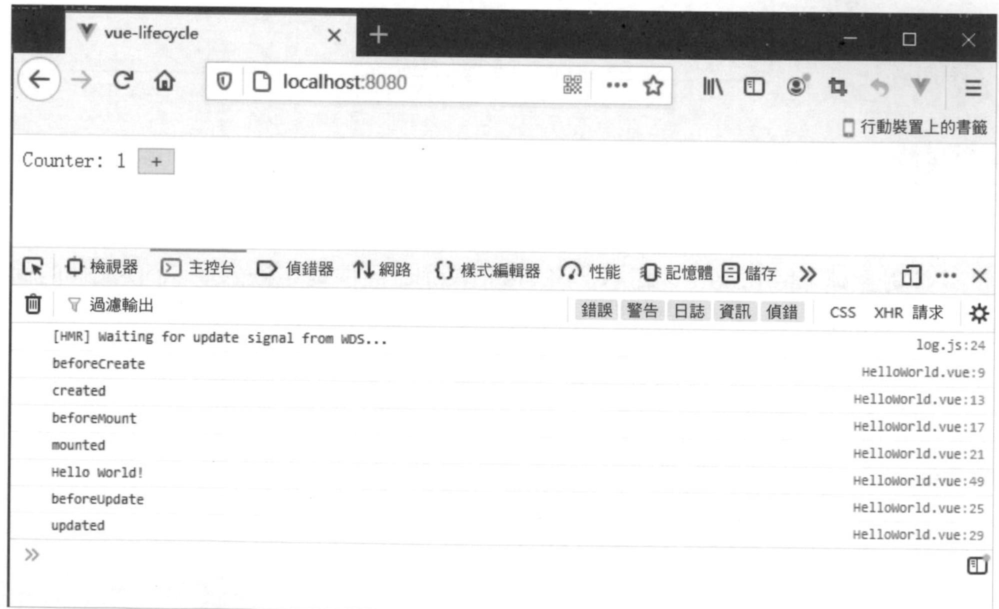

▲ 圖 17-4 點擊按鈕觸發點擊事件時的應用效果

從主控台的日誌可以看出，按鈕被點擊後，觸發了 plusOne() 方法的執行，同時將變數 count 執行了遞增，並列印出「Hello World!」字樣。

同時，我們也看到元件經歷了 beforeUpdate 和 updated 生命週期，並最終將最新的 count 結果（從 0 變為 1）更新到了介面上。

17.4 小結

本章介紹 Vue 的應用實例、data 的 property 與 methods 等核心概念，同時介紹了 Vue 的應用元件的生命週期。

17.5 練習題

1. 請簡述 Vue 應用實例的建立過程。
2. 請簡述 data 的 property 與 methods 的作用。
3. 請簡述 Vue 的應用元件的生命週期。

第 18 章 Vue.js 元件

元件是指可以重複使用的程式單元。本章詳細介紹 Vue.js 元件。

18.1 元件的基本概念

為了便於理解元件的基本概念，我們先從一個簡單的範例 basic-component 入手。

18.1.1 實例 60：一個 Vue.js 元件的範例

以下是一個基本的 Vue.js 元件範例 basic-component。其中 main.ts 程式碼如下：

```
import { createApp } from 'vue'
import App from './App.vue'

createApp(App).mount('#app') // 應用實例被掛載到 DOM 元素 app 中
```

main.ts 是整個 Vue 應用的主入口。從上述程式碼可以知道，應用實例最終會被掛載到 DOM 元素 app，最終這個 app 元素會被繪製為主頁面。

createApp(App) 用於建立應用實例，而參數 App 作為選項，從 App.vue 檔案中匯入。用於建立應用實例的 App.vue 元件也被稱為根元件。

根元件在整個 Vue 應用中有且只會有一個。根元件 App.vue 的程式碼如下：

```
<template>
  <HelloWorld msg="baisc component"/>
</template>

<script lang="ts">
import { Options, Vue } from 'vue-class-component';
import HelloWorld from './components/HelloWorld.vue';

@Options({
  components: {
    HelloWorld,
  },
})
export default class App extends Vue {}
</script>
```

元件又可以由其他元件組成。比如，上述元件 App.vue 還可以由元件 HelloWorld.vue 組成。以下是一個子元件 HelloWorld.vue 的程式碼：

```
<template>
  <div class="hello">
    <h1>{{ msg }}</h1>
  </div>
</template>

<script lang="ts">
import { Options, Vue } from 'vue-class-component';

@Options({
  props: {
```

```
    msg: String
  }
})
export default class HelloWorld extends Vue {
  msg!: string
}
</script>
```

執行應用，可以看到介面效果如圖 18-1 所示。

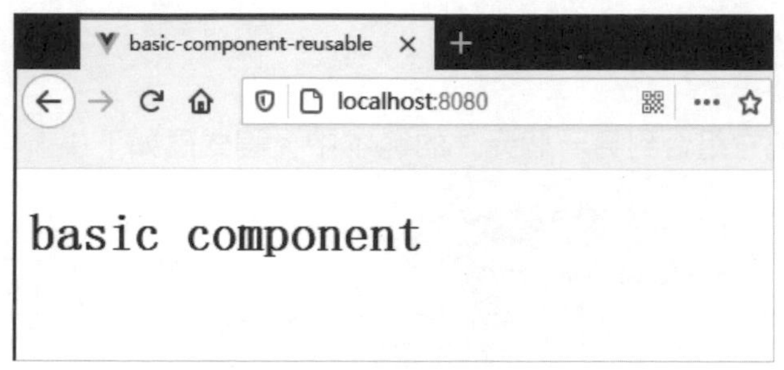

▲ 圖 18-1 介面效果

18.1.2 什麼是元件

元件系統是 Vue 中的重要概念：它是一種抽象，可以將小型、自包含且通常可重用的元件組成一個大規模的應用。

幾乎任何類型的應用程式介面都可以抽象成如圖 18-2 所示的元件樹。

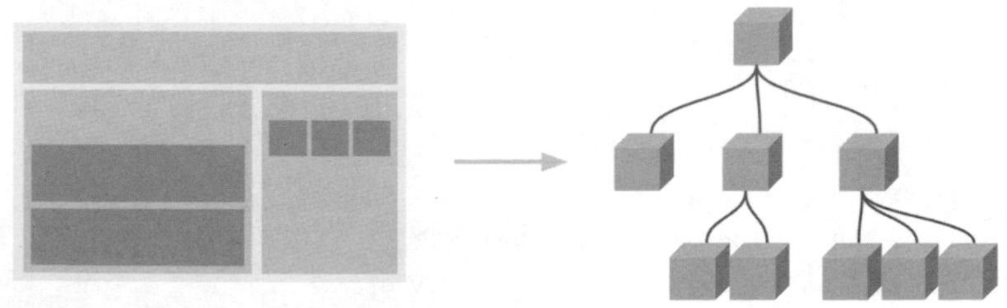

▲ 圖 18-2 元件樹

在 basic-component 範例中，App.vue 在元件樹中是根節點，而 HelloWorld.vue 是 App.vue 的子節點。

在 Vue 中，元件本質上是一個帶有預先定義選項的實例。在 Vue 中註冊元件很簡單：建立一個元件物件，並在其父元件選項定義它即可。程式碼如下：

```
@Options({
  components: {
    HelloWorld,
  },
})
```

這樣可以把它組合到另一個元件的範本中。程式碼如下：

```
<template>
  <HelloWorld msg="baisc component"/>
</template>
```

18.1.3 元件的重複使用

元件本質上是為了重複使用。下面先來看如何實作 HelloWorld.vue 元件的重複使用。

建立一個名為 basic-component-reusabale 的範例，修改根元件 App.vue 程式碼如下：

```
<template>
  <HelloWorld msg="baisc component"/>
  <HelloWorld msg="baisc component reusable"/>
</template>

<script lang="ts">
import { Options, Vue } from 'vue-class-component';
import HelloWorld from './components/HelloWorld.vue';

@Options({
  components: {
```

```
    HelloWorld,
  },
})
export default class App extends Vue {}
</script>
```

上述範例中，在 <template> 標籤中引用了兩次 <HelloWorld>，表示 HelloWorld.vue 元件被實實體化了兩次，每次的 msg 內容都不同。這就是元件的重複使用。

執行應用，可以看到介面效果如圖 18-3 所示。

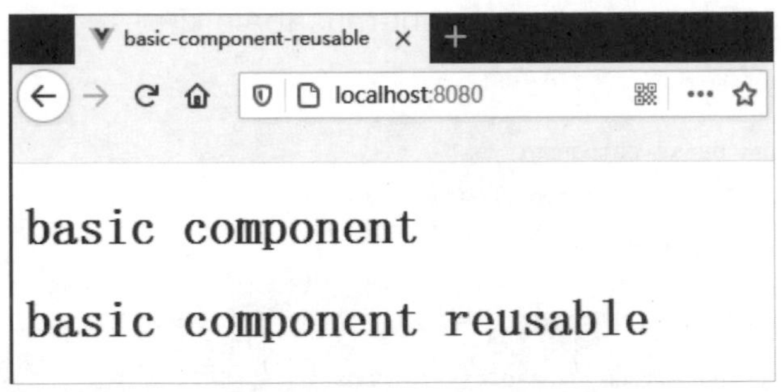

▲ 圖 18-3 介面效果

18.1.4 Vue 元件與 Web 元件的異同點

讀者可能已經注意到，Vue 元件與 Web 元件自訂元素（Custom Elements）非常相似。自訂元素是 Web 元件標準（Web Components Spec）的一部分，這是因為 Vue 元件是鬆散地按照標準建模的。Vue 元件和 Web 元件有一些關鍵的區別：

- Web 元件標準雖然已最終確定，但並非每個瀏覽器都原生支持。在 Safari 10.1+、Chrome 54+ 和 Firefox 63+ 等少數幾個瀏覽器是原生支援 Web 元件的。相比之下，Vue 元件在幾乎所有的瀏覽器（包括 IE 11）中都能一致工作。當需要時，Vue 元件還可以包裝在原生自訂元素中。
- Vue 元件提供了在普通 Web 元件自訂元素中無法提供的重要功能，最明顯的是跨元件資料流程、自訂事件通訊和建構工具整合。

18.2 元件對話模式

元件之間可以進行互動，相互協作完成特定的功能。

需要注意的是，不是什麼元件都能直接進行互動。要想讓元件之間能夠進行互動，還要區分場景。本節主要透過 4 個場景來演示元件之間的不同對話模式。

18.2.1 實例 61：透過 prop 向子元件傳遞資料

回憶 18.1.3 節的 basic-component-reusabale 範例：

```
<template>
  <HelloWorld msg="baisc component"/>
  <HelloWorld msg="baisc component reusable"/>
</template>

<script lang="ts">
import { Options, Vue } from 'vue-class-component';
import HelloWorld from './components/HelloWorld.vue';

@Options({
  components: {
    HelloWorld,
  },
})
export default class App extends Vue {}
</script>
```

在上述範例中，在 <template> 標籤中，HelloWorld.vue 元件被實實體化了兩次。msg 是 HelloWorld 元件的屬性。可以透過 App.vue 元件向 HelloWorld.vue 元件傳遞不同的 msg 屬性值。

msg 在 HelloWorld.vue 元件的定義如下：

```
<template>
  <div class="hello">
```

```
    <h1>{{ msg }}</h1>
  </div>
</template>

<script lang="ts">
import { Options, Vue } from 'vue-class-component';

@Options({
  props: {
    msg: String
  }
})
export default class HelloWorld extends Vue {
  msg!: string // 宣告了 string 類型
}
</script>
```

在上述程式碼中，@Options 註釋所定義的 props 就是用於定義 HelloWorld.vue 元件的輸入屬性（入參）。這種方式就是「透過 prop 向子元件傳遞資料」。msg 在 HelloWorld.vue 元件被定義為 string 類型，同時 msg 後的「!」是 TypeScript 的語法，表示強制解析（也就是告訴 TypeScript 編譯器，msg 一定有值）。

18.2.2 實例 62：監聽子元件事件

從 18.2.1 節了解到，父元件如果要和子元件通訊，通常是採用 prop 的方式。而子元件如果想和父元件通訊，則往往使用事件。圖 18-4 展示了父子元件通訊的示意圖。

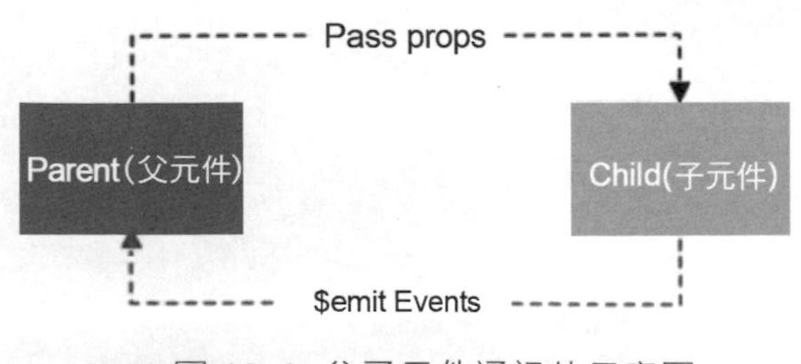

▲ 圖 18-4 父子元件通訊的示意圖

可以使用 v-on 指令（通常縮寫為 @ 符號）來監聽 DOM 事件，並在觸發事件時執行一些 JavaScript 操作。用法為：

```
v-on:click="methodName"
```

或使用捷徑：

```
@click="methodName"
```

事件也常作為元件之間的通訊機制。比如，子元件如果想主動跟父元件通訊，也可以使用 emit 來向父元件發送事件。當然，有關事件的內容後續在第 22 章會詳細講解，這裡只演示基本的事件的用法。

每個 emit 都會發送事件，因此需要先由父元件給子元件綁定事件，子元件才能知道應該怎麼去呼叫。

下面新建一個 listen-for-child-component-event 應用，用於演示父元件如何監聽子元件的事件。

HelloWorld.vue 是子元件，程式碼如下：

```
<template>
  <div class="hello">
    <h1>{{ msg }}</h1>
    <button v-on:click="plusOne">+</button>
  </div>
</template>

<script lang="ts">
import { Options, Vue } from "vue-class-component";

@Options({
  props: {
    msg: String,
  },
})
export default class HelloWorld extends Vue {
  msg!: string;
```

```
  // 定義一個元件方法
  plusOne() {
    console.log("emit event");

    // 發送自訂的事件
    this.$emit("plusOneEvent");
  }
}
</script>
```

上述程式碼中：

- 在 <template> 中定義了一個按鈕，並透過 v-on 綁定了一個點擊事件。當按鈕被點擊時，會觸發 plusOne() 方法的執行。
- plusOne() 方法比較簡單，只是透過 $emit 發送了一個自訂的事件 plusOneEvent。

那麼如何在父元件中監聽「plusOneEvent」事件呢？父元件 App.vue 程式碼如下：

```
<template>
  <HelloWorld
    msg="listen-for-child-component-event"
    @plusOneEvent="handlePlusOneEvent"
  />
  <div id="counter">Counter: {{ counter }}</div>
</template>

<script lang="ts">
import { Options, Vue } from "vue-class-component";
import HelloWorld from "./components/HelloWorld.vue";

@Options({
  components: {
    HelloWorld,
  },
})
```

```
export default class App extends Vue {
  private counter: number = 0;

  handlePlusOneEvent() {
    console.log("handlePlusOneEvent");

    // 計數器遞增
    this.counter++;
  }
}
</script>
```

上述程式碼中：

- 在 <template> 中引入了 HelloWorld.vue 元件，同時透過 @（等於 v-on）綁定了一個自訂事件 plusOneEvent。
- 當 App.vue 元件監聽到 plusOneEvent 事件時，就會觸發 handlePlusOneEvent() 方法。handlePlusOneEvent() 方法會執行計數器 counter 的累加。

圖 18-5 展示了未點擊「遞增（+）」按鈕前的介面效果。

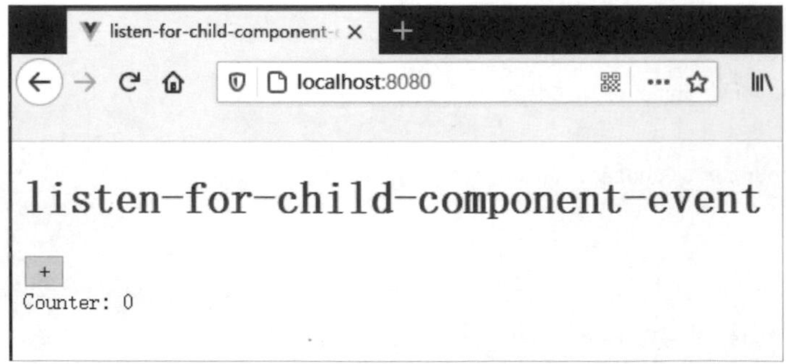

▲ 圖 18-5 未點擊「遞增」按鈕前的介面效果

當點擊了遞增按鈕之後，介面效果如圖 18-6 所示。

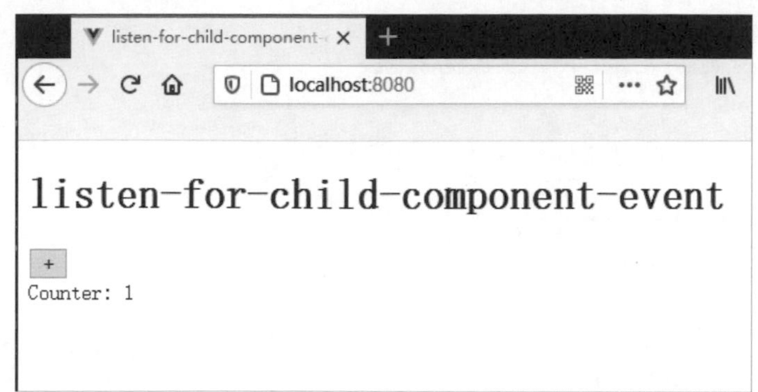

▲ 圖 18-6 點擊「遞增」按鈕後的介面效果

18.2.3 實例 63：兄弟元件之間的通訊

Vue 的兄弟元件之間是如何通訊的呢？

Vue 並沒有提供 Vue 兄弟元件之間通訊的方式，但可以借助前面兩節所介紹的 prop 和事件間接實現。

下面建立一個名為 event-communication 的應用，用於演示兄弟元件之間的通訊功能。其中 App 為應用的根元件，CounterClick 和 CounterShow 分別是子元件。

1. CounterClick 發送事件

CounterClick 元件用於接收介面按鈕的點擊，而後發送事件。程式碼如下：

```
<template>
  <div class="hello">
    <button v-on:click="plusOne">遞增 </button>
  </div>
</template>

<script lang="ts">
import { Options, Vue } from "vue-class-component";
```

```
@Options({
  emits: ["plusOneEvent"],
})
export default class CounterClick extends Vue {
  // 定義一個元件方法

  plusOne() {
    console.log("emit event");

    // 發送自訂的事件

    this.$emit("plusOneEvent");
  }
}
</script>
```

上述程式碼自訂了一個名為 plusOneEvent 的事件。當點擊「遞增」按鈕時，會觸發 plusOne 方法，從而透過 this.$emit 來發送事件。

這裡需要注意的是，自訂的事件需要在 @Options 的 emits 中進行宣告。

2. CounterShow 顯示計數

CounterShow 用於顯示計數器遞增的結果。程式碼如下：

```
<template>
  <div class="hello">
    <h1>{{ count }}</h1>
  </div>
</template>

<script lang="ts">
import { Options, Vue } from "vue-class-component";

@Options({
  props: {
    count: Number,
  },
})
```

```
export default class CounterShow extends Vue {
  count!: number;
}
</script>
```

上述程式碼比較簡單，透過 @Options 的 props 宣告 count 為輸入參數。count 用於在範本中顯示計數結果。

3. App 整合 CounterClick 和 CounterShow

App 根元件整合 CounterClick 和 CounterShow 這兩個子元件。程式碼如下：

```
<template>
  <CounterClick @plusOneEvent="handlePlusOneEvent" />

  <CounterShow :count="counter" />
</template>

<script lang="ts">
import { Options, Vue } from "vue-class-component";

import CounterShow from "./components/CounterShow.vue";

import CounterClick from "./components/CounterClick.vue";

@Options({
  components: {
    CounterShow,

    CounterClick,
  },
})
export default class App extends Vue {
  private counter: number = 0;

  handlePlusOneEvent() {
    console.log("handlePlusOneEvent");

    // 計數器遞增
```

```
      this.counter++;
    }
  }
</script>
```

上述程式碼中：

- 透過 @plusOneEvent 來監聽 CounterClick 所發出的 plusOneEvent 事件。監聽到該事件後，會呼叫 handlePlusOneEvent 方法進行處理。
- handlePlusOneEvent 方法用於將計算結果 counter 進行遞增。
- 在 CounterShow 元件中，透過 :count 的方式動態繫結了 counter 值。最終 counter 值被當作輸入參數傳進了 CounterShow 元件。

4. 執行應用

最終執行應用，點擊「遞增」按鈕，計數器會遞增。

18.2.4 實例 64：透過插槽分發內容

Vue 實作了一套內容分發的插槽（Slot）API，這套 API 的設計靈感來自 Web Components 標準草案，將 <slot> 元素作為承載分發內容的出口。

下面建立一個名為 slot-to-serve-as-distribution-outlets-for-content 的應用，用於演示插槽的功能。

以下是子元件 HelloWorld.vue 的程式碼。

```
<template>
  <div class="hello">
    <h1>{{ msg }}</h1>
    <slot></slot>
  </div>
</template>

<script lang="ts">
```

```
import { Options, Vue } from "vue-class-component";

@Options({
  props: {
    msg: String,
  },
})
export default class HelloWorld extends Vue {
  msg!: string;
}
</script>
```

在上述程式碼中，在 <template> 中增加了 <slot>，用於標識插槽的位置。

父元件 App.vue 想透過 <slot> 元素分發內容時，只要在引入的 HelloWorld.vue 的 <slot> 元素分別設定想替換的內容即可。比如，以下程式碼是想用「Hello」字元替換掉 <slot> 元素的內容。

```
<template>
  <HelloWorld msg="slot-to-serve-as-distribution-outlets-for-content">
    Hello
  </HelloWorld>
</template>

<script lang="ts">
import { Options, Vue } from "vue-class-component";
import HelloWorld from "./components/HelloWorld.vue";

@Options({
  components: {
    HelloWorld,
  },
})
export default class App extends Vue {
}
</script>
```

當然，插槽的功能遠不止字串這麼簡單。插槽還可以包含任何範本程式碼，包括 HTML，範例如下：

```
<template>
  <!-- 字串 -->
  <HelloWorld msg="slot-to-serve-as-distribution-outlets-for-content">
    Hello
  </HelloWorld>

  <!--HTML-->
  <HelloWorld msg="slot-to-serve-as-distribution-outlets-for-content">
    <a href="https://waylau.com"> Welcom to waylau.com</a>
  </HelloWorld>

  <!-- 範本 -->
  <HelloWorld msg="slot-to-serve-as-distribution-outlets-for-content">
    <div id="counter">Counter: {{ counter }}</div>
  </HelloWorld>
</template>

<script lang="ts">
import { Options, Vue } from "vue-class-component";
import HelloWorld from "./components/HelloWorld.vue";

@Options({
  components: {
    HelloWorld,
  },
})
export default class App extends Vue {
  private counter: number = 0;
}
</script>
```

18.3 讓元件可以動態載入

有時，在元件之間動態切換是很有用的，比如介面中的標籤，透過點擊不同的標籤來切換不同的子頁面。

Vue 提供了 <component> 元素與特殊的 is 屬性用來實現元件的動態載入。

18.3.1 實現元件動態載入的步驟

實現元件動態載入需要先定義一個 <component> 元素，並在 <component> 元素中指定一個變數 currentTabComponent，範例程式碼如下：

```
<!-- 當 currentTabComponent 變化時，元件也會變化 -->
<component :is="currentTabComponent"></component>
```

在上面的範例中，currentTabComponent 可以是已註冊的元件的名稱，也可以是元件的選項物件。

18.3.2 實例 65：動態元件的範例

為了演示動態元件的功能，建立 dynamic-component 應用。

分別建立兩個子元件 TemplateOne.vue 和 TemplateTwo.vue。這兩個子元件的程式碼比較簡單，就是記錄各自的生命週期函式呼叫的過程。

TemplateOne.vue 程式碼如下：

```
<template>
  <div>
    <h1>TemplateOne</h1>
  </div>
</template>

<script lang="ts">
import { Vue } from "vue-class-component";
```

```
export default class TemplateOne extends Vue {
  // 定義生命週期鉤子函式

  beforeCreate() {
    console.log("TemplateOne beforeCreate");
  }

  created() {
    console.log("TemplateOne created");
  }

  beforeMount() {
    console.log("TemplateOne beforeMount");
  }

  mounted() {
    console.log("TemplateOne mounted");
  }

  beforeUpdate() {
    console.log("TemplateOne beforeUpdate");
  }

  updated() {
    console.log("TemplateOne updated");
  }

  beforeUnmount() {
    console.log("TemplateOne beforeUnmount");
  }

  unmounted() {
    console.log("TemplateOne unmounted");
  }

  activated() {
    console.log("TemplateOne activated");
  }
```

```
  deactivated() {
    console.log("TemplateOne deactivated");
  }
}
</script>
```

TemplateTwo.vue 程式碼如下：

```
<template>
  <div>
    <h1>TemplateTwo</h1>
  </div>
</template>

<script lang="ts">
import { Vue } from "vue-class-component";

export default class TemplateTwo extends Vue {
  // 定義生命週期鉤子函式

  beforeCreate() {
    console.log("TemplateTwo beforeCreate");
  }

  created() {
    console.log("TemplateTwo created");
  }

  beforeMount() {
    console.log("TemplateTwo beforeMount");
  }

  mounted() {
    console.log("TemplateTwo mounted");
  }

  beforeUpdate() {
    console.log("TemplateTwo beforeUpdate");
  }
```

```
  updated() {
    console.log("TemplateTwo updated");
  }

  beforeUnmount() {
    console.log("TemplateTwo beforeUnmount");
  }

  unmounted() {
    console.log("TemplateTwo unmounted");
  }

  activated() {
    console.log("TemplateTwo activated");
  }

  deactivated() {
    console.log("TemplateTwo deactivated");
  }
}
</script>
```

根元件 App.vue 的程式碼如下：

```
<template>
  <div>
    <button
      v-for="tab in tabs"
      :key="tab"
      :class="['tab-button', { active: currentTabComponent === tab }]"
      @click="currentTabComponent = tab"
    >
      {{ tab }}
    </button>

    <!-- 當 currentTabComponent 變化時，元件也會變化 -->
    <component :is="currentTabComponent"></component>
  </div>
```

```
</template>



<script lang="ts">
import { Options, Vue } from "vue-class-component";

import TemplateOne from "./components/TemplateOne.vue";
import TemplateTwo from "./components/TemplateTwo.vue";

@Options({
  components: {
    TemplateOne,
    TemplateTwo,
  },
})
export default class App extends Vue {
  private currentTabComponent: string = "TemplateOne";

  private tabs: string[] = ["TemplateOne", "TemplateTwo"];
}
</script>
```

上述程式碼中：

- 根元件 App.vue 中透過 <component> 元素來動態指定需要載入的元件。
- 範本中初始化了兩個按鈕的 <button> 元素，當點擊按鈕時，會觸發 currentTabComponent 的變化。
- currentTabComponent 會引起 <component> 元素的變化。初始化時，currentTabComponent 賦值為 TemplateOne。

執行應用，同時可以看到介面和主控台的效果如圖 18-7 所示。初始化時，動態載入的是 TemplateOne 元件。

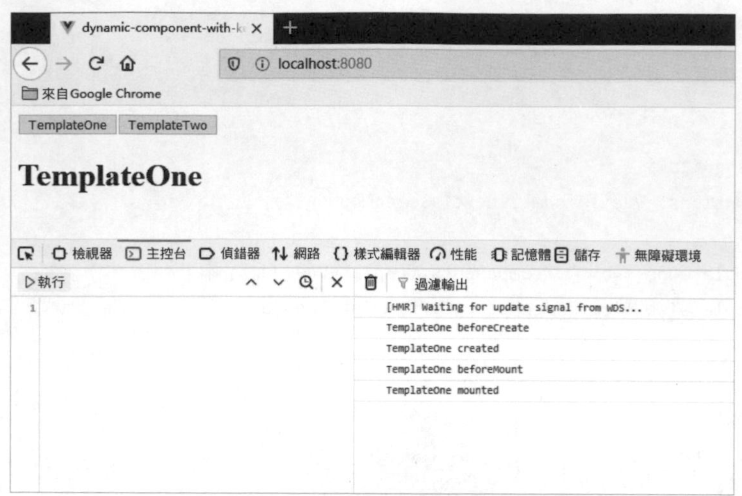

▲ 圖 18-7 初始化應用時介面和主控台效果

在主控台顯示的日誌中，已經詳細記錄了元件的初始化過程。

點擊 TemplateTwo 按鈕，介面中呈現的是 TemplateTwo 元件的內容，如圖 18-8 所示。

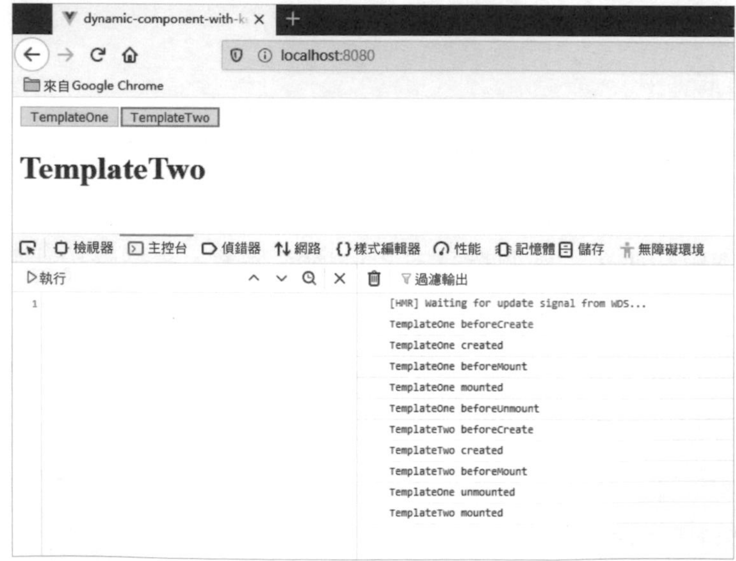

▲ 圖 18-8 點擊 TemplateTwo 按鈕後的介面和主控台效果

點擊 TemplateOne 按鈕，介面呈現的是 TemplateOne 元件的內容，效果如圖 18-9 所示。

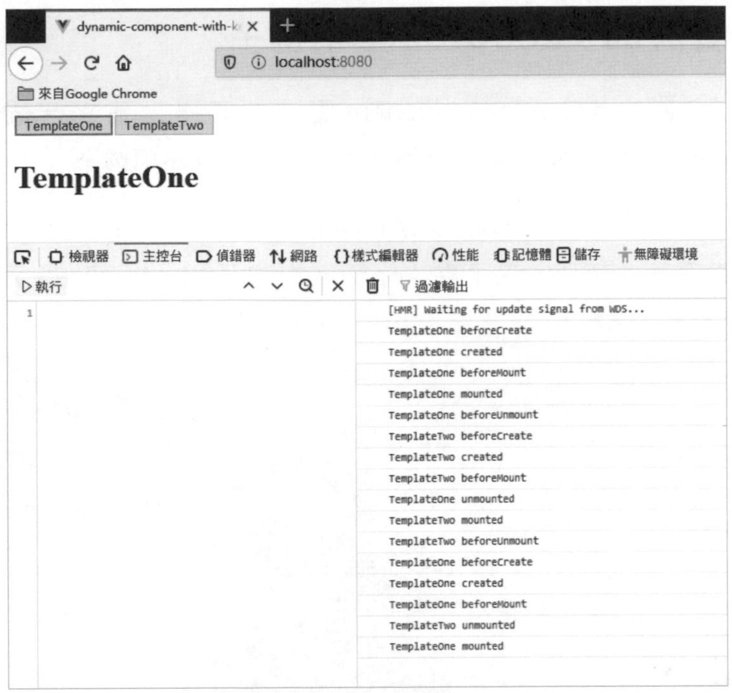

▲ 圖 18-9 點擊 TemplateOne 按鈕後的介面和主控台效果

從上述日誌中可以看出，在每次動態載入元件時，元件都會重新初始化。

18.4 使用快取元件 keep-alive

上一節演示了如何使用 is 屬性在標籤式介面中實現元件間的切換。不過，每次切換這些元件都會初始化元件、重新繪製，這對性能有一些影響。所以我們希望這些標籤元件實例在第一次建立後能夠被快取。要解決這個問題，可以用 <keep-alive> 元件來包裝這些元件，範例如下：

```
<!-- 使用 keep-alive，元件建立後能夠被快取 -->
<keep-alive>
```

```
    <component :is="currentTabComponent"></component>
</keep-alive>
```

18.4.1 實例 66：keep-alive 的例子

在 18.3.2 節的 dynamic-component 應用的基礎上建立一個 dynamic-component-with-keep-alive 應用作為 keep-alive 的演示範例。

建立一個 dynamic-component-with-keep-alive 應用與 dynamic-component 應用的程式碼基本類似，只是在 App.vue 中加了 <keep-alive> 元素內容。App.vue 完整程式碼如下：

```
<template>
  <div>
    <button
      v-for="tab in tabs"
      :key="tab"
      :class="['tab-button', { active: currentTabComponent === tab }]"
      @click="currentTabComponent = tab"
    >
      {{ tab }}
    </button>
    <!-- 使用 keep-alive，元件建立後能夠被快取 -->
    <!-- 當 currentTabComponent 變化時，元件也會變化 -->
    <keep-alive>
      <component :is="currentTabComponent"></component>
    </keep-alive>
  </div>
</template>

<script lang="ts">
import { Options, Vue } from "vue-class-component";

import TemplateOne from "./components/TemplateOne.vue";
import TemplateTwo from "./components/TemplateTwo.vue";

@Options({
  components: {
```

```
    TemplateOne,
    TemplateTwo,
  },
})
export default class App extends Vue {
  private currentTabComponent: string = "TemplateOne";

  private tabs: string[] = ["TemplateOne", "TemplateTwo"];
}
</script>
```

在增加了 <keep-alive> 元素後執行應用，來回點擊 TemplateOne 和 TemplateTwo 按鈕，TemplateOne 和 TemplateTwo 元件分別只初始化了一次，之後只有其啟動和停用的生命週期鉤子的呼叫了，如圖 18-10 所示。

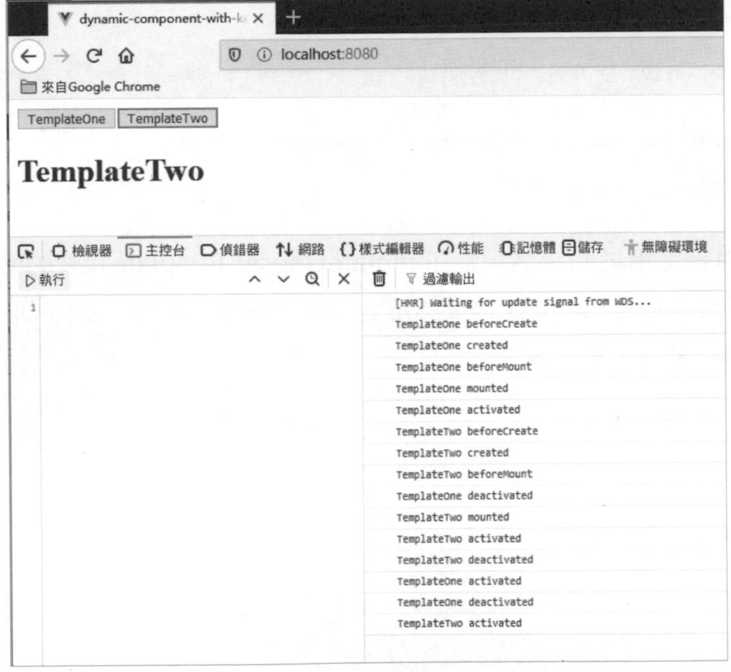

▲ 圖 18-10 使用了 keep-alive 之後的介面和主控台效果

18.4.2 keep-alive 設定詳解

預設情況下，<keep-alive> 會快取所有的元件。如果需要個性化的設定，則可以設定以下幾個可選的屬性：

- include - string | RegExp | Array：只有具有符合名稱的元件才會被快取。
- exclude - string | RegExp | Array：任何具有符合名稱的元件都不會被快取。
- max - number | string：要快取的元件實例的最大數量。

1. include 和 exclude 的用法

include 和 exclude 用於指定哪些範本需要被快取和不需要快取。以 include 為例，範例程式碼如下：

```
<!-- 使用 keep-alive，元件建立後能夠被快取 -->
<keep-alive include="TemplateOne,TemplateTwo">
    <component :is="currentTabComponent"></component>
</keep-alive>
```

上面的設定用於指定名稱為 TemplateOne 和 TemplateTwo 的元件才能被快取。需要注意的是，元件上需要指定 name 屬性才會生效。在 @Options 註釋上設定 name 屬性，範例如下：

```
import { Options, Vue } from "vue-class-component";

@Options({
  name: "TemplateOne",
})
export default class TemplateOne extends Vue {
    // ...
}
import { Options, Vue } from "vue-class-component";

@Options({
  name: "TemplateTwo",
```

```
})
export default class TemplateTwo extends Vue {
    // ...
}
```

2. max 的用法

max 用於設定要快取的元件實例的最大數量。一旦達到此數字，最近最少存取（Least Recently Accessed，LRA）的快取元件實例將在建立新實例之前銷毀。使用 max 範例如下：

```
<!-- max 用於設定要快取的元件實例的最大數量 -->
<keep-alive :max="10">
    <component :is="currentTabComponent"></component>
</keep-alive>
```

18.5 小結

本章介紹 Vue 元件的基本概念和基本用法，包括元件之間的互動、元件的動態載入、元件的快取等。

18.6 練習題

1. 請簡述元件的基本概念和基本用法。
2. 請簡述元件之間的對話模式有哪些。
3. 請簡述如何實現元件的動態載入。
4. 請簡述如何實現快取的元件。

第 19 章

Vue.js 範本

在 Web 開發中，範本必不可少。範本是開發動態網頁的基石。很多程式語言都提供了範本引擎，比如在 Java 領域，有 JSP、FreeMarker、Velocity、Thymeleaf 等。簡單來說，將動態網頁中靜態的內容定義為範本標籤，而將動態的內容定義為範本中的變數。這樣就實現了範本不變，而範本繪製結果的內容會隨著範本中變數的變化而變化。

19.1 範本概述

Vue.js 也有自己的範本，透過 <template> 標籤來宣告範本。在 Vue.js 中，使用的是以 HTML 為基礎的範本語法。Vue 允許以宣告方式將繪製的 DOM 綁定到元件實例的資料上。由於所有的 Vue.js 範本都是有效的 HTML 程式碼，因此可以用符合標準的瀏覽器和 HTML 解析器來解析 Vue.js 範本。

以下就是一個在 hello-world 應用中出現過的範本。

```
<h1>{{ msg }}</h1>
```

當範本進行繪製時，上述標籤中的 {{ msg }} 內容被替代為對應元件實例中 msg 變數的實際值 "Welcome to Your Vue.js App"。以下是最終範本被繪製成 HTML 的內容：

```
<h1> Welcome to Your Vue.js App</h1>
```

在底層的實現上，Vue 將範本編譯成虛擬 DOM 繪製函式。結合回應性系統，Vue 能夠智慧地計算出最少需要重新繪製多少元件，並把 DOM 操作次數減到最少。

> **注意**
>
> 如果你熟悉虛擬 DOM，並且更喜歡使用 JavaScript 的原始功能，則可以不用範本，直接寫繪製函式（render function），使用可選的 JSX 語法。當然，這不是本章的重點。

19.2 實例 67：插值

插值是範本最為基礎的功能。所謂插值，是指把計算後的變數值插入指定位置的 HTML 元素標籤中。比以下面的例子：

```
<h1>{{ msg }}</h1>
```

上述例子就是把 msg 的變數值插入 <h1> 標籤元素中（替換掉 {{ msg }}）。

Vue 提供了對文字、原生 HTML、Attribute、JavaScript 運算式等的插值支持。

本節的範例原始程式碼可以在 template-syntax-interpolation 應用中找到。

19.2.1 文字

資料綁定最常見的形式就是使用雙大括號的文字插值（也稱為 Mustache 語法）。還是以 hello-world 應用中出現過的範本為例：

```
<h1>{{ msg }}</h1>
```

上述標籤將被替代為對應元件實例中 msg 的值。無論何時，只要綁定的元件實例上 msg 發生了改變，插值處的內容都會自動更新。舉例來說，將 msg 賦值如下：

```
private msg:string = "template-syntax-interpolation";
```

此時，介面顯示效果如圖 19-1 所示。

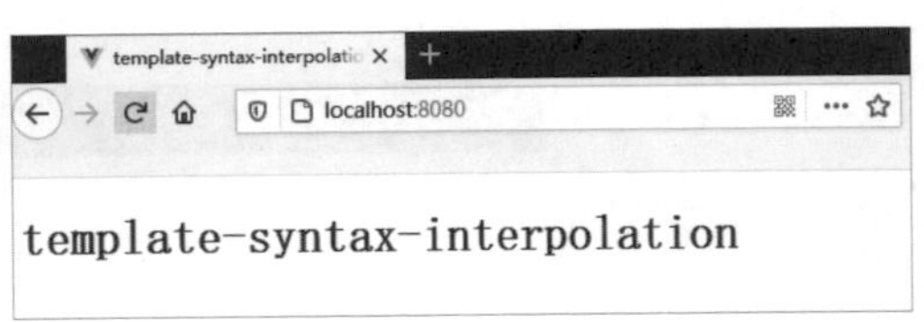

▲ 圖 19-1 介面效果

當然，想限制插值處的內容不自動更新也是可以的，可以透過 v-once 指令來一次性地插值，範例如下：

```
<h1 v-once>{{ msg }}</h1>
```

有關 v-once 指令的內容，可以看後續章節的內容。

19.2.2 原生 HTML 程式碼

雙大括號會將資料解釋為普通文字，而非 HTML 程式碼。因此，為了能夠輸出原生的 HTML 程式碼，需要使用 v-html 指令。觀察以下範例：

```
<template>
  <div>
    <!-- 輸出原生的 HTML，需要使用 v-html 指令 -->
    <p> 未使 v-html 指令：{{ rawHtml }}</p>
    <p> 使 v-html 指令：<span v-html="rawHtml"></span></p>
  </div>
</template>
```

```
<script lang="ts">
import { Vue } from "vue-class-component";

export default class App extends Vue {
  private rawHtml: string = `<a href="https://waylau.com/">Welcome to waylau.com</a>`;
}
</script>
```

上述程式碼對於相同的 rawHtml 內容，範本一處使用了 v-html 指令，而另一處沒有。最終執行效果如圖 19-2 所示。

▲ 圖 19-2 介面效果

從圖 19-2 可以看到，這個 <span> 的內容將被替換為原生 HTML 程式碼。

> **注意**
>
> 雖然 Vue 支持原生 HTML 程式碼，但在實際的專案中要加以限制。因為動態繪製任意的 HTML 程式碼是非常危險的，很容易導致 XSS 攻擊。只對可信內容使用原生 HTML 程式碼插值，絕不要將使用者提供的內容作為插值。

19.2.3 綁定 HTML attribute

雙大括號不能在 HTML attribute 中使用。如果想綁定 HTML attribute，可以使用 v-bind 指令，範例如下：

```
<!-- 綁定 HTML attribute -->
<div v-bind:id="dynamicId"></div>
```

如果綁定值為 null 或未定義，則 attribute 將不包括在呈現的元素上。

對布林 attribute 而言，它的存在則表示 true。v-bind 的工作原理略有不同。例如：

```
<!-- 綁定布林 attribute -->
<button v-bind:disabled="isButtonDisabled">Button</button>
```

如果 isButtonDisabled 的值是 null 或 undefined，則 disabled attribute 不會被包含在繪製出來的 <button> 標籤元素中。

19.2.4 JavaScript 運算式

在前面的範例中，一直都只綁定簡單的 property 鍵值，但實際上，對於所有的資料綁定，Vue.js 都提供了完全的 JavaScript 運算式支援。借助 JavaScript 運算式可以實現更加複雜的資料綁定，比如以下範例：

```
<template>
  <div>
    <!-- JavaScript 運算式 -->
    <p> 運算：{{ age + 1 }}</p>
    <p> 三元運算式：{{ areYouOk ? "YES" : "NO" }}</p>
    <p> 字串操作：{{ message.split("").reverse().join("") }}</p>
    <div v-bind:id="'list-' + listId"></div>
  </div>
</template>

<script lang="ts">
import { Vue } from "vue-class-component";

export default class App extends Vue {
  private age: number = 33;
  private areYouOk: boolean = false;
  private message: string =
    " 戰實發開用應級業企 sj.edoN 戰實發開與析解理原 ytteN 戰實架構級量輕用應網聯互型大 戰實發
開用應級業企 ralugnA 析分例案及術技用常統系式布分 ";
  private listId: number = 111;
}
</script>
```

上面這些運算式會在當前活動實例的資料作用域下作為JavaScript被解析，解釋後介面顯示如圖 19-3 所示。

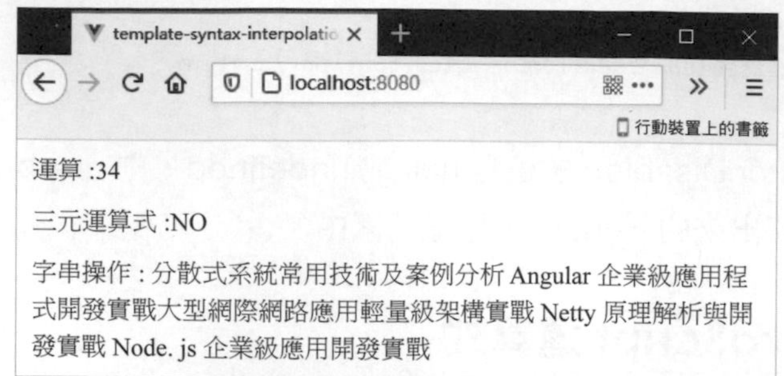

▲ 圖 19-3 介面效果

19.3 實例 68：在範本中使用指令

指令是帶有「v-」首碼的特殊 attribute。指令 attribute 的值應該是單一 JavaScript 運算式（v-for 和 v-on 除外，稍後將討論）。指令的職責是，當運算式的值改變時，將其產生的連帶影響響應式地作用於 DOM。比如，在前面章節中所介紹的 v-once、v-html 就是指令。

本節的範例原始程式碼可以在 template-syntax-directive 應用中找到。

19.3.1 參數

一些指令能夠接收一個參數，這個參數在指令名稱之後以冒號表示。舉例來說，下面的範例中 v-bind 指令可以用於響應式地更新 HTML attribute：

```
<template>
  <div>
    <!-- v-bind 指令 -->
    <p>
      <a v-bind:href="url">Welcome to waylau.com</a>
    </p>
  </div>
```

```
</template>

<script lang="ts">
import { Vue } from "vue-class-component";

export default class App extends Vue {
  private url: string = "https://waylau.com/";
}
</script>
```

在這裡 href 是參數，告知 v-bind 指令將該元素的 href attribute 與運算式 url 的值綁定。

v-on 指令用於監聽 DOM 事件：

```
<template>
  <div>
    <!-- v-on 指令 -->
    <p>
      <a v-on:click="doLog">doLog</a>
    </p>
  </div>
</template>

<script lang="ts">
import { Vue } from "vue-class-component";

export default class App extends Vue {
  doLog() {
    console.log("do logging...");
  }
}
</script>
```

在這裡參數 click 是監聽的事件名稱。後續章節還會更詳細地討論事件處理。

19.3.2 理解指令中的動態參數

也可以在指令參數中使用 JavaScript 運算式，方法是用方括號將 JavaScript 運算式括起來，這樣就相當於實現了動態參數。

觀察下面的例子：

```
<template>
  <div>
    <!-- v-on 指令，動態參數 -->
    <p>
      <a v-on:[eventName]="doLog">doLog</a>
    </p>
  </div>
</template>

<script lang="ts">
import { Vue } from "vue-class-component";

export default class App extends Vue {
  private eventName: string = "click";

  doLog() {
    console.log("do logging...");
  }
}
</script>
```

在上述例子中，當 eventName 的值為「click」時，v-on:[eventName] 等價於 v-on:click，即綁定了點擊事件。

19.3.3 理解指令中的修飾符號

修飾符號（Modifier）是以英文句點「.」指明的特殊尾碼，用於指出一個指令應該以特殊方式綁定。舉例來說，「.prevent」修飾符號告訴 v-on 指令對於觸發的事件需要呼叫 event.preventDefault()，範例如下：

```
<!-- v-on 指令，修飾符號 -->
<form v-on:submit.prevent="onSubmit">Submit</form>
```

19.4 實例 69：在範本中使用指令的縮寫

「v-」首碼用來辨識範本中 Vue 特定的 attribute。在使用 Vue.js 為現有標籤增加動態行為時，「v-」首碼很有幫助。然而，對一些頻繁用到的指令來說，這樣會讓人感到繁瑣。

本節的範例原始程式碼可以在 template-syntax-directive-shorthand 應用中找到。

19.4.1 使用 v-bind 縮寫

以下是完整的 v-bind 指令的用法：

```
<!-- v-bind 指令 -->
<p>
    <a v-bind:href="url">Welcome to waylau.com</a>
</p>
```

縮寫的 v-bind 指令的用法如下：

```
<!-- v-bind 指令縮寫 -->
<p>
    <a :href="url">Welcome to waylau.com</a>
</p>
```

以下是採用了動態參數的縮寫的 v-bind 指令的用法：

```
<!-- v-bind 指令縮寫，動態參數 -->
<p>
    <a :[key]="url">Welcome to waylau.com</a>
</p>
```

19.4.2 使用 v-on 縮寫

以下是完整的 v-on 指令的用法：

```
<!-- v-on 指令 -->
<p>
    <a v-on:click="doLog">doLog</a>
</p>
```

縮寫的 v-on 指令的用法如下：

```
<!-- v-on 指令縮寫 -->
<p>
    <a @click="doLog">doLog</a>
</p>
```

以下是採用了動態參數的縮寫的 v-on 指令的用法：

```
<!-- v-on 指令縮寫，動態參數 -->
<p>
    <a @[eventName]="doLog">doLog</a>
</p>
```

它們看起來可能與普通的 HTML 略有不同，但「:」與「@」對 attribute 名稱來說都是合法字元，在所有支持 Vue 的瀏覽器中都能被正確地解析。而且，它們不會出現在最終繪製的標記中。縮寫語法是完全可選的，但隨著你更深入地了解它們的作用，你會慶倖擁有它們。

19.5 使用範本的一些約定

本節介紹使用範本需遵循的約定。

19.5.1 對動態參數值的約定

動態參數預期會求出一個字串，在異常情況下值為 null，這個 null 值可以被顯性地用於移除綁定，而其他非字串類型的值在異常時則會觸發一個警告。

19.5.2 對動態參數運算式的約定

動態參數運算式有一些語法約束，因為某些字元（如空格和引號）放在 HTML attribute 名稱裡是無效的。例如：

```
<!-- 這會觸發一個編譯警告 -->

<a v-bind:['foo' + bar]="value"> ... </a>
```

變通的辦法是，使用沒有空格或引號的運算式，或用計算屬性替代這種複雜運算式。

在 DOM 中使用範本時，還需要避免使用大寫字元來命名鍵名，因為瀏覽器會把 attribute 名稱全部強制轉為小寫：

```
<!--
在 DOM 中使用範本時這段程式碼會被轉為 'v-bind:[someattr]'。
除非在實例中有一個名為 "someattr" 的 property，否則程式碼不會工作。
-->

<a v-bind:[someAttr]="value"> ... </a>
```

19.5.3 對存取全域變數的約定

Vue 範本運算式都被放在沙盒中，只能存取全域變數的白名單，如 Math 和 Date。你不應該在範本運算式中試圖存取使用者定義的全域變數。

19.6 小結

本章詳細介紹了 Vue.js 範本的用法，包括插值和指令。

19.7 練習題

1. 請簡述 Vue 範本的作用。
2. 請簡述 Vue 支援哪幾種插值。
3. 請簡述在範本中使用指令有哪幾種用法。
4. 請簡述使用範本時的注意事項。

第 20 章

Vue.js 計算屬性與監聽器

第 19 章介紹了 Vue 範本，可以看到 Vue 範本提供了非常便利的運算式，但是設計它們的初衷是用於簡單運算的。如果在範本中放入太多的邏輯，則會讓範本過重且難以維護。本章所引入的計算屬性與監聽器可以降低響應式資料處理的複雜性。

20.1 透過實例理解「計算屬性」的必要性

舉例來說，下面的例子有一個巢狀結構陣列物件：

```
<script lang="ts">
import { Vue } from "vue-class-component";

export default class App extends Vue {
  private books: string[] = [
```

```
    "分散式系統常用技術及案例分析",
    "Spring Boot 企業級應用程式開發實戰",
    "Spring Cloud 微服務架構開發實戰",
    "Spring 5 開發大全",
    "分散式系統常用技術及案例分析(第2版)",
    "Cloud Native 分散式架構原理與實踐",
    "Angular 企業級應用程式開發實戰",
    "大型網際網路應用輕量級架構實戰",
    "Java 核心程式設計",
    "MongoDB + Express + Angular + Node.js 全端開發實戰派",
    "Node.js 企業級應用程式開發實戰",
    "Netty 原理解析與開發實戰",
    "分散式系統開發實戰",
    "輕量級 Java EE 企業應用程式開發實戰",
  ];

}
</script>
```

現在根據 books 的值來顯示不同的訊息：

```
<template>
  <div>
    <p>是否出版過書？</p>

    <!-- 未使用"計算屬性" -->
    <P>{{ books.length > 0 ? "Yes" : "No" }}</P>
  </div>
</template>
```

此時，範本不再是簡單的宣告式了。必須先進一步仔細觀察，才能意識到它執行的計算取決於 books.length。如果要在範本中多次包含此計算，則會讓範本變得很複雜和難以理解。

所以，對於任何包含響應式資料的複雜邏輯，都建議使用「計算屬性」(computed)。

20.2 實例 70：一個計算屬性的例子

在 20.1 節計算屬性的例子中，我們看到了如果在範本中放入太多的邏輯，會讓範本過重且難以維護。接下來我們將 20.1 節的例子進行改造，引入計算屬性。

本節的範例原始程式可以在 computed-basic 應用中找到。

20.2.1 宣告計算屬性

這裡宣告了一個計算屬性 publishedBooksMessage，程式碼如下：

```
<template>
  <div>
    <p> 是否出版過書？ </p>

    <!-- 使用計算屬性 -->
    <P>{{ publishedBooksMessage }}</P>
  </div>
</template>

<script lang="ts">
import { Vue } from "vue-class-component";

export default class App extends Vue {
  private books: string[] = [
    " 分散式系統常用技術及案例分析 ",
    "Spring Boot 企業級應用程式開發實戰 ",
    "Spring Cloud 微服務架構開發實戰 ",
    "Spring 5 開發大全 ",
    " 分散式系統常用技術及案例分析（第 2 版）",
    "Cloud Native 分散式架構原理與實踐 ",
    "Angular 企業級應用程式開發實戰 ",
    " 大型網際網路應用輕量級架構實戰 ",
    "Java 核心程式設計 ",
    "MongoDB + Express + Angular + Node.js 全端開發實戰派 ",
```

```
    "Node.js 企業級應用程式開發實戰 ",
    "Netty 原理解析與開發實戰 ",
    " 分散式系統開發實戰 ",
    " 輕量級 Java EE 企業應用程式開發實戰 ",
  ];

  // 使用計算屬性
  get publishedBooksMessage(): string {
    return this.books.length > 0 ? "Yes" : "No";
  }
}
</script>
```

上述程式碼中，計算屬性採用的是 getter 函式。嘗試更改應用程式中 books 陣列的值，你將看到 publishedBooksMessage 如何對應地更改。可以像普通屬性一樣將資料綁定到範本的計算屬性中。

20.2.2 模擬資料更改

如何演示更改 books 陣列的值呢？可以在範本中增加一個按鈕：

```
<button @click="clearData"> 清空資料 </button>
```

當上述按鈕被點擊後，就會觸發 clearData() 方法的執行。clearData() 方法的程式碼如下：

```
// 清空資料
clearData() {
    this.books = [];
}
```

圖 20-1 展示的是清空資料前的介面效果。

▲ 圖 20-1 清空資料前的介面效果

圖 20-2 展示的是點擊「清空資料」按鈕後的介面效果。

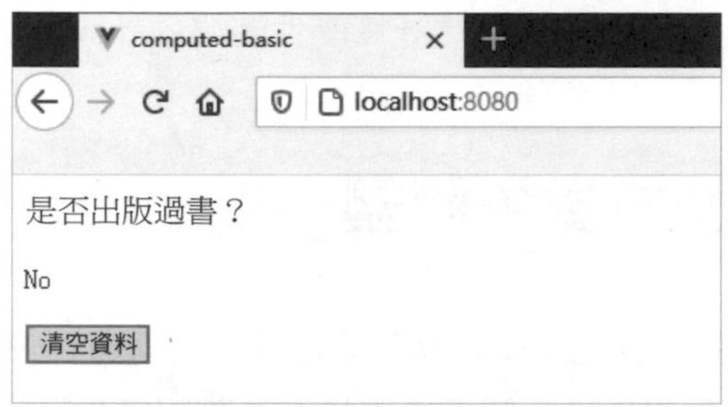

▲ 圖 20-2 清空資料後的介面效果

20.3 計算屬性快取與方法的關係

讀者可能已經注意到了，在上一節計算屬性的例子中，可以透過在運算式中呼叫方法來達到同樣的效果：

```
<!-- 未使用計算屬性，而是使用普通方法 -->
<P>{{ getPublishedBooksMessage() }}</P>

// 未使用計算屬性，而是使用普通方法
getPublishedBooksMessage(): string {
  return this.books.length > 0 ? "Yes" : "No";
}
```

可以將同一函式定義為一個方法而非一個計算屬性，兩種方式的最終結果確實是完全相同的，然而，不同的是計算屬性是基於它們的反應依賴關係快取的。計算屬性只在相關響應式相依發生改變時才會重新求值，這就表示只要 books 陣列還沒有發生改變，多次存取 publishedBookMessage 計算屬性會立即傳回之前的計算結果，而不必再次執行函式。相比之下，每當觸發重新繪製時，呼叫方法將總會再次執行函式。

換言之，計算屬性有著快取的作用。

那麼為什麼需要快取？

假設有一個性能消耗比較大的計算屬性清單，它需要遍歷一個巨大的陣列並進行大量的計算。然後可能有其他的計算屬性相依於計算屬性清單。如果沒有快取，我們將不可避免地多次執行計算屬性清單的計算方法。

20.4 為什麼需要監聽器

雖然「計算屬性」在大多數情況下更合適，但有時也需要一個自訂的監聽器（watch）。監聽器提供了一個更通用的方法來回應資料的變化，當需要在資料變化時執行非同步或消耗較大的操作時，監聽器是最有用的。

20.4.1 理解監聽器

使用 watch 選項可以執行非同步作業（比如存取一個 API），限制執行該操作的頻率，並在得到最終結果前設定中間狀態，而這些都是「計算屬性」無法做到的。

20.4.2 實例 71：一個監聽器的例子

觀察下面的監聽器的例子：

```
<template>
  <div>
```

```
    <p>
      搜尋：
      <input v-model="question" />
    </p>
    <div v-for="answer in answers" :key="answer">
      {{ answer }}
    </div>
  </div>
</template>

<script lang="ts">
import { Options, Vue } from "vue-class-component";

@Options({
  watch: {
    question(value: string) {
      this.getAnswer(value);
    },
  },
})
export default class App extends Vue {
  private question: string = "";
  private answers: string[] = [];

  private books: string[] = [
    "分散式系統常用技術及案例分析",
    "Spring Boot 企業級應用程式開發實戰",
    "Spring Cloud 微服務架構開發實戰",
    "Spring 5 開發大全",
    "分散式系統常用技術及案例分析（第 2 版）",
    "Cloud Native 分散式架構原理與實踐",
    "Angular 企業級應用程式開發實戰",
    "大型網際網路應用輕量級架構實戰",
    "Java 核心程式設計",
    "MongoDB + Express + Angular + Node.js 全端開發實戰派",
    "Node.js 企業級應用程式開發實戰",
    "Netty 原理解析與開發實戰",
    "分散式系統開發實戰",
    "輕量級 Java EE 企業應用程式開發實戰",
```

```
  ];

  // 當 question 變化時，觸發該方法
  getAnswer(value: string): void {
    // 搜尋輸入的字元是否在陣列內
    console.log("search:" + value);
    this.books.forEach((book) => {
      if (this.isContains(book, value)) {
        console.log("isContains:" + value);
        this.answers.push(book);
      } else {
        this.answers = [];
      }
    });
  }

  // 字串是否包含指定的字元
  isContains(str: string, substr: string): boolean {
    return str.indexOf(substr) >= 0;
  }
}
</script>
```

在上述例子中，我們在 @Options 註釋中設定了 watch，用於監聽 question 變數。當使用者在介面的輸入方塊進行模糊搜尋時，這會引起 question 變數的更改，此時就會被 watch 監聽到，繼而觸發 getAnswer() 方法，將搜尋的結果值回寫到 answers 陣列上。

isContains() 是一個簡單的判斷字串是否包含指定的字元的方法。

執行應用，在輸入方塊中輸入關鍵字進行搜尋，可以看到介面效果如圖 20-3 所示。

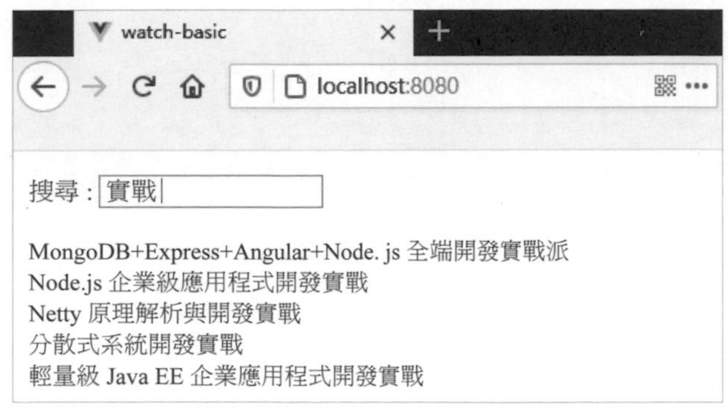

▲ 圖 20-3 介面效果

本節的範例原始程式碼可以在 watch-basic 應用中找到。有關 watch 的內容還會在後續章節詳細介紹。

20.5 小結

本章介紹了 Vue.js 的計算屬性與監聽器，使用計算屬性與監聽器是為了解決使用範本令應用變得複雜和難以理解的問題。

20.6 練習題

1. 請簡述使用計算屬性的作用。
2. 請撰寫一個計算屬性的實際例子。
3. 請簡述使用監聽器的作用。
4. 請撰寫一個監聽器的實際例子。

第 21 章

Vue.js 運算式

Vue.js 運算式用於根據特定的條件來繪製不同的內容。使用 Vue.js 運算式時，可以更靈活地實現邏輯控制或運算。Vue.js 運算式主要包括條件運算式、for 迴圈運算式等。

21.1 條件運算式

本節主要介紹 Vue 的條件運算式。本節的範例原始程式碼可以在 expression-conditional 應用中找到。

21.1.1 實例 72：v-if 的例子

v-if 指令用於條件性地繪製一塊內容，這塊內容只會在指令的運算式傳回 truthy 值的時候被繪製。

觀察以下範例：

```
<template>
  <!-- 使用 v-if -->
  <h1 v-if="isGood">Vue is good!</h1>
```

```
</template>

<script lang="ts">
import { Vue } from "vue-class-component";

export default class App extends Vue {
  private isGood: boolean = true;
}
</script>
```

最終顯示效果如圖 21-1 所示。

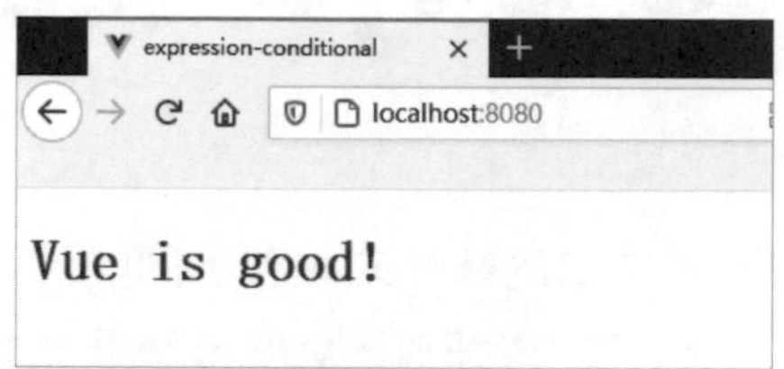

▲ 圖 21-1 繪製效果

21.1.2 實例 73：v-else 的例子

可以使用 v-else 指令來表示 v-if 的 else 區塊。

觀察以下範例：

```
<!-- 使用 v-else -->
<div v-if="Math.random() > 0.5">顯示 A</div>
<div v-else>顯示 B</div>
```

上述範例會根據 Math.random() 所得到的隨機數與 0.5 的比值來決定是「顯示 A」還是「顯示 B」。

21.1.3 實例 74：v-else-if 的例子

v-else-if 類似於 JavaScript 中的 else-if 區塊，可以連續使用：

```
<!-- 使用 v-else-if -->
<div v-if="score === 'A'">A</div>
<div v-else-if="score === 'B'">B</div>
<div v-else-if="score === 'C'">C</div>
<div v-else>D</div>
```

v-else-if 必須緊接在附帶 v-if 或 v-else-if 的元素之後，以及 v-else 之前。

21.1.4 實例 75：v-show 的例子

v-show 指令根據條件來決定是否展示元素，用法如下：

```
<template>
  <!-- 使用 v-show -->
  <h1 v-show="isDisplay">I am display!</h1>
</template>

<script lang="ts">
import { Vue } from "vue-class-component";

export default class App extends Vue {
  private isDisplay: boolean = true;
}
</script>
```

上述程式碼的執行效果如圖 21-2 所示。

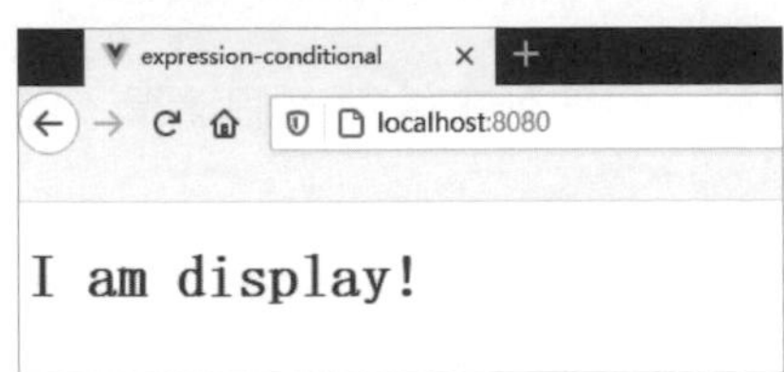

▲ 圖 21-2 繪製效果

與 v-if 不同的是，帶有 v-show 的元素始終會被繪製並保留在 DOM 中，v-show 只是簡單地切換元素的 CSS property display。簡而言之，v-show 只是用於控制元素是否顯示的。

21.1.5 v-if 與 v-show 的關係

v-if 是「真正」的條件繪製，因為它會確保在條件區段內的事件監聽器和子元件適當地被銷毀和重建。

v-if 也是惰性的。如果在初始繪製時條件為假，則什麼也不做，直到條件第一次變為真時，才會開始繪製條件區段。

相比之下，v-show 就簡單得多，無論初始條件是什麼，元素總是會被繪製，並且只是簡單地基於 CSS 進行切換。

> **注意**
>
> 一般來說，v-if 有更高的切換消耗，而 v-show 有更高的初始繪製消耗。因此，如果需要非常頻繁地切換，則使用 v-show 較好；如果在執行時期條件很少改變，則使用 v-if 較好。

21.2 for 迴圈運算式

for 迴圈運算式用於遍歷一組元素。

本節的範例原始程式碼可以在 expression-for 應用中找到。

21.2.1 實例 76：v-for 遍歷陣列的例子

可以用 v-for 指令基於一個陣列來繪製一個清單。範例如下：

```
<template>
  <div>
    <!-- 使用 v-for 遍歷陣列 -->
    <h1>老衛作品集合：</h1>
    <ul>
      <li v-for="book in books" :key="book">
        {{ book }}
      </li>
```

```
    </ul>
  </div>
</template>

<script lang="ts">
import { Vue } from "vue-class-component";

export default class App extends Vue {
  private books: string[] = [
    " 分散式系統常用技術及案例分析 ",
    "Spring Boot 企業級應用程式開發實戰 ",
    "Spring Cloud 微服務架構開發實戰 ",
    "Spring 5 開發大全 ",
    " 分散式系統常用技術及案例分析（第 2 版）",
    "Cloud Native 分散式架構原理與實踐 ",
    "Angular 企業級應用程式開發實戰 ",
    " 大型網際網路應用輕量級架構實戰 ",
    "Java 核心程式設計 ",
    "MongoDB ＋ Express ＋ Angular ＋ Node.js 全端開發實戰派 ",
    "Node.js 企業級應用程式開發實戰 ",
    "Netty 原理解析與開發實戰 ",
    " 分散式系統開發實戰 ",
    " 輕量級 Java EE 企業應用程式開發實戰 ",
  ];
}
</script>
```

上述程式碼的執行效果如圖 21-3 所示。

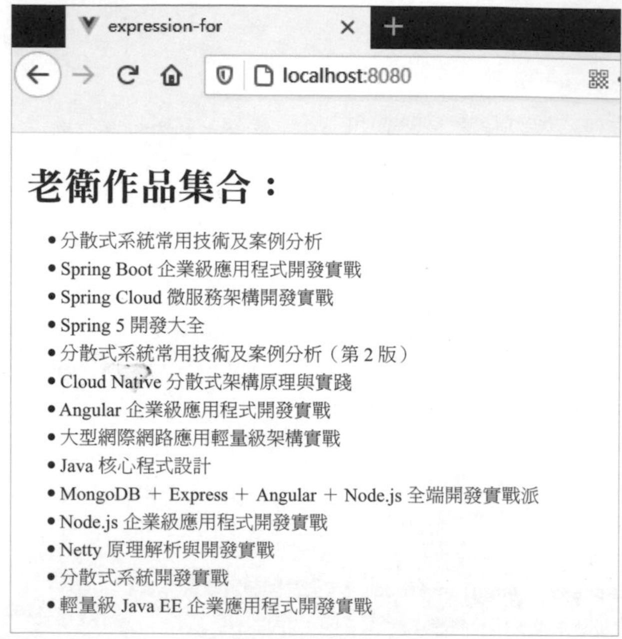

▲ 圖 21-3 繪製效果

v-for 指令需要使用 book in books 形式的特殊語法，其中 books 是來源資料陣列，而 book 則是被迭代的陣列元素的別名。

細心的讀者應該已經注意到，在使用 v-for 的同時，還多了一個 :key。該 key 用於標識元素的唯一性。有相同父元素的子元素必須有獨特的 key，重複的 key 會造成繪製錯誤。如果不使用 key，Vue 會使用一種最大限度減少動態元素並且盡可能地嘗試就地修改 / 重複使用相同類型元素的演算法，而使用 key 時，它會基於 key 的變化重新排列元素的順序，並且會移除 / 銷毀 key 不存在的元素。

注意

推薦在使用 v-for 時，始終要配合使用 key。

21.2.2 實例 77：v-for 遍歷陣列設定索引的例子

v-for 還支持一個可選的第 2 個參數（當前項的索引）。範例如下：

```
<template>
  <div>
    <!-- 使用 v-for 遍歷陣列，設定索引 -->
    <h1>老衛作品集合：</h1>
    <ul>
      <li v-for="(book, index) in books" :key="book">
        {{ index }} {{ book }}
      </li>
    </ul>
  </div>
</template>

<script lang="ts">
import { Vue } from "vue-class-component";

export default class App extends Vue {
  private books: string[] = [
    " 分散式系統常用技術及案例分析 ",
    "Spring Boot 企業級應用程式開發實戰 ",
    "Spring Cloud 微服務架構開發實戰 ",
    "Spring 5 開發大全 ",
    " 分散式系統常用技術及案例分析（第 2 版）",
    "Cloud Native 分散式架構原理與實踐 ",
    "Angular 企業級應用程式開發實戰 ",
    " 大型網際網路應用輕量級架構實戰 ",
    "Java 核心程式設計 ",
    "MongoDB + Express + Angular + Node.js 全端開發實戰派 ",
    "Node.js 企業級應用程式開發實戰 ",
    "Netty 原理解析與開發實戰 ",
    " 分散式系統開發實戰 ",
    " 輕量級 Java EE 企業應用程式開發實戰 ",
  ];
}
</script>
```

上述程式碼中，第一個參數 book 是被迭代的陣列元素的別名，而第二個參數 index 是被迭代的陣列元素的索引。上述範例的執行效果如圖 21-4 所示。

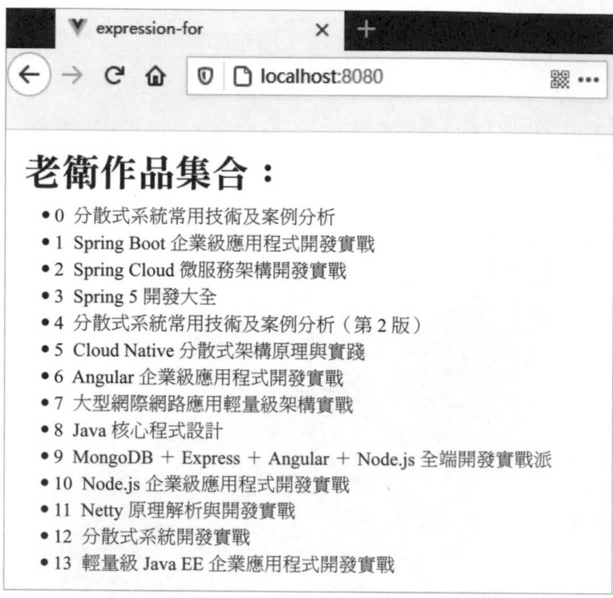

▲ 圖 21-4 繪製效果

需要注意的是，索引 index 可以是任意的別名，比如 i 或 k 都沒有問題。索引是從 0 開始的。

21.2.3 實例 78：v-for 遍歷物件 property 的例子

可以用 v-for 來遍歷一個物件的 property。範例如下：

```
<template>
  <div>
    <!-- 使用 v-for 遍歷物件 -->
    <h1> 女兒的資訊：</h1>
    <ul>
      <li v-for="value in myDaughter" :key="value">
        {{ value }}
      </li>
    </ul>
```

```
  </div>
</template>

<script lang="ts">
import { Vue } from "vue-class-component";

export default class App extends Vue {
  private myDaughter: any = {
    name: "Cici",
    city: "Huizhou",
    birthday: "2014-06-23",
  };
}
</script>
```

上述程式碼的執行效果如圖 21-5 所示。

▲ 圖 21-5 繪製效果

當然，也可以提供第 2 個參數為 property 名稱。範例如下：

```
<!-- 使用 v-for 遍歷物件，設定 property 名稱 -->
<h1>女兒的資訊：</h1>
<ul>
    <li v-for="(value, name) in myDaughter" :key="value">
    {{ name }} {{ value }}
    </li>
</ul>
```

上述程式碼的執行效果如圖 21-6 所示。

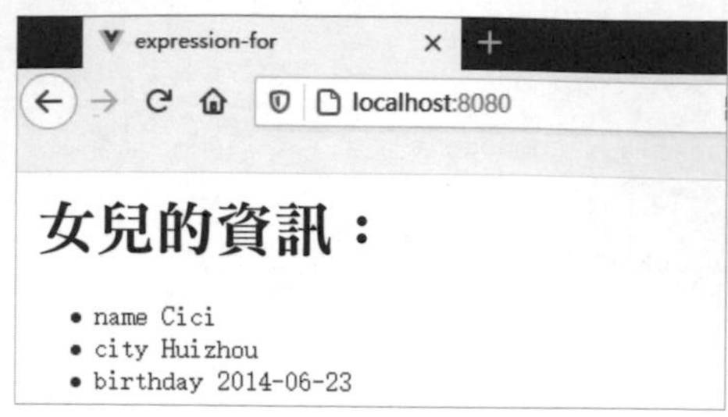

▲ 圖 21-6 繪製效果

其中，圖 21-6 顯示的 name、city、birthday 皆為 myDaughter 物件的 property 名稱。

還可以用第 3 個參數作為索引。範例如下：

```
<!-- 使用 v-for 遍歷物件，設定 property 名稱 -->
<h1> 女兒的資訊：</h1>
<ul>
    <li v-for="(value, name, index) in myDaughter" :key="value">
    {{ index }} {{ name }} {{ value }}
    </li>
</ul>
```

上述程式碼的執行效果如圖 21-7 所示。

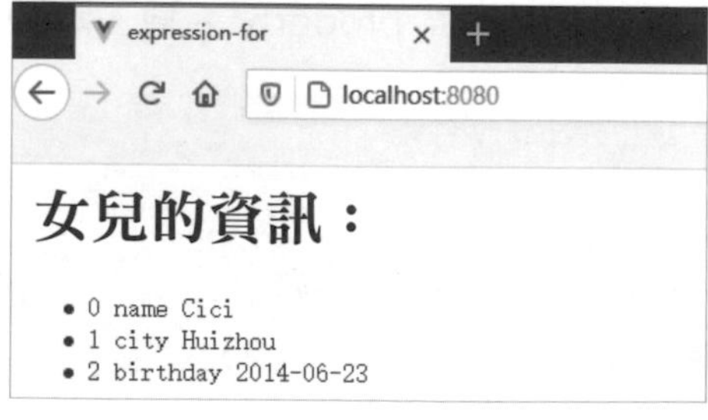

▲ 圖 21-7 繪製效果

21.2.4 實例 79：陣列過濾的例子

如果想顯示一個陣列經過過濾或排序後的版本，但不實際變更或重置原始資料，則可以建立一個「計算屬性」來傳回過濾或排序後的陣列。

以下是一個陣列過濾的例子：

```
<template>
  <div>
    <!-- 陣列過濾 -->
    <h1>老衛作品集合，過濾書名大於 20 字元的：</h1>
    <ul>
      <li v-for="book in booksWithFilter" :key="book">
        {{ book }}
      </li>
    </ul>
  </div>
</template>

<script lang="ts">
import { Vue } from "vue-class-component";

export default class App extends Vue {
  private books: string[] = [
    " 分散式系統常用技術及案例分析 ",
    "Spring Boot 企業級應用程式開發實戰 ",
    "Spring Cloud 微服務架構開發實戰 ",
    "Spring 5 開發大全 ",
    " 分散式系統常用技術及案例分析（第 2 版）",
    "Cloud Native 分散式架構原理與實踐 ",
    "Angular 企業級應用程式開發實戰 ",
    " 大型網際網路應用輕量級架構實戰 ",
    "Java 核心程式設計 ",
    "MongoDB + Express + Angular + Node.js 全端開發實戰派 ",
    "Node.js 企業級應用程式開發實戰 ",
    "Netty 原理解析與開發實戰 ",
    " 分散式系統開發實戰 ",
    " 輕量級 Java EE 企業應用程式開發實戰 ",
  ];
```

```
  // 過濾，只保留書名長度大於 20 字元的資料
  get booksWithFilter() {
    return this.books.filter(book => book.length > 20)
  }
}
</script>
```

上述程式碼的執行效果如圖 21-8 所示。可以看到，在這種情況下，它會遍歷對應的次數。

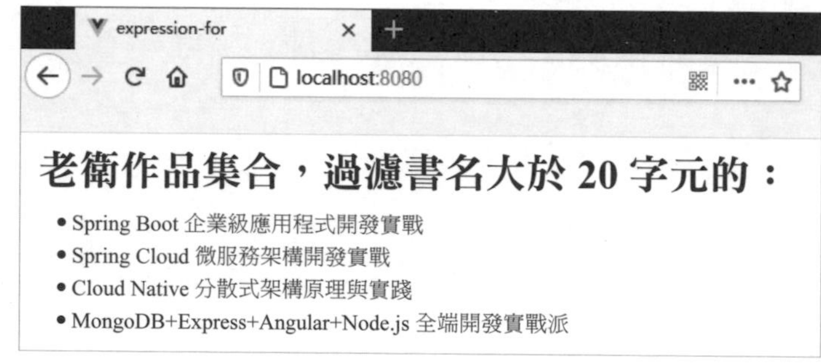

▲ 圖 21-8 繪製效果

21.2.5 實例 80：使用值的範圍的例子

v-for 也可以接受整數。在這種情況下，它會把範本重複對應的次數。範例如下：

```
<!-- 陣列過濾 -->
<h1>使用值的範圍：</h1>
<ul>
    <li v-for="num in 5" :key="num">
    {{ num }}
    </li>
</ul>
```

上述程式碼的執行效果如圖 21-9 所示。

▲ 圖 21-9 繪製效果

21.3 v-for 的不同使用場景

使用 v-for 時，還需要注意在不同使用場景下的用法。

本節的範例原始程式碼可以在 expression-for-scene 應用中找到。

21.3.1 實例 81：在 <template> 中使用 v-for 的例子

類似於 v-if，也可以利用帶有 v-for 的 <template> 來循環繪製一段包含多個元素的內容。比以下面的例子：

```
<template>
  <div>
    <!-- 在 <template> 中使用 v-for -->
    <h1>老衛作品集合：</h1>
    <ul>
      <template  v-for="book in books" :key="book">
        <li><span>{{ book }}</span> {{ book.length }}</li>
      </template >
    </ul>
  </div>
</template>

<script lang="ts">
```

```
import { Vue } from "vue-class-component";

export default class App extends Vue {
  private books: string[] = [
    "分散式系統常用技術及案例分析",
    "Spring Boot 企業級應用程式開發實戰",
    "Spring Cloud 微服務架構開發實戰",
    "Spring 5 開發大全",
    "分散式系統常用技術及案例分析（第 2 版）",
    "Cloud Native 分散式架構原理與實踐",
    "Angular 企業級應用程式開發實戰",
    "大型網際網路應用輕量級架構實戰",
    "Java 核心程式設計",
    "MongoDB + Express + Angular + Node.js 全端開發實戰派",
    "Node.js 企業級應用程式開發實戰",
    "Netty 原理解析與開發實戰",
    "分散式系統開發實戰",
    "輕量級 Java EE 企業應用程式開發實戰",
  ];
}
</script>
```

上述程式碼的執行效果如圖 21-10 所示。

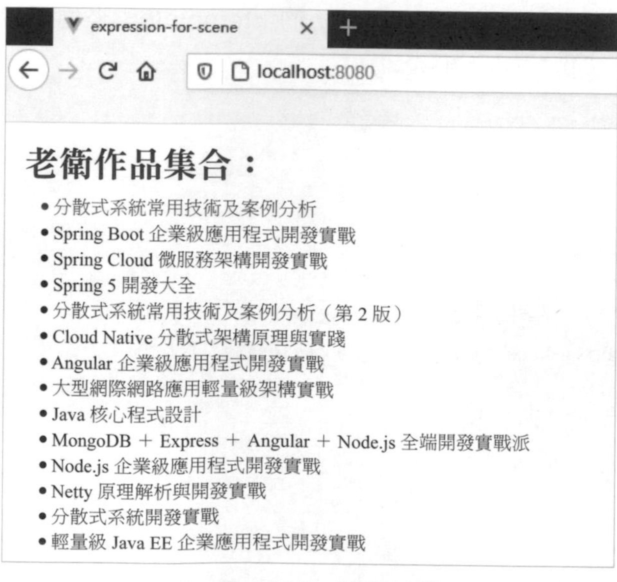

▲ 圖 21-10 繪製效果

21.3.2 實例 82：v-for 與 v-if 一同使用的例子

當 v-for 與 v-if 一同使用時，若它們處於同一節點，v-if 的優先順序比 v-for 更高，這表示 v-if 將沒法存取 v-for 中的變數。

觀察下面的例子：

```
<!-- 該例子將拋出例外，因為 todo 還沒有實實體化 -->
<li v-for="todo in todos" v-if="!todo.isComplete">
  {{ todo }}
</li>
```

上述的例子將拋出例外，在執行 v-if 指令時，todo 還沒有實體化。

解決方式是，把 v-for 移動到 <template> 標籤中去，範例如下：

```
<template v-for="todo in todos">
  <li v-if="!todo.isComplete">
    {{ todo }}
  </li>
</template>
```

綜上所述，不推薦在同一元素上使用 v-if 和 v-for。

21.3.3 實例 83：在元件上使用 v-for 的例子

在自定義元件上，可以像在任何普通元素上一樣使用 v-for。

舉例來說，我們有一個子元件 HelloWorld.vue，程式碼如下：

```
<template>
  <div class="hello">
    <h4>{{ msg }}</h4>
  </div>
</template>

<script lang="ts">
import { Options, Vue } from 'vue-class-component';
```

```
@Options({
  props: {
    msg: String
  }
})
export default class HelloWorld extends Vue {
  msg!: string
}
</script>
```

上述元件接收 msg 參數，作為範本的 <h4> 標籤的內容。

根元件 App.vue 的程式碼如下：

```
<template>
  <div>
    <!-- 在元件上使用 v-for -->
    <HelloWorld v-for="book in books" :key="book" :msg="book"/>
  </div>
</template>

<script lang="ts">
import { Options, Vue } from 'vue-class-component';
import HelloWorld from './components/HelloWorld.vue';

@Options({
  components: {
    HelloWorld,
  },
})
export default class App extends Vue {
  private books: string[] = [
    "分散式系統常用技術及案例分析",
    "Spring Boot 企業級應用程式開發實戰",
    "Spring Cloud 微服務架構開發實戰",
    "Spring 5 開發大全",
    "分散式系統常用技術及案例分析（第 2 版）",
    "Cloud Native 分散式架構原理與實踐",
```

```
    "Angular 企業級應用程式開發實戰 ",
    " 大型網際網路應用輕量級架構實戰 ",
    "Java 核心程式設計 ",
    "MongoDB + Express + Angular + Node.js 全端開發實戰派 ",
    "Node.js 企業級應用程式開發實戰 ",
    "Netty 原理解析與開發實戰 ",
    " 分散式系統開發實戰 ",
    " 輕量級 Java EE 企業應用程式開發實戰 ",
  ];
}
</script>
```

從上面的程式碼看到，在 v-for 遍歷 books 時，將 book 傳遞給了子元件的 msg。

上述程式碼的執行效果如圖 21-11 所示。

▲ 圖 21-11 繪製效果

21.4 小結

本章詳細介紹了 Vue.js 運算式，包括條件運算式和 for 迴圈運算式。

21.5 練習題

1. 簡述 Vue 條件運算式的類型。
2. 撰寫一個 Vue 條件運算式的例子。
3. 簡述 Vue for 迴圈運算式的使用場景。
4. 撰寫一個 Vue for 迴圈運算式的例子。

第 22 章 Vue.js 事件

本章介紹 Vue.js 的事件。事件可以通知瀏覽器或使用者某件事情的當前狀態，是已經做完了，還是剛剛開始做。這樣，瀏覽器或使用者可以根據事件來決策下一步要做什麼。

22.1 什麼是事件

在 Web 開發中，事件並不陌生。事件可以是瀏覽器或使用者做的某些事情。下面是 HTML 事件的一些例子：

- 載入 HTML 網頁完成。
- HTML 輸入欄位被修改。
- HTML 按鈕被點擊。

通常在事件發生時，使用者會希望根據這個事件做某件事，而 JavaScript 就承擔著處理這些事件的角色。

為了更進一步地理解 Vue 事件，我們先從一個例子入手。本節的範例原始程式碼可以在 event-basic 應用中找到。

22.1.1 實例 84：監聽事件的例子

以下是一個簡單的監聽事件的例子：

```
<template>
  <div>
    <button @click="counter += 1">+</button>
    <p>計數：{{ counter }}</p>
  </div>
</template>

<script lang="ts">
import { Vue } from "vue-class-component";

export default class App extends Vue {
  private counter: number = 0;
}
</script>
```

上面的程式碼比較簡單：在按鈕 <button> 上透過 @click 的方式設定了一個點擊事件，當該事件被觸發時，會執行一段 JavaScript 運算式 "counter +=1" 使得變數 counter 遞增。介面繪製效果如圖 22-1 所示。

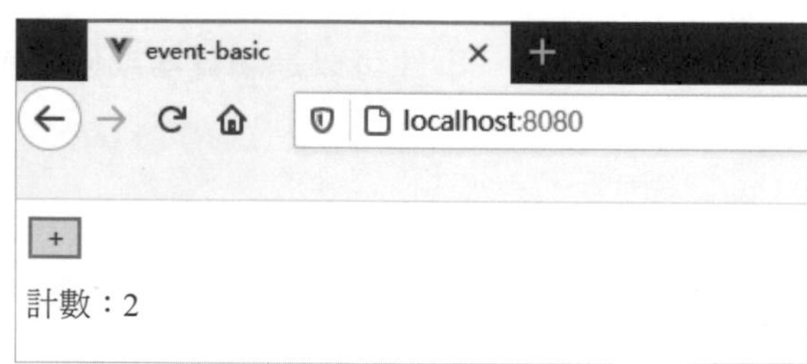

▲ 圖 22-1 繪製效果

前面介紹過，@click 其實是 v-on:click 的縮寫。

22.1.2 理解事件處理方法

在上述 event-basic 應用例子中，我們在 @click 直接綁定了一個 JavaScript 運算式。然而大多數場景下，事件處理邏輯會比這複雜，因此不是所有的場景都合適直接把 JavaScript 程式碼寫在 v-on 指令中。v-on 還可以接收一個需要呼叫的方法名稱，比如以下範例：

```
<template>
  <div>
    <button @click="plusOne()">+</button>
    <p>計數：{{ counter }}</p>
  </div>
</template>

<script lang="ts">
import { Vue } from "vue-class-component";

export default class App extends Vue {
  private counter: number = 0;

  // 定義一個遞增 1 的元件方法
  plusOne():void {
    this.counter++;
  }
}
</script>
```

在上述例子中，v-on 指令綁定了一個 plusOne() 方法。當然，綁定的方法名稱還可以進一步簡化，省略「()」，如下：

```
<button @click="plusOne">+</button>
```

22.1.3 處理原始的 DOM 事件

有時也需要在內聯語句處理器中存取原始的 DOM 事件。可以用特殊變數 $event 把原始的 DOM 事件傳入方法中，範例如下：

```
<template>
  <div>
    <p>計數：{{ counter }}</p>
    <button @click="plus(3, $event)">+count</button>
  </div>
```

```
</template>

<script lang="ts">
import { Vue } from "vue-class-component";

export default class App extends Vue {
  private counter: number = 0;

  // 定義一個遞增任意數的元件方法
  plus(count: number, event: Event) {
    this.counter += count;
    console.log("event:" + event.target);
  }
}
</script>
```

上述例子中定義了一個 plus 方法，該方法接收兩個參數：

- count：要遞增的數目。
- event：原始的 DOM 事件。

點擊「+count」按鈕，介面和主控台效果如圖 22-2 所示。

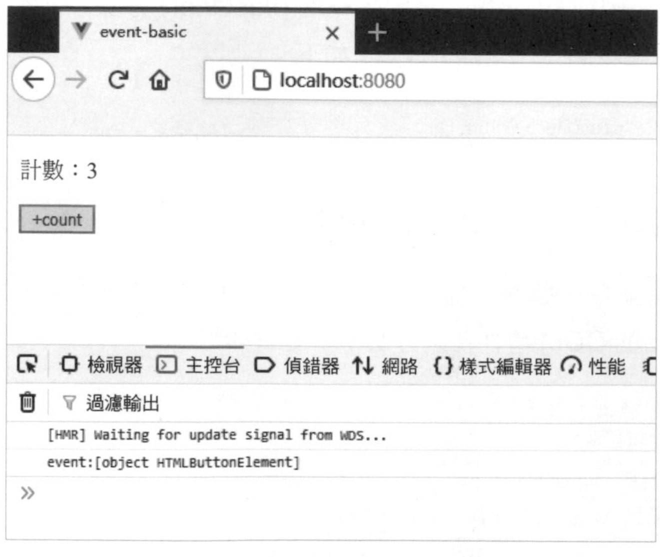

▲ 圖 22-2 介面和主控台效果

22.1.4 為什麼需要在 HTML 程式碼中監聽事件

你可能注意到這種事件監聽的方式違背了重點分離（Separation of Concerns，SoC）。但不必擔心，因為所有的 Vue.js 事件處理方法和運算式都嚴格綁定在當前視圖的 ViewModel 上，它不會導致任何維護上的困難。實際上，在 HTML 中監聽事件有以下幾個好處：

- 在 HTML 範本能輕鬆定位在 JavaScript 程式碼中對應的方法。
- 因為無須在 JavaScript 中手動綁定事件，所以 ViewModel 程式碼可以是非常純粹的邏輯，和 DOM 完全解耦，更易於測試。
- 當一個 ViewModel 被銷毀時，所有的事件處理器都會自動被刪除，而無須擔心如何清理它們。

22.2 實例 85：多事件處理器的例子

一個事件對應一個處理器是比較常見的模式，但 Vue 的事件還支持一個事件對應多個處理器。範例如下：

```
<template>
  <div>
    <p>計數：{{ counter }}</p>
    <button @click="plusOne(), plus(3, $event)">+count</button>
  </div>
</template>

<script lang="ts">
import { Vue } from "vue-class-component";

export default class App extends Vue {
  private counter: number = 0;

  // 定義一個遞增 1 的元件方法
  plusOne(): void {
    this.counter++;
```

```
    console.log("plusOne");
  }

  // 定義一個遞增任意數的元件方法
  plus(count: number, event: Event) {
    this.counter += count;
    console.log("event:" + event.target);
  }
}
</script>
```

上述 @click 同時綁定了 plusOne 和 plus 兩個事件處理器。多個事件處理器用英文逗點「,」隔開。那麼，當點擊按鈕時，plusOne 和 plus 都將被執行。

點擊「+count」按鈕，介面和主控台效果如圖 22-3 所示。

▲ 圖 22-3 介面和主控台效果

從主控台日誌可以看出，多個事件處理器的執行順序是和在 @click 中同時綁定的事件處理器的順序是一致的。

本節的範例原始程式碼可以在「event-muti」應用中找到。

22.3 事件修飾符號

在事件處理常式中呼叫 event.preventDefault() 或 event.stopPropagation() 是非常常見的需求。儘管可以在方法中輕鬆實現這點，但更好的方式是：方法只有純粹的資料邏輯，而非去處理 DOM 事件細節。

為了解決這個問題，Vue 為 v-on 提供了事件修飾符號。

22.3.1 什麼是事件修飾符號

修飾符號是由點開頭的指令尾碼來表示的。常見的事件修飾符號有：

- .stop。
- .prevent。
- .capture。
- .self。
- .once。
- .passive。

以下是事件修飾符號的使用範例：

```
<!-- 阻止點擊事件繼續傳播 -->
<a @click.stop="doThis"></a>

<!-- 提交事件不再重新載入頁面 -->
<form @submit.prevent="onSubmit"></form>

<!-- 修飾符號可以串聯 -->
<a @click.stop.prevent="doThat"></a>

<!-- 只有修飾符號，沒有處理器 -->
<form @submit.prevent></form>
```

```
<!-- 增加事件監聽器時使用事件捕捉模式 -->
<!-- 即內部元素觸發的事件先在此處理，然後才交由內部元素進行處理 -->
<div @click.capture="doThis">...</div>

<!-- 只當在 event.target 是當前元素自身時觸發處理函式 -->
<!-- 即事件不是從內部元素觸發的 -->
<div @click.self="doThat">...</div>

<!一點擊事件將只會觸發一次 -->
<a @click.once="doThis"></a>

<!-- 捲動事件的預設行為 (即捲動行為) 將立即觸發   -->
<!-- 而不會等待 'onScroll' 完成                    -->
<!-- 這其中包含 'event.preventDefault()' 的情況    -->
<div @scroll.passive="onScroll">...</div>
```

注意

使用修飾符號時，順序很重要，對應的程式碼會以同樣的順序產生。因此，用 v-on:click.prevent.self 會阻止所有的點擊，而 v-on:click.self.prevent 只會阻止對元素自身的點擊。

.once 修飾符號比較特殊，不像其他只能對原生的 DOM 事件起作用的修飾符號，.once 修飾符號還能被用到自訂的元件事件上。

.passive 修飾符號尤其能夠提升行動端的性能。需要注意的是，不要把 .passive 和 .prevent 一起使用，因為 .prevent 將被忽略，同時瀏覽器可能會向你展示一個警告。請記住，.passive 會告訴瀏覽器你不想阻止事件的預設行為。

22.3.2 理解按鍵修飾符號

在監聽鍵盤事件時，經常需要檢查詳細的按鍵。Vue 允許為鍵盤事件增加按鍵修飾符號。範例如下：

```
<!-- 只有在 'key' 是 'Enter' 時呼叫 'vm.submit()' -->
<input @keyup.enter="submit" />
```

可以直接將 KeyboardEvent.key 曝露的任意有效按鍵名轉為修飾符號。範例如下：

```
<input @keyup.page-down="onPageDown" />
```

在上述範例中，處理函式只會在 $event.key 等於 PageDown 時被呼叫。

其他常用的理解按鍵修飾符號還有：

- .enter。
- .tab。
- .delete。
- .esc。
- .space。
- .up。
- .down。
- .left。
- .right。

22.3.3 理解系統修飾鍵

系統修飾鍵是指僅在按下對應按鍵時才觸發滑鼠或鍵盤事件。系統修飾鍵包括：

- .ctrl。
- .alt。
- .shift。
- .meta。

使用範例如下：

```
<!-- Alt + Enter -->
<input @keyup.alt.enter="clear" />

<!-- Ctrl + Click -->
<div @click.ctrl="doSomething">Do something</div>
```

除上述系統修飾鍵外，還包括 .exact 修飾符號和滑鼠按鈕修飾符號。

1. .exact 修飾符號

.exact 修飾符號允許使用者控制由精確的系統修飾符號組合觸發的事件。

```
<!-- 即使 Ctrl 與 Alt 或 Shift 被一同按下時也會觸發 -->
<button @click.ctrl="onClick">A</button>

<!-- 有且只有 Ctrl 被按下的時候才觸發 -->
<button @click.ctrl.exact="onCtrlClick">A</button>

<!-- 沒有任何系統修飾符號被按下的時候才觸發 -->
<button @click.exact="onClick">A</button>
```

2. 滑鼠按鈕修飾符號

滑鼠按鈕修飾符號包括：

- .left。
- .right。
- .middle。

這些修飾符號會限制處理函式僅回應特定的滑鼠按鈕。

22.4 小結

本章詳細介紹了 Vue 事件的概念、事件使用的例子以及事件修飾符號。

22.5 練習題

1. 請簡述什麼是事件以及事件的作用。
2. 撰寫一個多事件處理器的例子。
3. 請簡述什麼是事件修飾符號。

第 23 章

Vue.js 表單

表單是網頁中最為普遍的功能，主要負責使用者輸入資料的擷取。

23.1 理解表單輸入綁定

Vue 支援用 v-model 指令在表單的 <input>、<textarea> 及 <select> 這些輸入元素上建立雙向資料綁定。它會根據控制項類型自動選取正確的方法來更新元素。儘管這看上去有點神奇，但 v-model 本質上不過是語法糖。v-model 的本質是監聽使用者的輸入事件並更新資料，以及對一些極端場景進行一些特殊處理。

v-model 會忽略所有表單元素的 value、checked、selected 等 attribute 的初值，而總是將當前活動實例的資料作為資料來源。開發人員應該透過 JavaScript 在元件的 data 選項中宣告初值。

v-model 在內部為不同的輸入元素使用不同的 property 並拋出不同的事件：

- 對於 text 和 textarea 元素，使用 value property 和 input 事件。
- 對於 checkbox 和 radio 元素，使用 checked property 和 change 事件。
- 對於 select 元素，將 value 作為 prop，並將 change 作為事件。

23.2 實例 86：表單輸入綁定的基礎用法

本節介紹表單輸入綁定的基礎用法，包括文字、多行文字、單選方塊、單選按鈕、選擇框等。

本節的範例原始程式碼可以在 form-input-binding 應用下找到。

23.2.1 文字

文字是表單輸入綁定的常見類型。以下是一個文字的例子：

```
<template>
  <div>
    <!-- 綁定文字 -->
    <input v-model="message" placeholder=" 編輯訊息 " />
    <p> 輸入的訊息是 : {{ message }}</p>
  </div>
</template>

<script lang="ts">
import { Vue } from "vue-class-component";

export default class App extends Vue {
  private message: string = "";
}
</script>
```

上述例子中，字串 message 就是要綁定的文字。當在 <input> 中輸入內容改變 message 時，內容將同步更新到下面的 <p> 的 {{ message }} 中。介面效果如圖 23-1 所示。

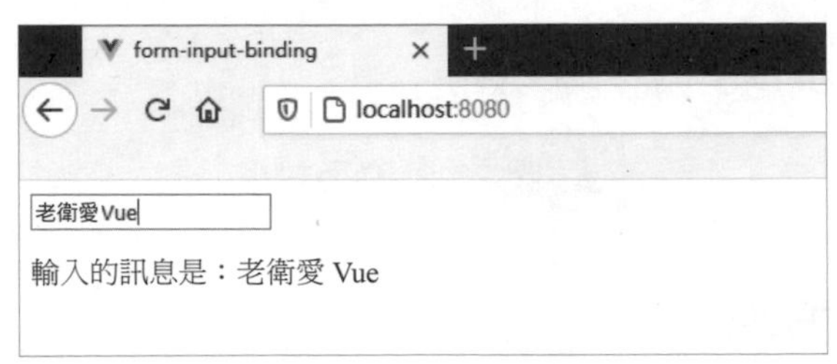

▲ 圖 23-1 介面效果

23.2.2 多行文字

以下是一個多行文字的例子：

```
<template>
  <div>
    <!-- 綁定多行文字 -->
    <textarea v-model="message" placeholder=" 編輯訊息 "></textarea>
    <p> 輸入的訊息是 : {{ message }}</p>
  </div>
</template>

<script lang="ts">
import { Vue } from "vue-class-component";

export default class App extends Vue {
  private message: string = "";
}
</script>
```

上述例子中，字串 message 就是我們要綁定的文字。當我們在 <textarea> 輸入內容改變 message 時，內容將同步更新到下面的 <p> 的 {{ message }} 中。介面效果如圖 23-2 所示。

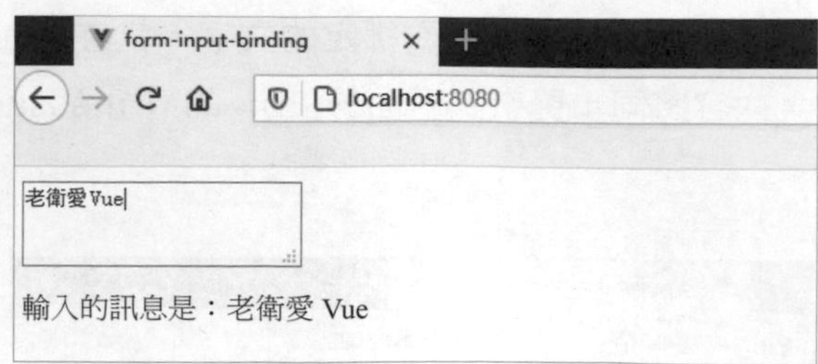

▲ 圖 23-2 介面效果

23.2.3 核取方塊

以下是一個單一單選方塊的例子：

```
<template>
  <div>
    <!-- 單一單選方塊，綁定到布林值 -->
    <input type="checkbox" id="checkbox" v-model="checked" />
    <label for="checkbox">是否選中：{{ checked }}</label>
  </div>
</template>

<script lang="ts">
import { Vue } from "vue-class-component";

export default class App extends Vue {
  private checked: boolean = true;
}
</script>
```

上述例子中，字串 checked 就是我們要綁定的布林值。當我們在 checkbox 上進行選取或取消選取時，checked 的值將同步更新到下面的 <label> 的 {{ checked }} 中。介面效果如圖 23-3 和圖 23-4 所示。

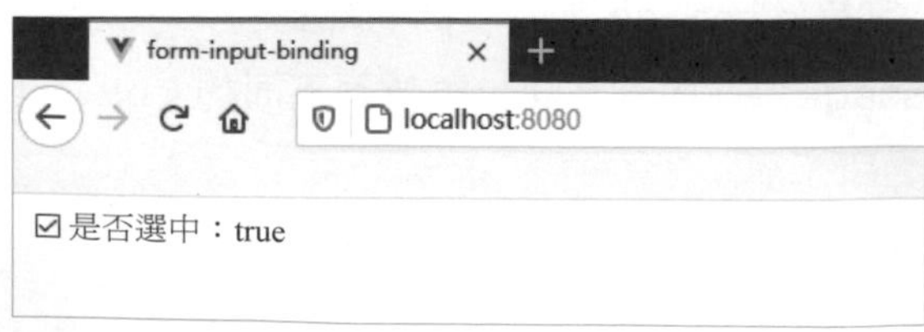

▲ 圖 23-3 選取的效果

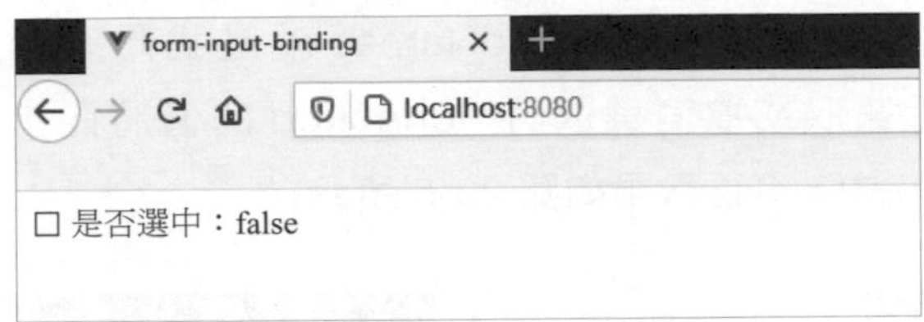

▲ 圖 23-4 取消選取的效果

當然，也支援多個單選方塊綁定到同一個陣列。範例如下：

```
<template>
  <div>
    <!-- 多個單選方塊，綁定到同一個陣列 -->
    <div>
      <input type="checkbox" id="baozi" value=" 包子 " v-model="checkedNames" />
      <label for="baozi"> 包子 </label>
      <input type="checkbox" id="cake" value=" 蛋糕 " v-model="checkedNames" />
      <label for="cake"> 蛋糕 </label>
      <input
        type="checkbox"
        id="tangyuan"
        value=" 湯圓 "
        v-model="checkedNames"
      />
      <label for="tangyuan"> 湯圓 </label>
      <br />
      <span> 點菜：{{ checkedNames }}</span>
    </div>
  </div>
</template>

<script lang="ts">
import { Vue } from "vue-class-component";

export default class App extends Vue {
  private checkedNames: string[] = [];
}
</script>
```

上述例子中，字串陣列 checkedNames 就是我們要綁定的。當我們在 checkbox 上進行選取或取消選取時，checked 的值將同步更新到下面的 {{ checkedNames }} 中。介面效果如圖 23-5 所示。

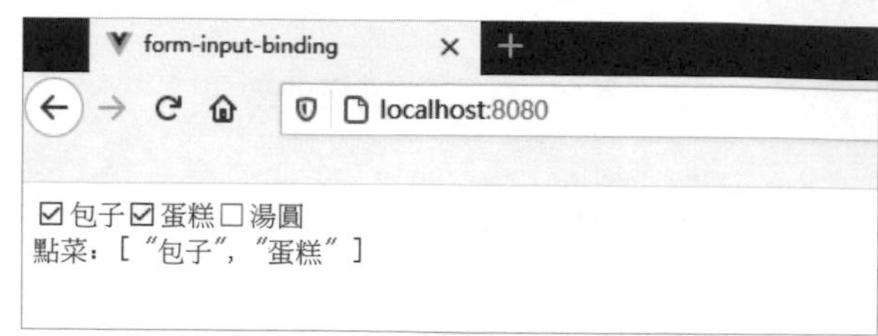

▲ 圖 23-5 選取的效果

23.2.4 單選按鈕

以下是一個單選按鈕的例子：

```
<template>
  <div>
    <!-- 單選按鈕，綁定到同一個值 -->
    <div>
      <input type="radio" id="good" value=" 紅星高照 " v-model="picked" />
      <label for="good"> 紅星高照 </label>
      <br />
      <input type="radio" id="bad" value=" 霉運臨頭 " v-model="picked" />
      <label for="bad"> 霉運臨頭 </label>
      <br />
      <span> 預測今日運勢 : {{ picked }}</span>
    </div>
  </div>
</template>

<script lang="ts">
import { Vue } from "vue-class-component";

export default class App extends Vue {
  private picked: string = "";
}
</script>
```

上述例子中，字串 picked 就是我們要綁定的值。當我們在 radio 上進行選擇時，picked 的值將同步更新到下面的 {{ picked }} 中。介面效果如圖 23-6 所示。

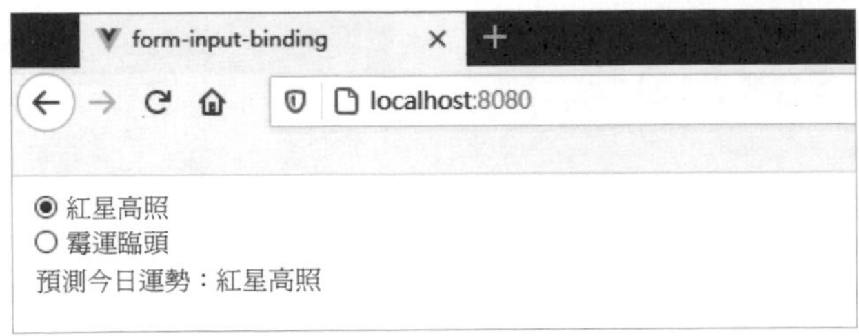

▲ 圖 23-6 介面效果

23.2.5 選擇框

以下是一個選擇框的例子：

```
<template>
  <div>
    <!-- 選擇框，綁定到同一個值 -->
    <div>
      <select v-model="selected">
        <option disabled value="">選擇一個套餐</option>
        <option>A</option>
        <option>B</option>
        <option>C</option>
      </select>
      <span>選擇的套餐是：{{ selected }}</span>
    </div>
  </div>
</template>

<script lang="ts">
import { Vue } from "vue-class-component";

export default class App extends Vue {
  private selected: string = "";
}
</script>
```

上述例子中，字串 selected 就是我們要綁定的值。當我們在 select 上進行選擇時，selected 的值將同步更新到下面的 {{ selected }} 中。介面效果如圖 23-7 所示。

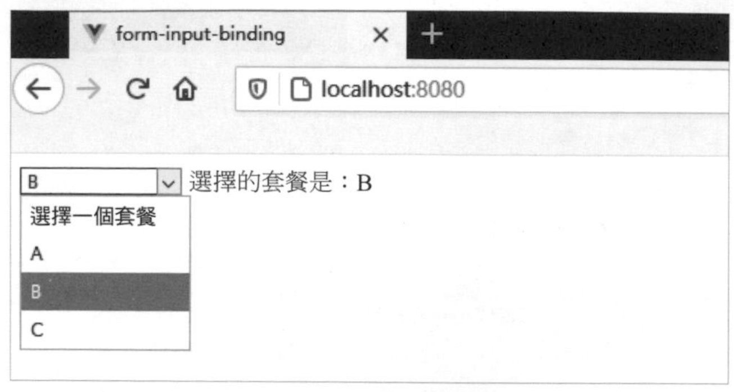

▲ 圖 23-7 介面效果

23.3 實例 87：值綁定

在前一節我們了解到，對於選項按鈕、單選方塊及選擇框的選項，v-model 綁定的值通常是靜態字串（對於單選方塊也可以是布林值）。但是有時我們可能想把值綁定到當前活動實例的動態 property 上，這時可以用 v-bind 實現。此外，使用 v-bind 可以將輸入值綁定到非字串。

本節的範例原始程式碼可以在 form-input-binding-value-binding 應用下找到。

23.3.1 核取方塊

以下是一個單選方塊的例子：

```
<template>
  <!-- 單一單選方塊，綁定到動態 property 上 -->
  <div>
    <input
      type="checkbox"
```

```
      id="checkbox"
      v-model="toggle"
      true-value="yes"
      false-value="no"
    />
    <label for="checkbox">是否選中：{{ toggle }}</label>
  </div>
</template>

<script lang="ts">
import { Vue } from "vue-class-component";

export default class App extends Vue {
  private toggle: string = "yes";
}
</script>
```

上述例子中，字串 toggle 就是我們要綁定的文字，同時綁定 true 值到 yes，綁定 false 值到 no。當 toggle 的值為 yes 時，介面效果如圖 23-8 所示。

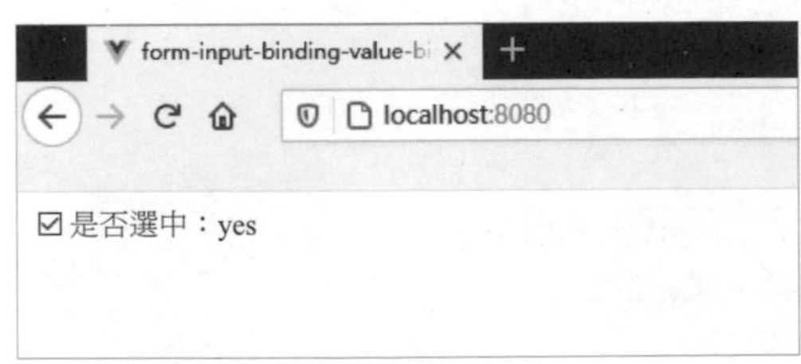

▲ 圖 23-8 介面效果

23.3.2 單選按鈕

以下是一個單選按鈕的例子：

```
<template>
  <!-- 單選按鈕，綁定到動態 property 上 -->
  <div>
    <label v-for="book in books" :key="book">
      <input type="radio" v-model="picked" v-bind:value="book" />
      {{ book }}
```

```
      <br />
    </label>

    <br />
    <span>選中：{{ picked }}</span>
  </div>
</template>

<script lang="ts">
import { Vue } from "vue-class-component";

export default class App extends Vue {
  private picked: string = "";

  private books: string[] = [
    "分散式系統常用技術及案例分析",
    "Spring Boot 企業級應用程式開發實戰",
    "Spring Cloud 微服務架構開發實戰",
    "Spring 5 開發大全",
    "分散式系統常用技術及案例分析（第 2 版）",
    "Cloud Native 分散式架構原理與實踐",
    "Angular 企業級應用程式開發實戰",
    "大型網際網路應用輕量級架構實戰",
    "Java 核心程式設計",
    "MongoDB + Express + Angular + Node.js 全端開發實戰派",
    "Node.js 企業級應用程式開發實戰",
    "Netty 原理解析與開發實戰",
    "分散式系統開發實戰",
    "輕量級 Java EE 企業應用程式開發實戰",
  ];
}
</script>
```

上述例子中，透過 v-bind 綁定 value，而 value 是一個可變的資料 book，book 是透過 v-for 遍歷生成的。v-bind:value 也可以簡化為 :value。介面效果如圖 23-9 所示。

▲ 圖 23-9 介面效果

23.3.3 選擇框

以下是一個選擇框的例子：

```
<template>
  <!-- 選擇框，綁定到動態 property 上 -->
  <div>
    <select v-model="selected">
      <option disabled value=""> 選擇一本書 </option>
      <option v-for="book in bookList" :key="book.id" v-bind:value="book.id">
        {{ book.label }}
      </option>
    </select>
    <span> 選擇的套餐是：{{ selected }}</span>
  </div>
</template>

<script lang="ts">
import { Vue } from "vue-class-component";
```

```
export default class App extends Vue {
  private selected: string = "";
  private bookList: any[] = [
    {
      id: 1,
      label: "Spring Boot 企業級應用程式開發實戰",
    },
    {
      id: 2,
      label: "Spring Cloud 微服務架構開發實戰",
    },
    {
      id: 3,
      label: "Spring 5 開發大全",
    },
    {
      id: 4,
      label: "Netty 原理解析與開發實戰",
    },
  ];
}
</script>
```

上述例子中，字串 selected 就是我們要綁定的值，將其透過 v-bind:value 綁定到動態 property 上。本例的動態 property 是指 book.id。當我們在 <select> 上進行選擇時，selected 的值將同步更新到下面的 {{ selected }} 中。介面效果如圖 23-10 所示。

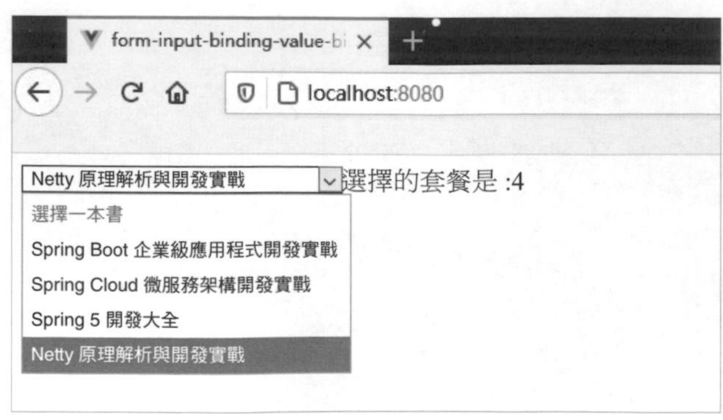

▲ 圖 23-10 介面效果

23.4 小結

本章詳細介紹了 Vue.js 表單的用法，包括表單輸入綁定和值綁定。

23.5 練習題

1. 請簡述什麼是表單的輸入綁定。

2. 請撰寫一個表單輸入綁定的例子。

3. 請撰寫一個表單值綁定的例子。

第 24 章

Vue.js HTTP 用戶端

本章介紹如何在 Vue 中使用 HTTP 用戶端來存取 HTTP 資源。

24.1 初識 HttpClient

大多數前端應用都具有透過 HTTP 協定與後端伺服器或網路資源的通訊機制。現代瀏覽器原生提供了 XMLHttpRequest 介面和 Fetch API 以實現上述功能。

> **注意**
> 有關的 Fetch API 詳細內容，可以參見 https://developer.mozilla.org/zh-CN/docs/Web/API/Fetch_API。

在 Vue.js 中，支援使用 axios 來為 Vue 應用程式提供 HTTP 用戶端功能。axios 包含以下特性：

- 處理從瀏覽器發出的 XMLHttpRequest 請求。
- 處理從 Node.js 發出的 HTTP 請求。
- 支持 Promise API。
- 能夠攔截請求和回應。
- 能夠轉換請求和回應資料。
- 支持取消請求。
- 支援 JSON 資料的自動轉換。
- 用戶端支持防止 XSRF。

要在 Vue 中使用 axios，需要引入 vue-axios 框架。安裝 vue-axios 框架非常簡單，只需要在應用中執行以下命令即可：

```
npm install --save axios vue-axios
```

24.2 認識網路資源

為了演示如何透過 HttpClient 來獲取網路資源，筆者在網際網路上找到了一個簡單的 API。該資源的位址為 https://waylau.com/data/people.json。當存取該資源時，可以傳回以下的 JSON 格式資料：

```
[{"name": "Michael"},
{"name": "Andy Huang","age": 25,"homePage": "https://waylau.com/books"},
{"name": "Justin","age": 19},
{"name": "Way Lau","age": 35,"homePage": "https://waylau.com"}]
```

其中：

- name 代表使用者的姓名。

- age 指使用者的年齡。
- homePage 代表使用者的首頁。

24.3 實例 88：獲取 API 資料

本節演示如何透過 vue-axios 來獲取 API 資料。

本節的範例原始程式碼可以在 vue-axios-demo 應用下找到。

24.3.1 引入 vue-axios

為了引入 vue-axios 框架，在應用根目錄下執行以下命令：

```
npm install --save axios vue-axios
```

24.3.2 獲取 API 資料

修改 App.vue 檔案如下：

```
<script lang="ts">
import { Vue } from "vue-class-component";
import axios from "axios";

export default class App extends Vue {
  // 人員資訊列表
  private peopleArray: any[] = [];

  // API 位址
  private apiUrl:string = "https://waylau.com/data/people.json";

  // 初始化時就要獲取資料
  mounted() {
    this.getData();
  }
```

```
  getData() {
    axios
      .get(this.apiUrl)
      .then((response) => (this.peopleArray = response.data));
  }

}
</script>
```

在上述修改中：

- peopleArray 變數定義了人員資訊清單。
- 在類別檔案中初始化，會執行 mounted() 生命週期，同時會呼叫 getData() 方法。
- getData() 方法會透過 axios 存取 apiUrl 的位址，從而獲取從位址傳回的 JSON 資料。

修改 App.vue 檔案中的範本資訊如下：

```
<template>
  <div>
    <!-- 使用 v-for 遍歷陣列 -->
    <h1>人員集合：</h1>
    <ul>
      <li v-for="people in peopleArray" :key="people">
        {{ people.name }} {{ people.age }} {{ people.homePage }}
      </li>
    </ul>

  </div>
</template>
```

上述範本資訊比較簡單，只是將 peopleArray 中的資料都遍歷顯示出來。

24.3.3 執行應用

執行應用後，可以看到應用效果如圖 24-1 所示。

▲ 圖 24-1 頁面效果

24.4 小結

本章介紹了如何透過 vue-axios 來存取 HTTP API 的過程。

24.5 練習題

撰寫一個範例，透過 vue-axios 來存取一個指定的 HTTP API。

第 25 章

實戰：基於 Vue.js 和 Node.js 的網際網路應用

從本章開始，將演示如何基於 Vue.js 和 Node.js 架構從零開始實現一個真實的網際網路應用──「新聞頭條」。

該應用是一款類新聞頭條的新聞資訊類應用，整個應用分為用戶端 news-ui 和服務端 news-server 兩部分。

25.1 應用概述

本章開發的是一款新聞資訊類手機應用，所實現的功能與市面上的新聞頭條等類似，主要供使用者閱讀即時的新聞資訊。

「新聞頭條」採用當前網際網路應用流行的前後台分離技術，所採用的技術都來自 Vue.js+Node.js 全端開發架構。

「新聞頭條」分為前臺用戶端應用 news-ui 和後台伺服器應用 news-server。news-ui 主要採用以 Vue.js、Naive UI、md-editor-v3 為主要技術的前端框架，news-server 採用 Express、Node.js、basic-auth 等技術。

news-ui 部署在 Nginx 中，實現負載平衡。news-server 部署在 Node.js 中。前後台應用透過 REST API 進行通訊。應用資料儲存在 MongoDB 中。整體架構如圖 25-1 所示。

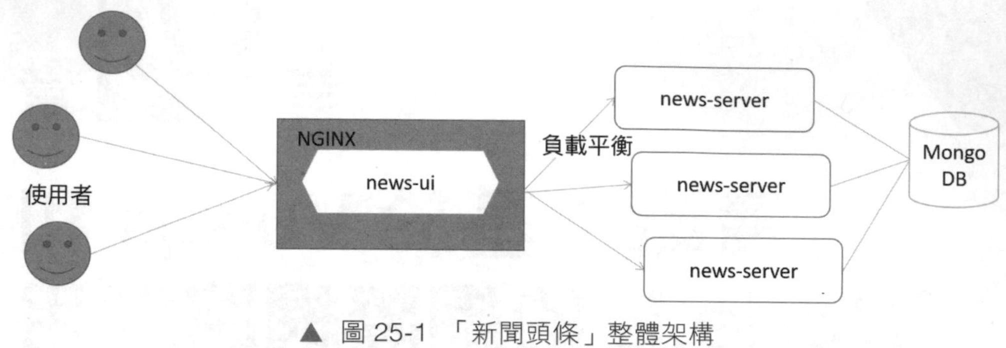

▲ 圖 25-1 「新聞頭條」整體架構

25.1.1「新聞頭條」的核心功能

「新聞頭條」主要包含的功能有登入驗證、新聞管理、新聞清單的展示、新聞詳情的展示等。

- 登入驗證：普通使用者存取應用無須驗證，後台管理員透過登入驗證存取後台管理操作。
- 新聞管理：可以實現新聞的發佈，該操作需要使用者驗證才能執行。
- 新聞清單的展示：在應用的首頁展示新聞的標題列表。
- 新聞詳情的展示：當使用者點擊新聞的清單項後，可跳躍到新聞詳情頁面以展示新聞的詳情。

25.1.2 初始化資料庫

應用資料儲存在 MongoDB 中，因此首先需要建立一個名為 nodejsBook 的資料庫。可以透過下面的命令來建立並使用這個資料庫：

```
> use nodejsBook
switched to db nodejsBook
```

在本應用中主要涉及兩個檔案：user 和 news。其中 user 檔案用於儲存使用者資訊，而 news 檔案用於儲存新聞詳情。

25.2 模型設計

使用者和新聞的資料模型設計完成之後，就可以進行使用者模型和新聞模型的設計了。本書推薦採用 POJO 的程式設計模式針對使用者資料表和新聞資料表分別建立使用者模型和新聞模型。

25.2.1 使用者模型設計

使用者模型用 User 類別表示。程式碼如下：

```
export class User {

    constructor(
        public userId: number,
        public username: string, // 帳號
        public password: string,  // 密碼
        public email: string // 電子郵件
    ) { }
}
```

25.2.2 新聞模型設計

新聞模型用 News 類別表示。程式碼如下：

```
export class News {

    constructor(
        public newsId: number,
        public title: string,    // 標題
        public content: string,  // 內容
        public creation: Date    // 日期
    ) { }
}
```

25.3 介面設計

介面設計主要涉及兩方面：內部介面設計和外部介面設計。其中，內部介面設計又可以細分為服務介面和 DAO 介面，外部介面設計主要是指提供給外部應用存取的 REST 介面。

下面主要針對外部應用存取的 REST 介面進行定義。

- GET /admins/hi：用於驗證使用者是否登入驗證透過，如果沒有透過，則彈出登入框。
- POST /admins/news：用於建立新聞。
- GET /news：用於獲取新聞清單。
- GET /news/:newsId：用於獲取指定 newsId 的新聞詳情。

25.4 許可權管理

為力求簡潔，本書中的範例採用的是基本驗證的方式。

瀏覽器對基本驗證提供了必要的支援：

- 當使用者發送登入請求後，如果後台服務對使用者資訊驗證失敗，則會回應 401 狀態碼給用戶端（瀏覽器），則瀏覽器會自動彈出登入框，要求使用者再次輸入帳號和密碼。
- 如果驗證透過，則登入框會自動消失，使用者可以進行進一步的操作。

25.5 小結

本章主要介紹基於 Vue.js 和 Node.js 架構的網際網路應用「新聞頭條」的整體架構設計，主要涉及應用架構設計、模型設計、介面設計、許可權管理等內容。

25.6 練習題

請簡述一個完整的網際網路應用應該如何設計，包含哪些內容。

第 26 章 實戰：前端 UI 用戶端應用

news-ui 是前端 UI 用戶端應用，主要使用 Vue.js、Naive UI、md-editor-v3 等技術框架實現。

本章詳細介紹 news-ui 的實現過程。

26.1 前端 UI 設計

news-ui 是一個匯聚熱點新聞的 Web 應用。該應用採用 Vue.js、Naive UI、md-editor-v3 等作為主要實現技術，透過呼叫 news-server 所提供的 REST 介面服務來將新聞資料在應用中展示出來。

news-ui 應用主要面向的是手機使用者，即螢幕應能在寬螢幕、窄螢幕之間實現響應式縮放。

news-ui 大致分為首頁、新聞詳情頁兩大部分。其中，首頁用於展示新聞的標題列表。透過點擊首頁的列表中的標題能夠重新導向到該新聞的詳情頁面。

26.1.1 首頁 UI 設計

首頁包括新聞清單部分，效果如圖 26-1 所示。

在首頁應能展示新聞清單。新聞清單主要由新聞標題組成。

這張冬奧大合影彌足珍貴

人類應該和衷共濟和合共生

中國隊 3 朵金花攜手晉級決賽

騙子也來蹭冰墩墩的熱度了

獵豹攝影機跑得比運動員還快

勞斯萊斯歡慶女神迎來重新設計

Androidid 開始全面轉向 64 位元運算

輝達 GPU 採用 5nm 製程

▲ 圖 26-1 首頁介面

26.1.2 新聞詳情頁 UI 設計

當在首頁點擊新聞清單專案時，應該能進入新聞詳情頁。新聞詳情頁主要用於展示新聞的詳細內容，其效果如圖 26-2 所示。

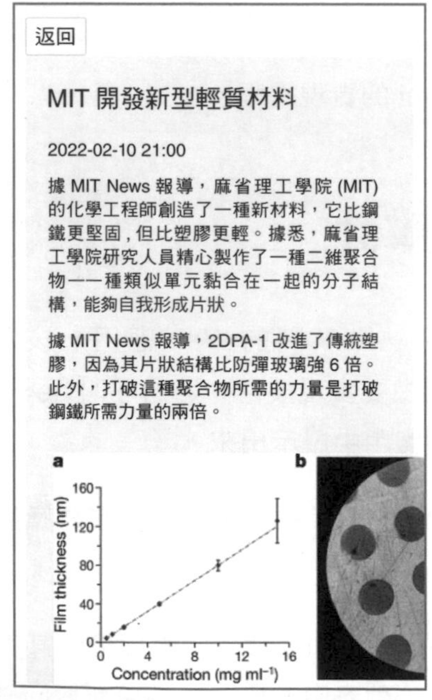

▲ 圖 26-2 新聞詳情頁介面

新聞詳情頁包含傳回按鈕、新聞標題、新聞發佈時間、新聞正文等方面的內容。其中，點擊傳回按鈕可以傳回首頁（前一次存取記錄）。

26.2 實作 UI 原型

本節介紹如何從零開始初始化前臺用戶端應用的 UI 原型。

26.2.1 初始化 news-ui

透過 Vue CLI 工具可以快速初始化 Vue 應用的骨架。執行：

```
vue create news-ui
```

執行「npm run serve」啟動該應用，可以在瀏覽器 http://localhost:8080/ 存取該應用。效果如圖 26-3 所示。

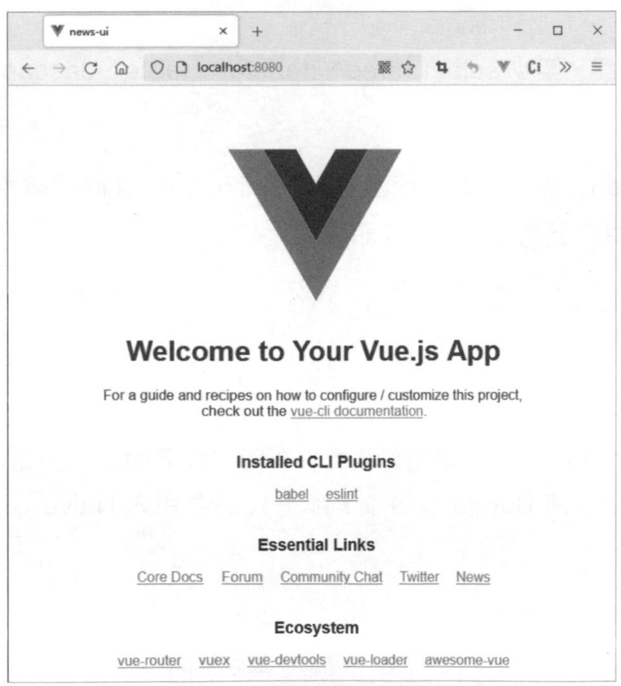

▲ 圖 26-3 執行介面

26.2.2 增加 Naive UI

為了提升使用者體驗，需要在應用中引入一款成熟的 UI 元件。目前，市面上有非常多的 UI 元件可供選擇，比如 Ant Design Vue、Vuetify、iView、Naive UI 等。這些 UI 元件各有優勢。本例採用 Naive UI，主要考慮到該 UI 元件是天然支持 Vue 3 的，且說明檔案、社區資源非常豐富，對於開發者而言非常友善。

Naive UI 具備以下特性：

- 比較完整。有超過 70 個元件，希望能幫使用者少寫點程式碼。它們全都可以 Tree Shaking（搖樹最佳化）。
- 主題可調。提供了一個使用 TypeScript 建構的先進的類型安全主題系統。只需要提供一個樣式覆蓋的物件，剩下的都交給 Naive UI 即可。
- 使用 TypeScript。Naive UI 全量使用 TypeScript 撰寫，和使用者的 TypeScript 專案無縫銜接。順便一提，不需要匯入任何 CSS 就能讓元件正常執行。
- 不算太慢。至少 select、tree、transfer、table、cascader 都可以用虛擬列表。

使用 Naïve UI 需要安裝兩個函式庫：naive-ui 元件函式庫和字型函式庫。在 Vue 應用根目錄下執行以下命令即可：

```
npm i -D naive-ui

npm i -D vfonts
```

使用 Naive UI 時，可以隨選匯入元件模組。以 Button（按鈕）控制項為例，如果要在應用中使用 Button 控制項，那麼只需要引入 Naive UI 的 NButton 元件即可。

以下是在 App 元件中使用 NButton 元件的範例：

```
<template>
    <n-button>Default</n-button>
```

```
    <n-button type="primary">Primary</n-button>
    <n-button type="info">Info</n-button>
    <n-button type="success">Success</n-button>
    <n-button type="warning">Warning</n-button>
    <n-button type="error">Error</n-button>
</template>

<script lang="ts">
import { Options, Vue } from 'vue-class-component';
import { NButton } from 'naive-ui'

@Options({
  components: {
    NButton,
  },
})
export default class App extends Vue {}
</script>
```

最終介面效果如圖 26-4 所示。

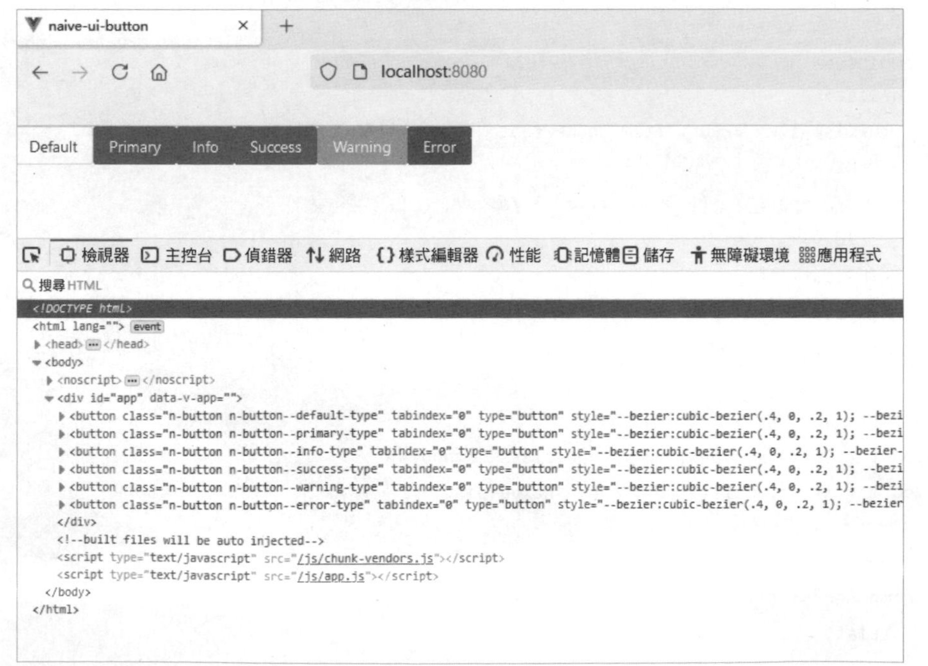

▲ 圖 26-4 執行介面

26.2.3 建立元件

將首頁元件拆分為首頁（新聞清單）、新聞詳情兩部分，然後在應用裡面建立與之對應的兩個元件。需要建立的兩個元件為 NewsList 和 NewsDetail，如圖 26-5 所示。

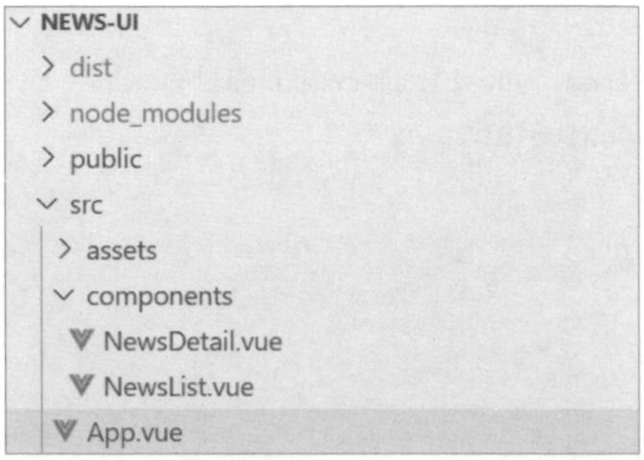

```
∨ NEWS-UI
  > dist
  > node_modules
  > public
  ∨ src
    > assets
    ∨ components
      NewsDetail.vue
      NewsList.vue
    App.vue
```

▲ 圖 26-5 建立元件

26.2.4 實現新聞清單原型設計

為了實現新聞清單，修改 NewsList.vue 程式碼如下：

```
<template>
  <n-list>
    <n-list-item v-for="item in newsData" :key="item.title">
      <div>
        <a href="/">{{ item.title }}</a>
      </div>
    </n-list-item>
  </n-list>
</template>

<script lang="ts">
import { Options, Vue } from "vue-class-component";
import { NList, NListItem } from "naive-ui";

@Options({
  components: {
    NList,
```

```
    NListItem,
  },
})
export default class NewsList extends Vue {
  private newsData: any[] = [
    { id: "1", title: " 這張冬奧大合影彌足珍貴 " },
    { id: "2", title: " 人類應該和衷共濟和合共生 " },
    { id: "3", title: " 中國隊 3 朵金花攜手晉級決賽 " },
    { id: "4", title: " 騙子也來蹭冰墩墩的熱度了 " },
    { id: "5", title: " 獵豹攝影機跑得比運動員還快 " },
    { id: "6", title: " 勞斯萊斯歡慶女神迎來重新設計 " },
    { id: "7", title: "Android 開始全面轉向 64 位元運算 " },
    { id: "8", title: " 輝達 GPU 採用 5nm 製程 " }
  ];
}
</script>
```

其中，newsData 是靜態資料，用於展示新聞清單的原型。

同時，為了讓整體的版面設定更加合理，設定 App.vue 的樣式：

```
<style>
a {
  text-decoration: none;
}

#app {
  margin: 10px;
}
</style>
```

執行應用，可以看到如圖 26-6 所示的執行效果。

▲ 圖 26-6 執行介面

為了更加真實地反映行動端存取應用的效果，可以透過瀏覽器模擬行動端介面的效果。

Firefox、Chrome 等瀏覽器均支援模擬行動端介面的效果。以 Firefox 瀏覽器為例，透過「開啟」選單→「更多工具」→「響應式設計模式」來展示行動端介面的效果，步驟如圖 26-7 所示。

▲ 圖 26-7 設定

在模擬行動端存取應用的效果如圖 26-8 所示。

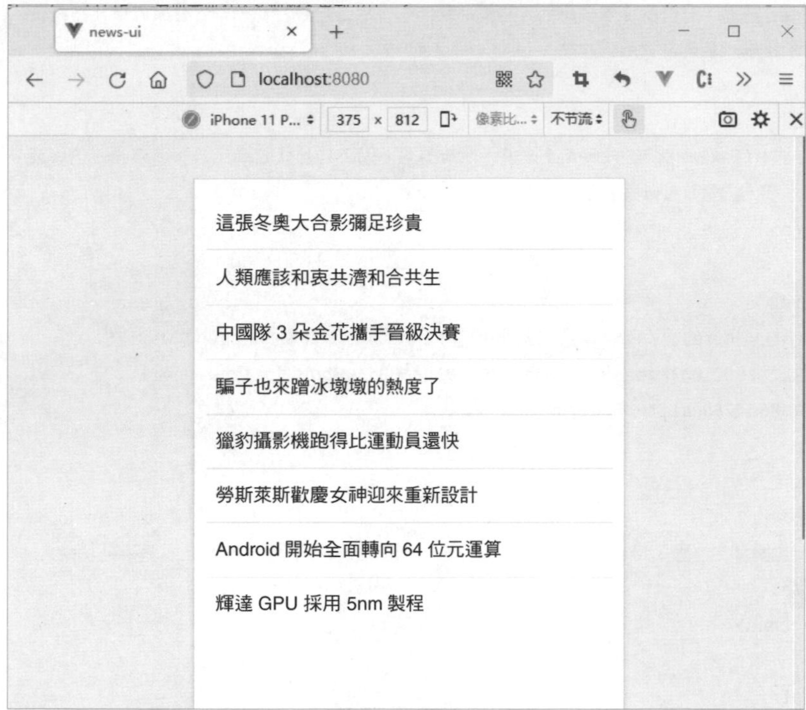

▲ 圖 26-8 執行介面

26.2.5 實現新聞詳情頁原型設計

接下來實現新聞詳情頁原型設計。

新聞詳情頁用於展示新聞的詳細內容。相比於首頁的新聞清單的新聞專案而言，新聞詳情頁還多了新聞發佈時間、新聞內容等。

修改 NewsDetail.vue 程式碼如下：

```
<template>
  <div class="news-detail">
    <n-button> 傳回 </n-button>
    <n-card title="MIT 開發新型輕質材料 " embedded :bordered="false">
      <p>2022-02-10 21:00</p>
```

```
        <p>
          據 MIT News 報導，麻省理工學院（MIT）的化學工程師創造了一種新材料，它比鋼鐵更堅固，但
比塑膠更輕。據悉，麻省理工學院研究人員精心製作了一種二維聚合物——一種類似單元黏合在
一起的分子結構，能夠自我形成片狀。
        </p>
        <p>
          據 MIT News 報導，2DPA-1 改進了傳統塑膠，因為其片狀結構比防彈玻璃強 6 倍。此外，打破這
種聚合物所需的力量是打破鋼鐵所需力量的兩倍。
        </p>

        <img
          src="https://nimg.ws.126.net/?url=http%3A%2F%2Fdingyue.ws.126.
net%2F2022%2F0210%2Fdbe58ee5j00r72dov001uc000j100bug.jpg&thumbnail=
650x2147483647&quality=80&type=jpg"
        />

        <p>
          比鋼鐵更堅固，但比塑膠更輕。總而言之，未來的電子裝置可能因此而變得更加強大。
        </p>
      </n-card>
    </div>
</template>

<script lang="ts">
import { Options, Vue } from "vue-class-component";
import { NButton, NCard } from "naive-ui";

@Options({
  components: {
    NButton,
    NCard,
  },
})
export default class NewsDetail extends Vue {}
</script>
```

在上述程式碼中，分別使用了 NButton、NCard 兩個元件。其中，NButton 用作傳回按鈕，而 NCard 用於展示新聞詳情內容。

最終，新聞詳情介面原型效果如圖 26-9 所示。

▲ 圖 26-9 執行介面

26.3 實作路由器

我們需要在首頁和新聞詳情頁兩個介面之間來回切換，此時就需要設定路由器。

26.3.1 理解路由的概念

我們知道，在 Web 網頁中，是透過超連結來實現網頁之間的跳躍的。預設情況下，連結是一段具有底線的藍色文字，在視覺上與周圍的文字明顯不同。用手指觸擊或用滑鼠點擊一個連結會啟動連結；如果使用鍵盤，那麼按 Tab 鍵直到連結處於焦點，再按 Enter 鍵或空白鍵來啟動連結。

路由其實就是用來組織使用者網站的連結的。比如，當點擊頁面上的 home 按鈕時，頁面中就要顯示 home 的內容，如果點擊頁面上的 about 按鈕，頁面中就要顯示 about 的內容。home 按鈕指向了 home 內容，而 about 按鈕指向了 about 內容。路由幫忙建立起來了一種映射，即點擊部分映射到點擊之後要顯示內容的部分。

點擊之後，怎麼做到正確的對應，比如點擊 home 按鈕，頁面中怎麼就能正好顯示 home 的內容，這就要進行路由的設定。

26.3.2 使用路由外掛程式

要在 Vue 應用中使用路由功能，推薦安裝路由外掛程式 vue-router 函式庫（https://github.com/vuejs/vue-router-next），這是一個由 Vue 官方維護的路由外掛程式，針對 Vue 3 有著一流的支援和相容性。

要建立路由，在專案的根目錄下執行以下命令即可：

```
npm install vue-router@4
```

上述命令用於將 vue-router 安裝到應用中。

26.3.3 建立路由

建立一個路由檔案 router.ts，程式碼如下：

```
import { createRouter, createWebHashHistory } from "vue-router";

import NewsList from "./components/NewsList.vue";

const routes: Array<any> = [
    {
        path: "/",
        name: "NewsList",
        component: NewsList,
    },
    {
        path: "/news/:id",
```

```
        name: "NewsDetail",
        // 當存取路由時，它是延遲載入的
        component: () =>
            import("./components/NewsDetail.vue"),
    },

];

const router = createRouter({
    history: createWebHashHistory(), // Hash 模式
    routes,
});

export default router;
```

上述程式碼設定了路由規則：

- 當存取 / 路徑時，則會回應 NewsList 元件的內容。
- 當存取 /news 路徑時，則會回應 NewsDetail 元件的內容。
- createRouter 方法用於實實體化一個 router，其中參數 history 指定為 Hash 模式。

透過設定該路由，方便實現首頁和新聞詳情之間的切換。

26.3.4 如何使用路由

要使用上述定義的 router.ts 路由規則，需要在應用中修改兩個地方。

1. 修改 main.ts 檔案

修改如下：

```
import { createApp } from 'vue'
import App from './App.vue'
import router from "./router";

// 使用路由 router
createApp(App).use(router).mount('#app')
```

上述修改是將 router.ts 以外掛程式方式引入應用中。

2. 修改 App.vue

修改內容如下：

```
<template>
  <div id="content">
    <router-view />
  </div>
</template>

<script lang="ts">
import { Vue } from "vue-class-component";

export default class App extends Vue {}
</script>

<style>
a {
  text-decoration: none;
}

#app {
  margin: 10px;
}
</style>
```

上述程式碼中，router-view 用於放置路由映射所對應的頁面。

26.3.5 修改新聞清單元件

新聞清單元件程式碼修改如下：

```
<template>
  <n-list>
    <n-list-item v-for="item in newsData" :key="item.title">
      <div>
        <router-link :to="'/news/' + item.id">{{ item.title }}</router-link>
```

```
      </div>
    </n-list-item>
  </n-list>
</template>

<script lang="ts">
import { Options, Vue } from "vue-class-component";
import { NList, NListItem } from "naive-ui";

@Options({
  components: {
    NList,
    NListItem,
  },
})
export default class NewsList extends Vue {
  private newsData: any[] = [
    { id: "1", title: "這張冬奧大合影彌足珍貴" },
    { id: "2", title: "人類應該和衷共濟和合共生" },
    { id: "3", title: "中國隊 3 朵金花攜手晉級決賽" },
    { id: "4", title: "騙子也來蹭冰墩墩的熱度了" },
    { id: "5", title: "獵豹攝影機跑得比運動員還快" },
    { id: "6", title: "勞斯萊斯歡慶女神迎來重新設計" },
    { id: "7", title: "Android 開始全面轉向 64 位元運算" },
    { id: "8", title: "輝達 GPU 採用 5nm 製程" }
  ];
}
</script>
```

其中：

- <router-link> 預設繪製為一個 <a> 標籤。
- <router-link> 的 to 代表了對應的一條路由。

26.3.6 新聞詳情元件增加傳回按鈕事件處理

修改新聞詳情元件，在傳回按鈕上增加事件處理，用於傳回上一次的瀏覽介面（一般就是新聞清單介面）。程式碼如下：

```
<n-button @click="goback()"> 傳回 </n-button>
...
```

上述程式碼 @click 是將按鈕的點擊事件綁定到指定的 goback() 方法上。goback() 方法的程式碼如下：

```
goback(): void {
  // 瀏覽器回退瀏覽記錄
  this.$router.go(-1);
}
```

上述方法中，$router.go 方法用於回退頁面。

26.3.7 執行應用

執行應用，點擊新聞清單和傳回按鈕，就能實現首頁和新聞詳情頁之間的切換。以下是在 Firefox 瀏覽器中，以「響應式設計模式」執行的效果，如圖 26-10 和圖 26-11 所示。

▲ 圖 26-10 新聞清單執行介面

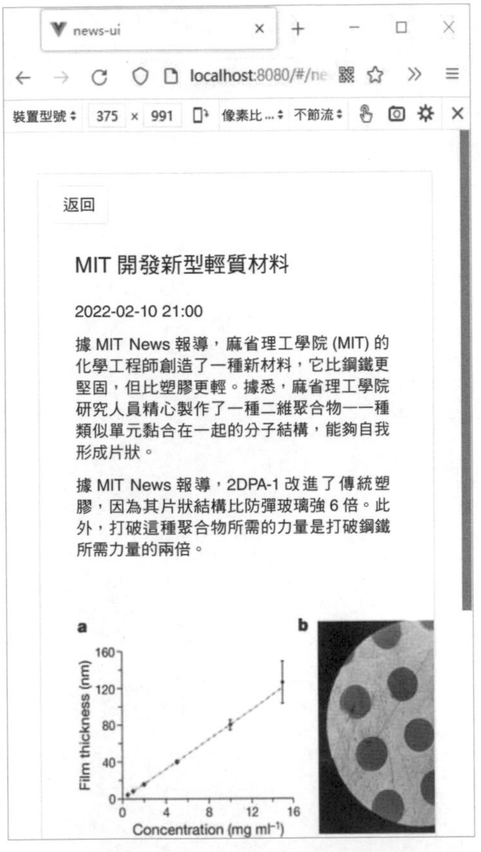

▲ 圖 26-11 新聞詳情執行介面

26.4 小結

本章主要介紹了 news-ui 前端 UI 用戶端應用是如何實現原型設計的，內容包括首頁 UI 設計和新聞詳情 UI 設計，主要涉及 Vue.js、Naive UI 等技術框架。

26.5 練習題

請使用 Vue 技術實作一個前端 UI 用戶端應用的原型。

第 27 章

實戰：後端伺服器應用

news-server 是後台伺服器應用，基於 Express、Node.js、basic-auth 等技術實現，並透過 MongoDB 實現資料的儲存。

本章詳細介紹 news-server 的實作過程。

27.1 初始化後台應用

本節介紹初始化後台 news-server 應用的過程。

27.1.1 初始化應用目錄

首先，初始化一個名為 news-server 的應用：

```
$ mkdir news-server
$ cd news-server
```

27.1.2 初始化應用結構

接著，透過 npm init 來初始化該應用的程式碼結構：

```
$ npm init
This utility will walk you through creating a package.json file.
It only covers the most common items, and tries to guess sensible defaults.

See `npm help init` for definitive documentation on these fields
and exactly what they do.

Use `npm install <pkg>` afterwards to install a package and
save it as a dependency in the package.json file.

Press ^C at any time to quit.
package name: (news-server)
version: (1.0.0)
description:
entry point: (index.js)
test command:
git repository:
keywords:
author: waylau.com
license: (ISC)
About to write to D:\workspaceGithub\full-stack-development-with-vuejs-and-nodejs\
samples\news-server\package.json:

{
  "name": "news-server",
  "version": "1.0.0",
  "description": "",
  "main": "index.js",
  "scripts": {
    "test": "echo \"Error: no test specified\" && exit 1"
  },
  "author": "waylau.com",
  "license": "ISC"
}

Is this OK? (yes) yes
```

27.1.3 在應用中安裝 Express

最後透過 npm install 命令來安裝 Express：

```
$ npm install express --save

npm notice created a lockfile as package-lock.json. You should commit this file.
npm WARN news-server@1.0.0 No description
npm WARN news-server@1.0.0 No repository field.

+ express@4.17.3
added 50 packages from 37 contributors in 4.655s
```

27.1.4 撰寫後台 Hello World 應用

在安裝完 Express 之後，就可以透過 Express 來撰寫 Web 應用了。在 news-server 應用根目錄下建立一個 index.js 檔案中，在該檔案中撰寫 Hello World 應用程式碼：

```
const express = require('express');
const app = express();
const port = 8089; // 指定通訊埠編號

app.get('/admins/hi', (req, res) => res.send('Hello World!'));

app.listen(port, () => console.log(`Server listening on port ${port}!`));
```

該範例非常簡單，當伺服器啟動之後會佔用 8089 通訊埠。當使用者存取應用的「/admins/hi」路徑時，會回應「Hello World!」字樣的內容給用戶端。

27.1.5 執行後台 Hello World 應用

執行下面的命令，以啟動伺服器：

```
$ node index.js

Server listening on port 8089!
```

伺服器啟動之後，透過瀏覽器造訪 http://localhost:8089/admins/hi，可以看到如圖 27-1 所示的內容。

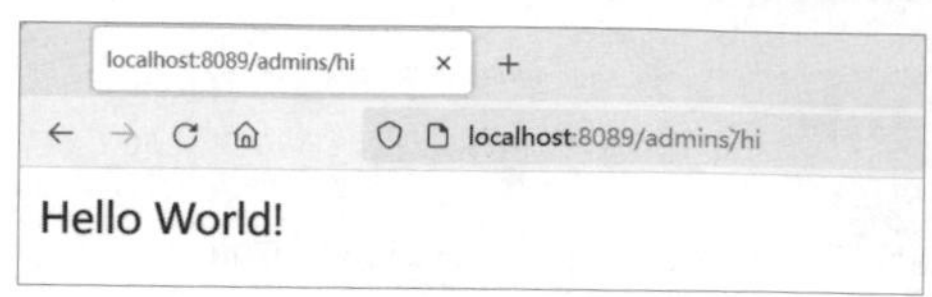

▲ 圖 27-1 後台管理介面

27.2 初步實作登入驗證

本節將實作使用者的登入驗證功能。

27.2.1 建立後台管理元件

後台管理元件主要用於管理新聞的發佈。後台管理的使用使用者為管理員角色。換言之，要想存取後台管理介面，需要在前臺進行登入授權後才能使用。

在 news-ui 應用的 components 目錄下建立後台管理元件 Admin.vue：

```
<template>
  Admin works!
</template>

<script lang="ts">
import { Vue } from "vue-class-component";

export default class Admin extends Vue {

}
</script>
```

27.2.2 增加元件到路由

為了使頁面能被存取到，需要將後台管理元件增加到路由 router.ts 中。程式碼如下：

```
const routes: Array<any> = [
    ...
    {
        path: "/admin",
        name: "Admin",
        // 當存取路由時，它是延遲載入的
        component: () =>
            import("./components/Admin.vue"),// 後台管理
    },
];
```

啟動應用，造訪 http://localhost:8080/#/admin，可以看到後台管理介面效果如圖 27-2 所示。

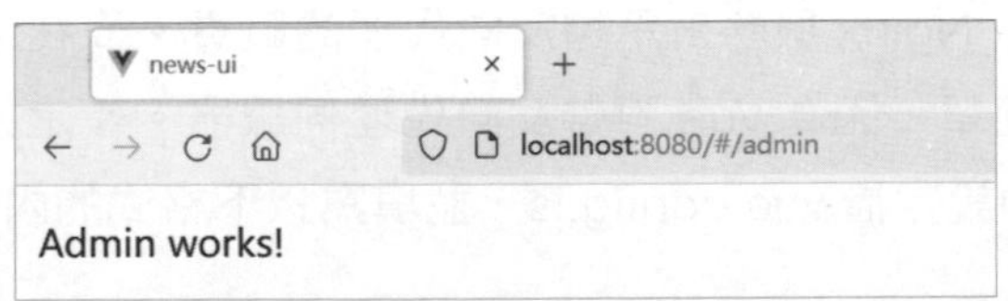

▲ 圖 27-2 後台管理執行介面

後台管理介面目前還沒有任何業務邏輯，只是架設了一個初級的骨架。

27.2.3 注入 HTTP 用戶端

後台只有一個允許管理員角色存取的介面 http://localhost:8089/admins/hi，目前沒有設定許可權驗證攔截，因此任意 HTTP 用戶端都可以存取該介面。

我們期望 news-ui 能夠存取上述後台介面。為了實作在 Vue 應用中發起 HTTP 請求的功能，需要引入 vue-axios 框架，因此需要在應用中匯入該模組。

在 news-ui 應用根目錄下執行以下命令來安裝 vue-axios 框架：

```
npm install --save axios vue-axios
```

27.2.4 用戶端存取後台介面

有了 HTTP 用戶端之後，就能遠端發起 HTTP 到後台 REST 介面中了。

1. 設定反向代理

由於本專案是一個前後台分離的應用，是分開部署執行應用的，因此勢必會遇到跨域存取的問題。

要解決跨域問題，業界最為常用的方式是設定反向代理。其原理是設定反向代理伺服器，讓 Vue 應用都存取自己的伺服器中的 API，而這類 API 都會被反向代理伺服器轉發到 Node 等後台服務 API 中，這個過程對於 Vue 應用是無感知的。

業界經常採用 Nginx 服務來承擔反向代理的職責。而在 Vue 中，使用反向代理將變得更加簡單，因為 Vue 附帶反向代理伺服器。設定方式為，在 Vue 應用的根目錄下增加設定檔 vue.config.js，並填寫以下格式的內容：

```
module.exports = {
    devServer: {
        proxy: {
            '/api': {
                target: 'http://localhost:8089/',          // 介面域名
                changeOrigin: true,                       // 是否跨域
                ws: true,                                 // 是否代理 websockets
                secure: false,                            // 是否為 HTTPS 介面
                pathRewrite: {                            // 路徑重置
                    '^/api': ''
                }
            }
        }
    }
};
```

這個設定說明，任何 Vue 發起的以「/api/」開頭的 URL 都會反向代理到「http://localhost:8089/」開頭的 URL 中。舉例來說，當在 Vue 應用中發起請求到「http://localhost:8080/api/admins/hiURL」時，反向代理伺服器會將該 URL 映射到「http://localhost:8089/admins/hi」。

2. 用戶端發起 HTTP 請求

使用 HTTP 用戶端 axios 發起 HTTP 請求。

```
<script lang="ts">
import { Vue } from "vue-class-component";
import axios from "axios";

export default class Admin extends Vue {
  // 後台管理資料
  private adminData: string = "";

  // API 位址
  private apiUrl: string = "/api/admins/hi";

  // 初始化時就要獲取資料
  mounted() {
    this.getData();
  }

  getData() {
    axios
      .get(this.apiUrl)
      .then((response) => (this.adminData = response.data))
      .catch((err) =>
        // 請求失敗的回呼函式
        console.log(err)
      );
  }
}
</script>
```

在上述程式碼中，傳回的資料會賦值給 adminData 變數。

3. 綁定資料

編輯 Admin.vue，修改程式碼如下：

```
<template>
  <p>Get data from admin: {{ adminData }}</p>
</template>
```

上述程式碼表示將 adminData 變數綁定到了範本中。任何對 adminData 的賦值都能即時將該值呈現在頁面中。

4. 測試

將前後台應用都啟動了之後，嘗試造訪 http://localhost:8080/#/admin 頁面，可以看到如圖 27-3 所示的介面，說明後台介面已經成功被存取且傳回了「Hello World!」文字。該「Hello World!」文字被綁定機制繪製在了介面中。

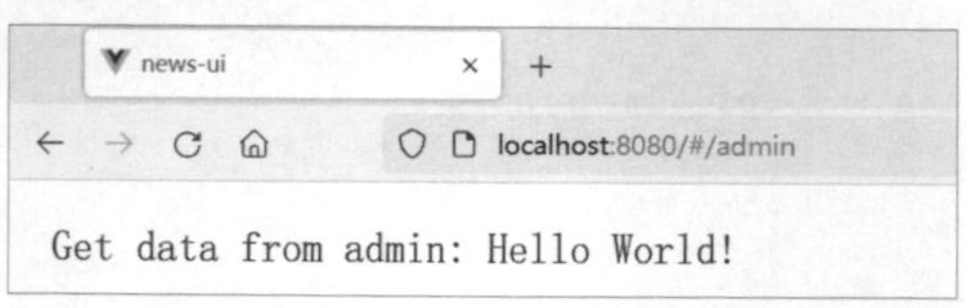

▲ 圖 27-3 前後存取後台介面

27.2.5 後台介面設定安全驗證

透過設定 news-server 的後台介面來實作介面的安全攔截。

1. 安裝基本驗證外掛程式

透過以下命令來安裝基本驗證外掛程式 basic-auth：

```
$ npm install basic-auth

npm WARN news-server@1.0.0 No description
npm WARN news-server@1.0.0 No repository field.

+ basic-auth@2.0.1
added 1 package in 1.291s
```

basic-auth 可以用於 Node.js 基本驗證解析。

2. 修改後台安全設定

為了對「/admins/hi」介面進行安全攔截，index.js 程式碼修改如下：

```
const express = require('express');
const app = express();
const port = 8089; // 指定通訊埠編號
const auth = require('basic-auth');

app.get('/admins/hi', (req, res) => {

    var credentials = auth(req)

    // 登入驗證檢驗
    if (!credentials || !check(credentials.name, credentials.pass)) {
        res.statusCode = 401
        res.setHeader('WWW-Authenticate', 'Basic realm="example"')
        res.end('Access denied')
    } else {
        res.send('Hello World!')
    }

});

// 檢查許可權
const check = function (name, pass) {
    var valid = false;

    // 判斷帳號和密碼是否符合
    if (('waylau' === name) && ('123456' === pass)) {
        valid = true;
    }
    return valid
}

app.listen(port, () => console.log(`Server listening on port ${port}!`));
```

其中：

- auth 方法是 basic-auth 提供的方法，用於解析 HTTP 請求中的驗證資訊。如果解析的結果為空，則驗證不透過。
- check 方法用於驗證使用者的帳號、密碼是否與服務所儲存的帳號和密碼一致。若不一致，則驗證不透過。

3. 測試

將前後台應用都啟動了之後，嘗試造訪 http://localhost:8080/#/admin 頁面。由於該頁面造訪 http://localhost:8089/admins/hi 介面是需要驗證的，因此第一次存取時會有如圖 27-4 所示的提示框。

▲ 圖 27-4 提示登入介面

輸入正確的帳號「waylau」、密碼「123456」，成功登入之後，可以看到如圖 27-5 所示的介面，說明後台介面已經驗證成功，且傳回了「Hello World!」文字。

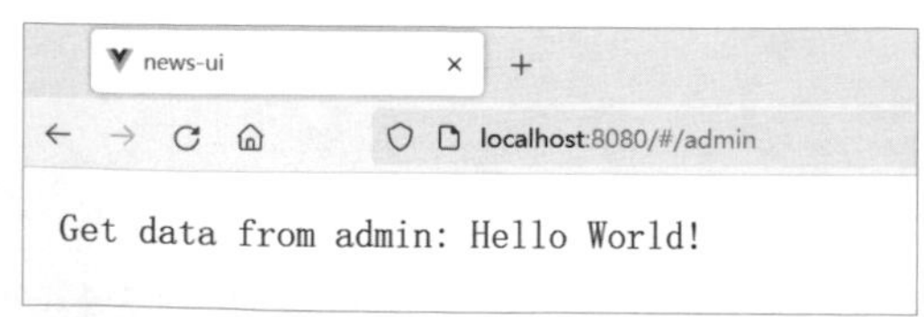

▲ 圖 27-5 成功存取介面

注意

目前使用者的資訊是直接儲存在程式中的，後期會轉移至資料庫中。

27.3 實作新聞編輯器

新聞編輯器用於實作新聞內容在應用中的輸入，這樣使用者才能在應用中看到新聞專案。

由於新聞類的文章內容排版都較為簡單，因此在本書中是以 Markdown 作為新聞內容編輯格式的。

27.3.1 整合 md-editor-v3 外掛程式

md-editor-v3 是一款支援 Vue 3 的 Markdown 外掛程式，能夠將 Markdown 格式的內容繪製為 HTML 格式的內容。

執行下面的命令，在 news-ui 應用中下載安裝 md-editor-v3 外掛程式：

```
$ npm install md-editor-v3 --save
```

27.3.2 匯入 md-editor-v3 元件及樣式

在應用中匯入 md-editor-v3 元件及樣式，以便啟用 md-editor-v3 功能。程式碼如下：

```
...
import MdEditor from 'md-editor-v3';
import 'md-editor-v3/lib/style.css'

@Options({
  components: {
    MdEditor,
  },
})
export default class Admin extends Vue {
```

```
  ...
}
```

27.3.3 撰寫編輯器介面

1. 編輯範本

編輯 Admin.vue 範本部分，內容如下：

```
<template>
  <input v-model="markdownTitle" type="text" placeholder=" 輸入標題 " />

  <md-editor v-model="markdownContent" @onSave="submitData" />
</template>
```

其中：

- <input> 用於輸入新聞標題。
- <md-editor> 用於輸入新聞內容及將新聞內容以 HTML 格式預覽顯示，其中 @onSave 用於觸發儲存新聞內容的事件。

2. 編輯腳本部分

編輯 Admin.vue 腳本部分，內容如下：

```
<script lang="ts">
import { Options, Vue } from "vue-class-component";
import axios from "axios";
import MdEditor from "md-editor-v3";
import "md-editor-v3/lib/style.css";
import { News } from "./../news";

@Options({
  components: {
    MdEditor,
  },
})
export default class Admin extends Vue {
```

```
// 後台管理資料
private adminData: string = "";

// 編輯器標題
private markdownTitle: string = "";

// 編輯器內容
private markdownContent: string = "";

// API 位址
private apiUrl: string = "/api/admins/hi";

// 建立新聞
private createNewsUrl: string = "/api/admins/news";

// 初始化時就要獲取資料
mounted() {
  this.getData();
}

getData() {
  axios
    .get(this.apiUrl)
    .then((response) => (this.adminData = response.data))
    .catch((err) =>
      // 請求失敗的回呼函式
      console.log(err)
    );
}

// 提交新聞內容到後台
submitData() {
  axios
    .post(
      this.createNewsUrl,
      new News(this.markdownTitle, this.markdownContent, new Date())
    )
    .then(function (response) {
      console.log(response);
      alert(" 已經成功提交 ");
    })
```

```
        .catch(function (error) {
          console.log(error);
          alert(" 提交失敗 ");
        });
    }
  }
</script>
```

其中，點擊 submitData 方法會將新聞內容提交到後台 REST 介面。

News 類別中是用戶端新聞的結構，程式碼如下：

```
export class News {

    constructor(
        public title: string,    // 標題
        public content: string,  // 內容
        public creation: Date,   // 日期
    ) { }
}
```

執行應用後，造訪 http://localhost:8080/#/admin，可以看到如圖 27-6 所示的編輯器頁面。

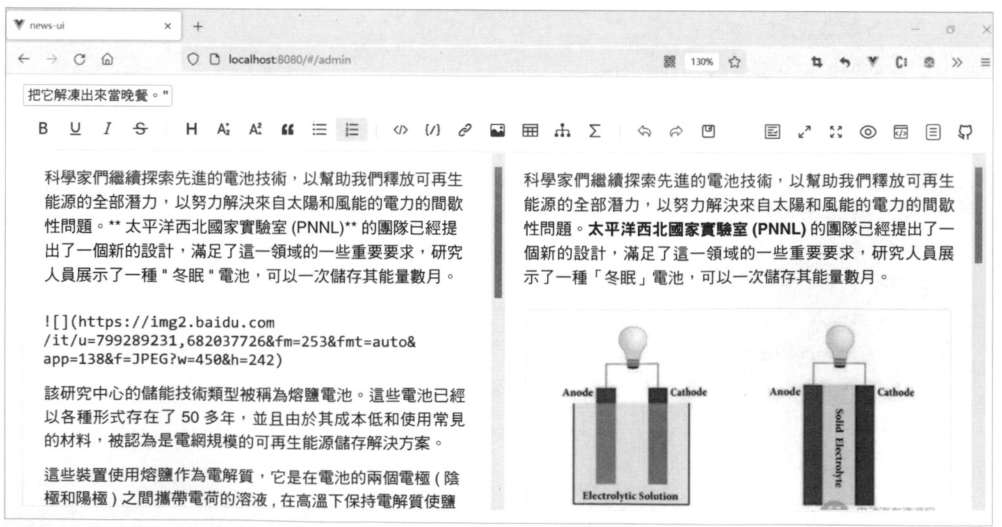

▲ 圖 27-6 編輯器頁面

可以在編輯器中輸入新聞的標題和內容。新聞內容會在介面的右方即時生成預覽資訊。同時，編輯器也支援插入圖片的連結。

當然，目前點擊「儲存」按鈕是沒有反應的，這是因為還缺少可供儲存新聞的後台介面。

27.3.4 後台建立新增新聞介面

為了能夠將新聞資訊儲存下來，在後台 news-server 應用中建立新增新聞介面。

1. 增加 mongodb 模組

在 news-server 應用中增加 mongodb 模組以便操作 MongoDB。命令如下：

```
$ npm install mongodb --save
```

2. 建立新增新聞介面

建立新增新聞介面。完整的 index.js 程式碼如下：

```
const express = require('express');
const app = express();
const port = 8089; // 指定通訊埠編號
const auth = require('basic-auth');
const bodyParser = require('body-parser');
app.use(bodyParser.json()) // 用於解析 application/json
const MongoClient = require('mongodb').MongoClient;

// 連接 URL
const url = 'mongodb://127.0.0.1:27017';

// 資料庫名稱
const dbName = 'nodejsBook';

// 建立 MongoClient 用戶端
const client = new MongoClient(url,{ useNewUrlParser: true, useUnifiedTopology: true});
```

```
app.get('/admins/hi', (req, res) => {

    var credentials = auth(req)

    // 登入驗證檢驗
    if (!credentials || !check(credentials.name, credentials.pass)) {
        res.statusCode = 401
        res.setHeader('WWW-Authenticate', 'Basic realm="example"')
        res.end('Access denied')
    }

    res.send('hello')
});

// 建立新聞
app.post('/admins/news', (req, res) => {

    var credentials = auth(req)

    // 登入驗證檢驗
    if (!credentials || !check(credentials.name, credentials.pass)) {
        res.statusCode = 401
        res.setHeader('WWW-Authenticate', 'Basic realm="example"')
        res.end('Access denied')
    }

    let news = req.body;
    console.info(news);

    // 使用連接方法來連接到伺服器
    client.connect(function (err) {
        if (err) {
            console.error('error end: ' + err.stack);
            return;
        }

        console.log(" 成功連接到伺服器 ");

        const db = client.db(dbName);
```

```
        // 插入新聞
        insertNews(db, news, function () {
        });
    });

    // 回應成功
    res.status(200).end();
});

// 插入新聞
const insertNews = function (db, _news, callback) {
    // 獲取集合
    const news = db.collection('news');

    // 插入文件
    news.insertOne({
        title: _news.title, content: _news.content, creation: _news.creation
    })
        .then(function (result) {
            console.log(" 已經插入文件，回應結果是：");
            console.log(result);
        })
        .catch(function (error) {
            console.log(error);
            console.log(" 插入失敗 ");
        });
}

// 檢查許可權
const check = function (name, pass) {
    var valid = false;

    // 判斷帳號和密碼是否符合
    if (('waylau' === name) && ('123456' === pass)) {
        valid = true;
    }
    return valid
}

app.listen(port, () => console.log(`Server listening on port ${port}!`));
```

當用戶端發送 POST 請求到 /admins/news 時，可以實作新聞資訊的儲存。

27.3.5 執行

運行應用，進行測試。

造訪 http://localhost:8080/#/admin，在編輯頁面輸入內容，也可以插入圖片。點擊「儲存」按鈕，提交成功之後，會看到如圖 27-7 所示的提示訊息。

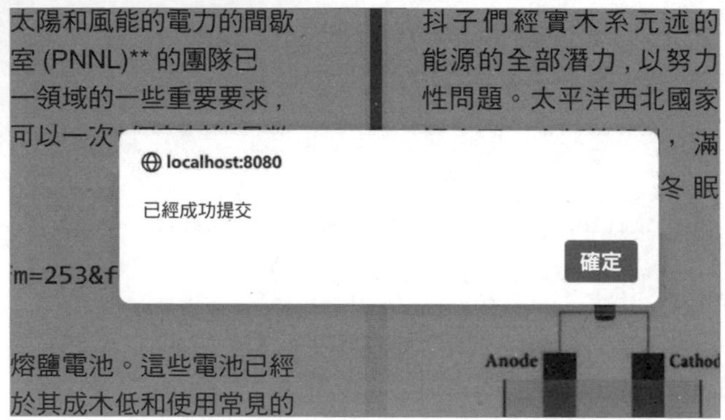

▲ 圖 27-7 提交成功

27.4 實作新聞清單展示

在首頁需要展示最新的新聞清單。news-ui 已經提供了原型，本節將基於這些原型來實作對接真實的後台資料。

27.4.1 後台實作新聞清單查詢的介面

在 news-server 應用中新增新聞清單查詢的介面。

```
// 查詢新聞清單
app.get('/news', (req, res) => {

    // 使用連接方法來連接到伺服器
```

```
    client.connect(function (err) {
        if (err) {
            console.error('error end: ' + err.stack);
            return;
        }

        console.log(" 成功連接到伺服器 ");

        const db = client.db(dbName);

        // 插入新聞
        findNewsList(db, function (result) {
            // 回應成功
            res.status(200).json(result);
        });
    });

});

// 查詢全部新聞標題
const findNewsList = function (db, callback) {
    // 獲取集合
    const news = db.collection('news');

    // 查詢文件
    news.find({}).toArray(function (err, result) {
        console.log(" 查詢所有文件，結果如下：");
        console.log(result)
        callback(result);
    });
}
```

上述例子中，由於新聞清單查詢的介面是公開的 API，因此無須對該介面進行許可權攔截。

27.4.2 實作用戶端存取新聞清單 REST 介面

在完成後台介面之後，就可以在用戶端發起對該介面的呼叫了。

1. 修改元件腳本

修改 NewsList.vue 腳本，程式碼如下：

```
<script lang="ts">
import { Options, Vue } from "vue-class-component";
import { NList, NListItem } from "naive-ui";
import axios from "axios";
import { News } from "./../news";

@Options({
  components: {
    NList,
    NListItem,
  },
})
export default class NewsList extends Vue {
  // API 位址
  private newsListUrl: string = "/api/news";

  private newsData: News[] = [];

  // 初始化時就要獲取資料
  mounted() {
    this.getData();
  }

  getData() {
    axios
      .get<News[]>(this.newsListUrl)
      .then((response) => {
        this.newsData = response.data;
      })
      .catch((err) =>
        //請求失敗的回呼函式
        console.log(err)
      );
  }
}
</script>
```

上述程式碼實作了對新聞清單 REST 介面的存取。

2. 修改元件範本

修改 NewsList.vue 範本，程式碼如下：

```
<template>
  <n-list>
    <n-list-item v-for="item in newsData" :key="item.title">
      <div>
        <router-link :to="'/news/' + item._id">{{ item.title }}</router-link>
      </div>
    </n-list-item>
  </n-list>
</template>
```

router-link 將指向真實的 _id 所對應的 URL。_id 是 MongoDB 伺服器所傳回的預設主鍵。

27.4.3 執行應用

執行應用，進行測試。

存取首頁 http://localhost:8080，可以看到如圖 27-8 所示的首頁內容。

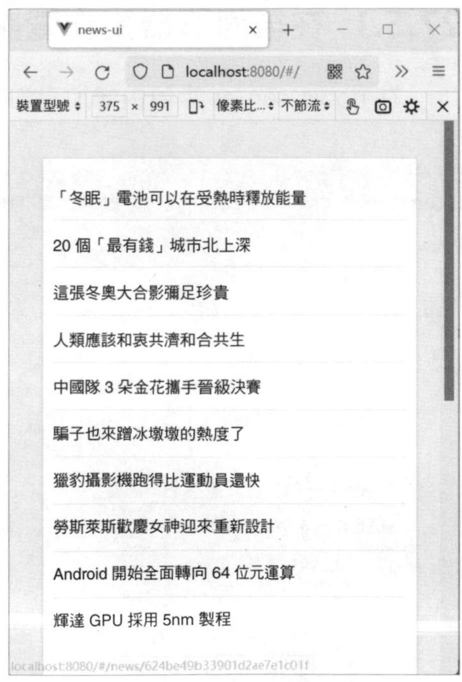

▲ 圖 27-8 新聞清單

將滑鼠移到任意新聞專案上，可以看到每個專案上都有不同的 URL，範例如下：

```
http://localhost:8080/#/news/624be49b33901d2ae7e1c01f
```

這些 URL 就是為了下一步重新導向到該專案的新聞詳情頁面做準備的。上面範例中的「624be49b33901d2ae7e1c01f」就是該新聞資料在 MongoDB 中的 _id。

接下來將實作新聞詳情頁的改造。

27.5 實作新聞詳情展示

news-ui 已經提供了新聞詳情的原型，本節將基於這些原型來實作對接真實的後台資料。

27.5.1 在後伺服器實作查詢新聞詳情的介面

在 news-server 應用中增加查詢新聞詳情的介面。程式碼如下：

```
...
const ObjectId = require('mongodb').ObjectId;

// 根據 id 查詢新聞資訊
app.get('/news/:newsId', (req, res) => {

    let newsId = req.params.newsId;
    console.log("newsId 為 " + newsId);

    // 使用連接方法來連接到伺服器
    client.connect(function (err) {
        if (err) {
            console.error('error end: ' + err.stack);
            return;
        }
```

```
        console.log(" 成功連接到伺服器 ");

        const db = client.db(dbName);

        // 查詢新聞
        findNews(db, newsId, function (result) {
            // 回應成功
            res.status(200).json(result);
        });
    });

});

// 查詢指定新聞
const findNews = function (db, newsId, callback) {
    // 獲取集合
    const news = db.collection('news');

    // 查詢指定文件
    news.findOne({_id: ObjectId(newsId)},function (err, result) {
        if (err) {
            console.error('error end: ' + err.stack);
            return;
        }

        console.log(" 查詢指定文件，回應結果是：");
        console.log(result);
        callback(result);
    });
}
```

在上述範例中：

- 透過 req.params 來獲取用戶端傳入的 newsId 參數。
- 將 newsId 轉為 ObjectId，以作為 MongoDB 的查詢準則。

27.5.2 實作用戶端存取新聞詳情 REST 介面

在完成後台介面之後，就可以在用戶端發起對該介面的呼叫了。

1. 修改元件腳本

修改 NewsDetail.vue 腳本，程式碼如下：

```
<script lang="ts">
import { Options, Vue } from "vue-class-component";
import { NButton, NCard } from "naive-ui";
import { News } from "./../news";
import axios from "axios";
import MdEditor from "md-editor-v3";

@Options({
  components: {
    NButton,
    NCard,
    MdEditor,
  },
})
export default class NewsDetail extends Vue {
  // 新聞詳情頁面資料
  private newsDetailResult: News = new News("", "", new Date());

  // 新聞詳情 API 位址
  private newsApiUrl: string = "/api/news/";

  // 新聞詳情主鍵
  private newsId: string = "";

  // 初始化時就要獲取資料
  mounted() {
    this.getData();
  }

  // 呼叫 API 資料
  getData() {
```

```
    // 從路由參數中獲取要存取的 URL
    this.newsId = this.$route.params.id.toString();

    console.log("receive id: " + this.newsId);

    axios
      .get<News>(this.newsApiUrl + this.newsId)
      .then((response) => {
        this.newsDetailResult = response.data;

        console.log(this.newsDetailResult);
      })
      .catch((err) =>
        // 請求失敗的回呼函式
        console.log(err)
      );
  }

  // 傳回
  goback(): void {
    // 瀏覽器回退瀏覽記錄
    this.$router.go(-1);
  }
}
</script>
```

上述程式碼實作了對新聞詳情頁的 REST 介面的存取。

需要注意的是，newsId 是從 $route 路由器物件裡面獲取出來的。

2. 修改元件範本

修改 NewsDetail.vue 範本，程式碼如下：

```
<template>
  <div class="news-detail">
    <n-button @click="goback()"> 傳回 </n-button>
    <n-card :title="newsDetailResult.title" embedded :bordered="false">
      <p>{{ newsDetailResult.creation }}</p>
```

```
      <md-editor v-model="newsDetailResult.content" previewOnly="true" />
    </n-card>
  </div>
</template>
```

上述 <md-editor> 元件由於只是涉及 Markdown 的預覽，而不需要編輯，因此將屬性 previewOnly 設定為 true，這樣介面只會呈現預覽功能。

27.5.3 執行應用

執行應用，進行測試。

存取首頁 http://localhost:8080，點擊任意新聞專案，可以切換至新聞詳情頁面，介面如圖 27-9 所示。

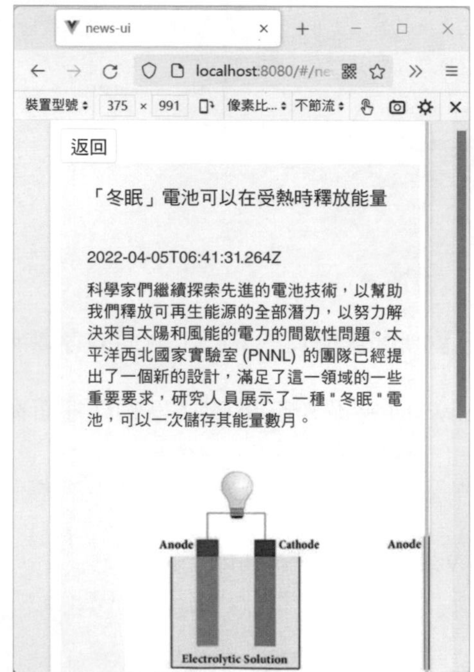

▲ 圖 27-9 新聞詳情頁

新聞詳情顯示的是資料庫最新的內容。

27.6 實作驗證資訊儲存及讀取

在之前的章節中，已經初步實作了使用者的登入驗證，但驗證資訊是強制寫入在程式中的。本節將對登入驗證進行進一步的改造，實作驗證資訊在資料庫中的儲存及讀取。

27.6.1 實作驗證資訊的儲存

為力求簡單，我們將驗證的資訊透過 MongoDB 用戶端初始化到了 MongoDB 伺服器中。腳本如下：

```
db.user.insertOne(
   { username: "waylau", password:"123456", email:"waylau521@gmail.com" }
)
```

換言之，當使用者登入時，輸入帳號「waylau」和密碼「123456」，就認為驗證是透過的。

27.6.2 實作驗證資訊的讀取

現在驗證的資訊已經儲存在 MongoDB 伺服器中，需要提供一個方法來讀取使用者的資訊：

```
// 查詢指定使用者
const findUser = function (db, name, callback) {
    // 獲取集合
    const user = db.collection('user');

    // 查詢指定文件
    user.findOne({ username: name }, function (err, result) {
        if (err) {
            console.error('error end: ' + err.stack);
            return;
        }
```

```
            console.log("查詢指定文件，回應結果是：");
            console.log(result);
            callback(result);
        });
}
```

上述 findUser 方法用於查詢之前使用者帳號的資訊。當查詢使用者帳號為「waylau」時，回應結果如下：

```
{
  _id: 5d6a7e220da53b7ebedf3bbc,
  username: 'waylau',
  password: '123456',
  email: 'waylau521@gmail.com'
}
```

27.6.3 改造驗證方法

驗證方法 check 也需要改造。程式碼如下：

```
const check = function (name, pass, callback) {
    var valid = false;

    // 使用連接方法來連接到伺服器
    client.connect(function (err) {
        if (err) {
            console.error('error end: ' + err.stack);
            return valid;
        }

        console.log("成功連接到伺服器");

        const db = client.db(dbName);

        // 判斷帳號和密碼是否符合
        findUser(db, name, function (result) {
            // 回應成功
            if ((result.username === name) && (result.password === pass)) {
```

```
                valid = true;
                console.log(" 驗證透過 ");
                callback(valid);
            } else {
                valid = false;
                console.log(" 驗證失敗 ");
                callback(valid);
            }
        });
    });
}
```

check 會呼叫 findUser 的傳回結果以驗證傳入的使用者帳號和密碼是否合法。

27.6.4 改造對外的介面

有兩個外部介面相依 check，都需要進行對應的調整。

1. "/admins/hi" 介面調整

"/admins/hi" 介面調整如下：

```
app.get('/admins/hi', (req, res) => {

    var credentials = auth(req)

    // 登入驗證檢驗
    if (!credentials) {
        res.statusCode = 401;
        res.setHeader('WWW-Authenticate', 'Basic realm="example"');
        res.end('Access denied');
    } else {
        check(credentials.name, credentials.pass, function (valid) {
            if (valid) {
                res.send('hello');
            } else {
                res.statusCode = 401;
```

```
                res.setHeader('WWW-Authenticate', 'Basic realm="example"');
                res.end('Access denied');
            }

        })
    }
});
```

2. "/admins/news" 介面調整

"/admins/news" 介面調整如下：

```
// 建立新聞
app.post('/admins/news', (req, res) => {

    var credentials = auth(req)

    // 登入驗證檢驗
    if (!credentials) {
        res.statusCode = 401;
        res.setHeader('WWW-Authenticate', 'Basic realm="example"');
        res.end('Access denied');
    } else {
        check(credentials.name, credentials.pass, function (valid) {
            if (valid) {

                let news = req.body;
                console.info(news);

                // 使用連接方法來連接到伺服器
                client.connect(function (err) {
                    if (err) {
                        console.error('error end: ' + err.stack);
                        return;
                    }

                    console.log(" 成功連接到伺服器 ");

                    const db = client.db(dbName);
```

```
                // 插入文件
                insertNews(db, news, function () {
                });
            });

            // 回應成功
            res.status(200).end();
        } else {
            res.statusCode = 401;
            res.setHeader('WWW-Authenticate', 'Basic realm="example"');
            res.end('Access denied');
        }

    })
  }

});
```

27.7 小結

本章是新聞頭條服務端的程式碼的開發，主要是基於 Express、Node.js、basic-auth 等技術實作，並透過 MongoDB 實作資料的儲存。

有關新聞頭條用戶端及服務端的程式碼已經全部開發完成了，基本已經實作了新聞清單的查詢、新聞詳情的展示、新聞的輸入及許可權驗證。受限於篇幅，書中的程式碼力求保持簡單易懂，注重將核心的實作方式呈現給讀者。但如果想將這款應用作為商務軟體的話，還需要進一步完善，其中包括：

- 使用者的管理。
- 使用者資訊的修改。
- 使用者角色的分配。
- 新聞內容的編輯。

- 新聞分配。
- 圖片伺服器的實作。

……

這些待完善項還需要讀者透過自己在學習本書的過程中所掌握的基礎知識來舉一反三，將新聞頭條應用精益求精。本書最後所羅列的「參考文獻」內容也可以用於讀者平時的擴充學習。

27.8 練習題

請使用 Express、Node.js、basic-auth 等技術實作一個新聞頭條服務端，並透過 MongoDB 實作資料的儲存。

第 28 章

實戰：使用 Nginx 實現高可用

Nginx 是免費的、開放原始碼的、高性能的 HTTP 伺服器和反向代理，同時也是 IMAP / POP3 代理伺服器。Nginx 以其高性能、穩定性、豐富的功能集、簡單的設定和低資源消耗而聞名。

本章將介紹如何透過 Nginx 來實現前端應用（news-ui）的部署，同時實現後台應用（news-server）的高可用。

28.1 Nginx 概述與安裝

28.1.1 Nginx 介紹

Nginx 是為解決 C10K 問題[1]而撰寫的市面上僅有的幾個伺服器之一。與傳統伺服器不同，Nginx 不依賴於執行緒來處理請求，相反，它使用更加可擴充的事件驅動（非同步）架構。這種架構在負載下使用小的但更重要的可預測的記憶體量，即使在不需要處理數千個並行請求的場景下，仍然可以從 Nginx 的高性能和佔用記憶體少等方面中獲益。Nginx 可以說在各方面都適用，從最小的 VPS 一直到大型伺服器叢集。

Nginx 具有很多非常優越的特性：

- 作為 Web 伺服器：相比 Apache，Nginx 使用更少的資源，支持更多的並行連接，表現更高的效率，這點使 Nginx 尤其受到虛擬主機提供商的歡迎。
- 作為負載平衡伺服器：Nginx 既可以在內部直接支援 Rails 和 PHP，也可以支援作為 HTTP 代理伺服器對外進行服務。Nginx 用 C 撰寫，系統資源消耗小，CPU 使用效率高。
- 作為郵件代理伺服器：Nginx 同時也是一個非常優秀的郵件代理伺服器。

28.1.2 下載、安裝、執行 Nginx

Nginx 下載網址為 http://nginx.org/en/download.html，可以免費在該網址下載各個作業系統的安裝套件。

1 所謂 C10K 問題，指的是伺服器同時支持成千上萬個用戶端的問題，也就是 Concurrent 10000 Connection 的簡寫。由於硬體成本的大幅度降低和硬體技術的進步，如果一台伺服器同時能夠服務更多的用戶端，那麼也就意味著服務每一個用戶端的成本大幅度降低，從這個角度來看，C10K 問題顯得非常有意義。

1. 安裝、執行 Nginx

以下是各個作業系統不同的安裝方式。

（1）Linux 和 BSD

大多數 Linux 發行版本和 BSD 版本在通常的軟體套件儲存庫中都有 Nginx，它們可以透過任何通常用於安裝軟體的方法進行安裝，如在 Debian 平臺使用 apt-get，在 Gentoo 平臺使用 emerge，在 FreeBSD 平臺使用 ports，等等。

（2）Red Hat 和 CentOS

首先增加 Nginx 的 yum 函式庫，接著建立名為 /etc/yum.repos.d/nginx.repo 的檔案，並貼上以下設定到檔案中：

CentOS 的設定如下：

```
[nginx]
name=nginx repo
baseurl=http://nginx.org/packages/centos/$releasever/$basearch/
gpgcheck=0
enabled=1
```

RHEL 的設定如下：

```
[nginx]
name=nginx repo
baseurl=http://nginx.org/packages/rhel/$releasever/$basearch/
gpgcheck=0
enabled=1
```

由於 CentOS、RHEL 和 Scientific Linux 之間填充 $releasever 變數的差異，有必要根據使用者的作業系統版本手動將 $releasever 變數的值替換為 5（5.x）或 6（6.x）。

（3）Debian / Ubuntu

分發頁面 http://nginx.org/packages/ubuntu/dists/ 列出了可用的 Nginx Ubuntu 版本支援。有關 Ubuntu 版本映射到發佈名稱，請存取官方 Ubuntu 版本頁面 https://wiki.ubuntu.com/Releases。

在 /etc/apt/sources.list 中附加適當的腳本。如果擔心儲存庫增加的持久性（即 DigitalOcean Droplets），則可以將適當的部分增加到 /etc/apt/sources.list.d/ 下的其他列表檔案中，例如 /etc/apt/sources.list.d/nginx.list。

```
## Replace $release with your corresponding Ubuntu release.
deb http://nginx.org/packages/ubuntu/ $release nginx
deb-src http://nginx.org/packages/ubuntu/ $release nginx
```

比如 Ubuntu 16.04（Xenial）版本，設定如下：

```
deb http://nginx.org/packages/ubuntu/ xenial nginx
deb-src http://nginx.org/packages/ubuntu/ xenial nginx
```

要想安裝，執行以下腳本：

```
sudo apt-get update
sudo apt-get install nginx
```

安裝過程如果有以下錯誤：

```
W: GPG error: http://nginx.org/packages/ubuntu xenial Release: The following
signatures couldn't be verified because the public key is not available: NO_PUBKEY $key
```

則執行下面的命令：

```
## Replace $key with the corresponding $key from your GPG error.
sudo apt-key adv --keyserver keyserver.ubuntu.com --recv-keys $key
sudo apt-get update
sudo apt-get install nginx
```

（4）Debian 6

關於在 Debian 6 上安裝 Nginx，增加下面的腳本到 /etc/apt/sources.list：

```
deb http://nginx.org/packages/debian/ squeeze nginx
deb-src http://nginx.org/packages/debian/ squeeze nginx
```

（5）Ubuntu PPA

這個 PPA 由志願者維護，不由 nginx.org 分發。由於它有一些額外的編譯模組，因此可能更適合使用者的環境。

可以從 Launchpad 上的 Nginx PPA 獲取最新的穩定版本的 Nginx。需要具有 root 許可權才能執行以下命令。

Ubuntu 10.04 及更新版本執行下面的命令：

```
sudo -s
nginx=stable # use nginx=development for latest development version
add-apt-repository ppa:nginx/$nginx
apt-get update
apt-get install nginx
```

如果有關於 add-apt-repository 的錯誤，則可能先要安裝 python-software-properties。對於其他基於 Debian / Ubuntu 的發行版本，可以嘗試使用最可能在舊版套件上工作的 PPA 的變形：

```
sudo -s
nginx=stable # use nginx=development for latest development version
echo "deb http://ppa.launchpad.net/nginx/$nginx/ubuntu lucid main" > /etc/apt/
sources.list.d/nginx-$nginx-lucid.list
apt-key adv --keyserver keyserver.ubuntu.com --recv-keys C300EE8C
apt-get update
apt-get install nginx
```

（6）Win32

在 Windows 環境上安裝 Nginx，命令如下：

```
cd c:\
unzip nginx-1.15.8.zip
ren nginx-1.15.8 nginx
cd nginx
start nginx
```

如果有問題，可以參看日誌 c:nginxlogserror.log。

此外，目前 Nginx 官網只提供了 32 位元的安裝套件，如果想安裝 64 位元的版本，可以查看由 Kevin Worthington 維護的 Windows 版本（https://kevinworthington.com/nginx-for-windows/）。

2. 啟動和驗證安裝 Nginx

Nginx 正常啟動後會佔用 80 通訊埠。開啟工作管理員，能夠看到相關的 Nginx 活動執行緒，如圖 28-1 所示。

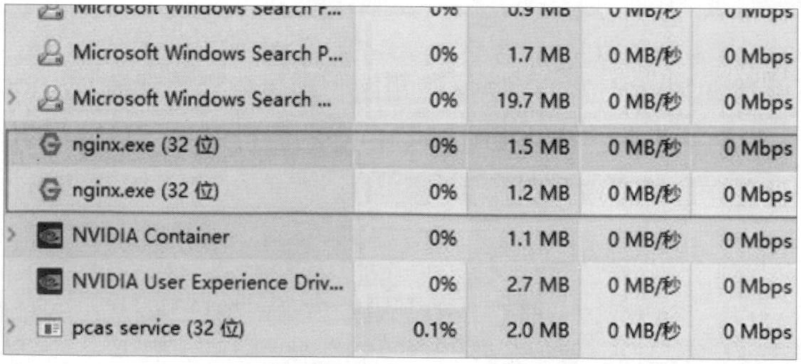

Microsoft Windows Search P...	0%	1.7 MB	0 MB/秒	0 Mbps
Microsoft Windows Search ...	0%	19.7 MB	0 MB/秒	0 Mbps
nginx.exe (32 位)	0%	1.5 MB	0 MB/秒	0 Mbps
nginx.exe (32 位)	0%	1.2 MB	0 MB/秒	0 Mbps
NVIDIA Container	0%	1.1 MB	0 MB/秒	0 Mbps
NVIDIA User Experience Driv...	0%	2.7 MB	0 MB/秒	0 Mbps
pcas service (32 位)	0.1%	2.0 MB	0 MB/秒	0 Mbps

▲ 圖 28-1 Nginx 活動執行緒

開啟瀏覽器，造訪 http://localhost:80（其中 80 通訊埠編號可以省略），就能看到 Nginx 的歡迎頁面，如圖 28-2 所示。

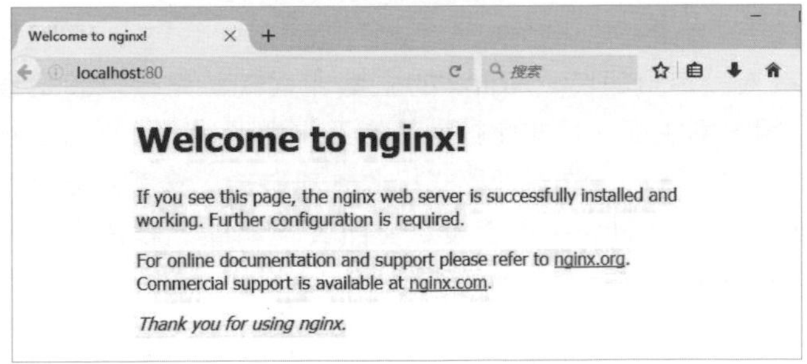

▲ 圖 28-2 Nginx 的歡迎頁面

關閉 Nginx 的執行：

```
nginx -s stop
```

28.1.3 常用命令

Nginx 啟動後，有一個主處理程式（master process）和一個或多個工作處理程式（worker process），主處理程式的作用主要是讀取和檢查 Nginx 的設定資訊，以及維護工作處理程式；工作處理程式才是真正處理用戶端請求的處理程式。具體要啟動多少個工作處理程式，可以在 Nginx 的設定檔 nginx.conf 中透過 worker_processes 指令指定。可以透過以下這些命令來控制 Nginx：

```
nginx -s [ stop | quit | reopen | reload ]
```

其中：

- nginx -s stop：強制停止 Nginx，無論工作處理程式當前是否正在處理使用者請求，都會立即退出。
- nginx -s quit：優雅地退出 Nginx，執行這個命令後，工作處理程式會將當前正在處理的請求處理完畢後再退出。
- nginx -s reload：重新載入設定資訊。當 Nginx 的設定檔改變之後，透過執行這個命令使更改的設定資訊生效，而無須重新啟動 Nginx。
- nginx -s reopen：重新開啟記錄檔。

> **注意**
>
> 當重新載入設定資訊時，Nginx 的主處理程式首先檢查設定資訊，如果設定資訊沒有錯誤，則主處理程式會啟動新的工作處理程式，並發出資訊通知舊的工作處理程式退出，舊的工作處理程式接收到訊號後，會等到處理完當前正在處理的請求後退出。如果 Nginx 檢查設定資訊發現錯誤，就會導回所做的更改，沿用舊的工作處理程式繼續工作。

28.2 部署前端應用

正如前面所介紹的那樣，Nginx 也是高性能的 HTTP 伺服器，因此可以部署前端應用（news-ui）。

本節詳細介紹部署前端應用的完整流程。

28.2.1 編譯前端應用

執行下面的命令來對前端應用進行編譯：

```
$ npm run build

> news-ui@0.1.0 build
> vue-cli-service build

|  Building for production...

 DONE  Compiled successfully in 14128ms                          19:25:03

  File                                  Size                      Gzipped

  dist\js\chunk-vendors.103af608.js     191.46 KiB                68.07 KiB
  dist\js\chunk-456383e6.2dde148b.js    92.56 KiB                 26.63 KiB
  dist\js\chunk-0231dea6.ffe91303.js    45.06 KiB                 12.27 KiB
  dist\js\app.7625a4d1.js               5.58 KiB                  2.36 KiB
  dist\js\chunk-62cf65b8.0c1f52d5.js    1.68 KiB                  0.86 KiB
  dist\css\chunk-62cf65b8.f47f288f.css  38.64 KiB                 15.73 KiB
```

```
  dist\css\app.2dce3160.css              0.04 KiB              0.06 KiB

  Images and other types of assets omitted.

 DONE  Build complete. The dist directory is ready to be deployed.
 INFO  Check out deployment instructions at
https://cli.vuejs.org/guide/deployment.html
```

編譯後的檔案預設放在 dist 資料夾下，如圖 28-3 所示。

dist	2022/4/5 19:25
node_modules	2022/4/5 9:37
public	2022/2/8 21:50
src	2022/4/5 11:13
.gitignore	2022/2/8 22:02
babel.config.js	2022/2/8 22:02
package.json	2022/4/5 9:37
package-lock.json	2022/4/5 9:37
README.md	2022/2/8 22:02
tsconfig.json	2022/2/8 22:02
vue.config.js	2022/4/4 23:43

▲ 圖 28-3 dist 資料夾

28.2.2 部署前端應用編譯檔案

將前端應用編譯檔案複製到 Nginx 安裝目錄的 html 目錄下，如圖 28-4 所示。

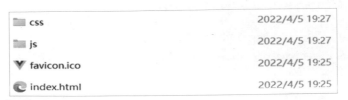

▲ 圖 28-4 html 目錄

28.2.3 設定 Nginx

開啟 Nginx 安裝目錄下的 conf/nginx.conf，設定如下：

```
worker_processes  1;

events {
    worker_connections  1024;
}

http {
    include       mime.types;
    default_type  application/octet-stream;

    sendfile        on;

    keepalive_timeout  65;

    server {
        listen       80;
        server_name  localhost;

        location / {
            root   html;
            index  index.html index.htm;

            # 處理前端應用路由
            try_files $uri $uri/ /index.html;
        }

        # 反向代理
        location /api/ {
            proxy_pass  http://localhost:8089/;
        }

        error_page   500 502 503 504  /50x.html;
        location = /50x.html {
            root   html;
        }
```

```
    }
    
}
```

其修改點主要在於：

- 新增了 try_files 設定，主要是用於處理前端應用的路由器。
- 新增了 location 節點，用於執行反向代理，將前端應用中的 HTTP 請求轉發到後台服務介面上去。

28.3 實現負載平衡及高可用

在大型網際網路應用中，應用的實例通常會部署多個，其好處在於：

- 實現了負載平衡。讓多個實例去分擔使用者請求的負荷。
- 實現了高可用。當多個實例中任意一個實例掛掉了，剩下的實例仍然能夠回應使用者的請求存取。因此，從整體上看，部分實例的故障並不影響整體使用，因此具備高可用。

本節將演示如何以 Nginx 為基礎來實現負載平衡及高可用。

28.3.1 設定負載平衡

在 Nginx 中，負載平衡設定如下：

```
...
upstream news-server {
    server 127.0.0.1:8083;
    server 127.0.0.1:8081;
    server 127.0.0.1:8082;
}

server {
    listen       80;
```

```
    server_name  localhost;

    location / {
        root   html;
        index  index.html index.htm;

        # 處理前端應用路由
        try_files $uri $uri/ /index.html;
    }

    # 反向代理
    location /api/ {
        proxy_pass  http://news-server/;
    }

    error_page   500 502 503 504  /50x.html;
    location = /50x.html {
        root   html;
    }
}
...
```

其中：

- listen 用於指定 Nginx 啟動時所佔用的通訊埠編號。
- proxy_pass 設定了代理伺服器，而這個代理伺服器設定在 upstream 中。
- upstream 中的每個 server 代表了後台服務的實例。在這裡我們設定了 3 個後台服務實例。

針對前端應用路由，我們還需要設定 try_files。

28.3.2 負載平衡常用演算法

在 Nginx 中，負載平衡常用演算法主要包括以下幾種。

1. 輪詢（預設）

每個請求按時間順序逐一分配到不同的後端伺服器，如果某個後端伺服器不可用，就能自動剔除。

以下就是輪詢的設定：

```
upstream news-server {
    server 127.0.0.1:8083;
    server 127.0.0.1:8081;
    server 127.0.0.1:8082;
}
```

2. 權重

可以透過 weight 來指定輪詢權重，用於後端伺服器性能不均的情況。權重值越大，則被分配請求的機率越高。

以下就是權重的設定：

```
upstream news-server {
    server 127.0.0.1:8083 weight=1;
    server 127.0.0.1:8081 weight=2;
    server 127.0.0.1:8082 weight=3;
}
```

3. ip_hash

每個請求按存取 IP 的 hash 值來分配，這樣每個訪客固定存取一個後端伺服器，可以解決 session 的問題。

以下就是 ip_hash 的設定：

```
upstream news-server {
    ip_hash;
    server 192.168.0.1:8083;
    server 192.168.0.2:8081;
    server 192.168.0.3:8082;
}
```

4. fair

按後端伺服器的回應時間來分配請求，回應時間短的優先分配。

以下就是 fair 的設定：

```
upstream news-server {
    fair;
    server 192.168.0.1:8083;
    server 192.168.0.2:8081;
    server 192.168.0.3:8082;
}
```

5. url_hash

按存取 URL 的 hash 結果來分配請求，使每個 URL 定向到同一個後端伺服器，後端伺服器為快取時比較有效。舉例來說，在 upstream 中加入 hash 語句，server 語句中不能寫入 weight 等其他的參數，hash_method 是使用的 hash 演算法。

以下就是 url_hash 的設定：

```
upstream news-server {
    hash $request_uri;
    hash_method crc32;
    server 192.168.0.1:8083;
    server 192.168.0.2:8081;
    server 192.168.0.3:8082;
}
```

28.3.3 實現後台服務的高可用

所謂的高可用，簡單來說就是同一個服務會設定多個實例。這樣，即使某一個實例出故障掛掉了，其他剩下的實例仍然能夠正常地提供服務，這樣整個服務就是可用的。

為了實現後台服務的高可用，需要對後台應用 news-server 做一些調整。

1. 應用啟動實作傳參

在 news-server 應用中，通訊埠編號 8089 是強制寫入在程式中的，這樣就無法在同一台機子上啟動多個應用範例。

需要支援通訊埠編號在應用啟動時傳遞給程式，程式碼調整如下：

```
const process = require('process');
const port = process.argv[2] || 8089;

...

app.listen(port, () => console.log(`Server listening on port ${port}!`));
```

上述例子中：

- 如果在命令列啟動時不附帶通訊埠參數，比如 node index，則應用啟動在 8089 通訊埠。
- 如果在命令列啟動時指定通訊埠參數，比如 node index 8081，則應用啟動在 8081 通訊埠。

2. 應用多實例啟動

執行下面的命令啟動三個不同的服務實例：

```
$ node index 8081

$ node index 8082

$ node index 8083
```

這三個實例會佔用不同的通訊埠，是獨立執行在各自的處理程式中的，如圖 28-5 所示。

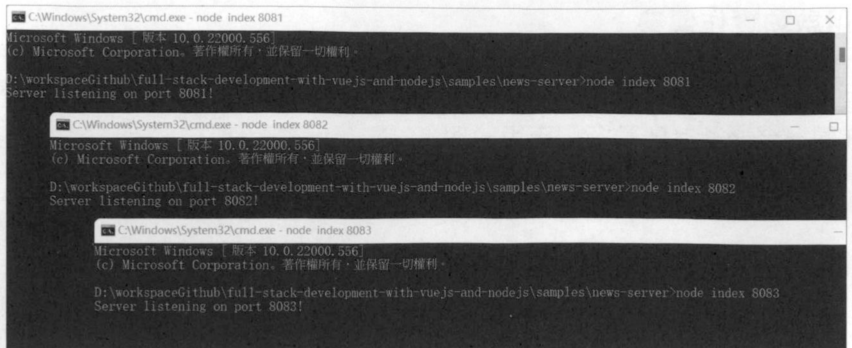

▲ 圖 28-5 執行後台服務

注意

在實際專案中，服務實例往往會部署在不同的主機中。書中的範例為了能夠簡單演示，所以部署在了同一個主機上，但本質上部署方式是類似的。

28.3.4 執行

後台服務啟動之後，再啟動 Nginx 伺服器，而後在瀏覽器的 http://localhost/ 位址存取前臺應用，同時觀察後台主控台輸出的內容，如圖 28-6 所示。

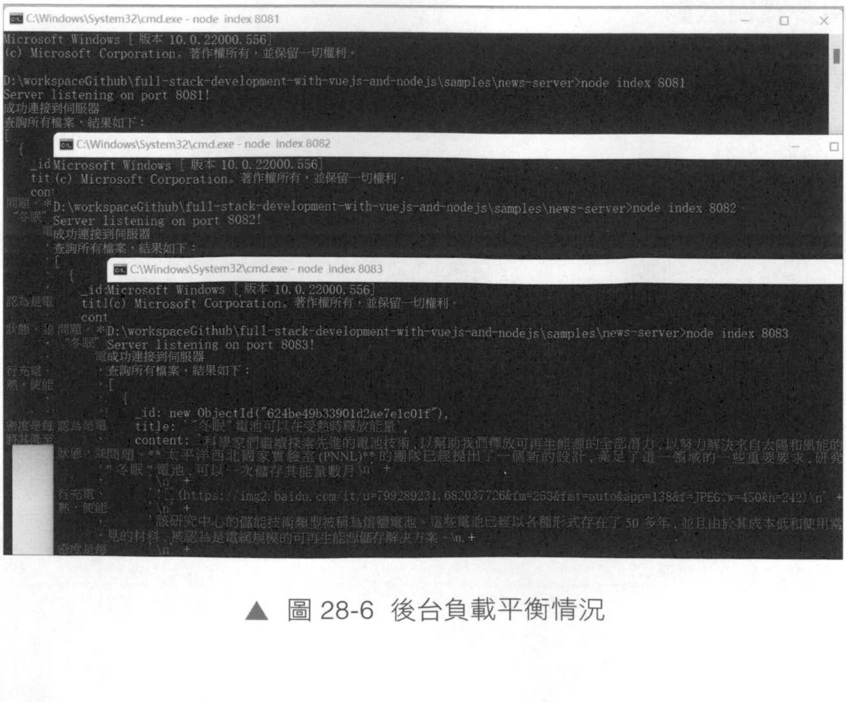

▲ 圖 28-6 後台負載平衡情況

可以看到，三台後台服務都會輪流地接收到前臺的請求。為了模擬故障，也可以將其他的任意一個後台服務停掉，可以發現前臺仍然能夠正常回應，這就實現了應用的高可用。

28.4 小結

本章主要介紹透過 Nginx 來實作前端應用（news-ui）的部署，並同時實作後台應用（news-server）的高可用。

28.5 練習題

1. 對前端應用（news-ui）進行編譯。

2. 用 Nginx 來實作前端應用（news-ui）的部署。

3. 實作後台應用（news-server）的高可用。

參考文獻

[1] 柳偉衛 . Vue.js 企業級應用程式開發實戰 [M]. 北京：電子工業出版社，2022.

[2] 柳偉衛 . Angular 企業級應用程式開發實戰 [M]. 北京：電子工業出版社，2019.

[3] 柳偉衛 . Node.js 企業級應用程式開發實戰 [M]. 北京：北京大學出版社，2020.

[4] 柳偉衛 . Cloud Native 分散式架構原理與實踐 [M]. 北京：電子工業出版社，2019.

[5] 柳偉衛 . Spring Cloud 微服務架構開發實戰 [M]. 北京：北京大學出版社，2018.

[6] 柳偉衛 . 分散式系統常用技術及案例分析 [M]. 北京：電子工業出版社，2017.

[7] 柳偉衛 . Netty 原理解析與開發實戰 [M]. 北京：電子工業出版社，2020.

[8] 柳偉衛 . MongoDB + Express + Angular + Node.js 全端開發實戰 [M]. 北京：電子工業出版社，2020.

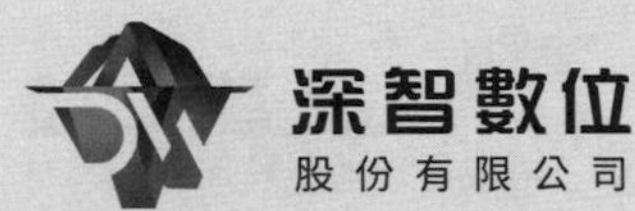
深智數位
股份有限公司

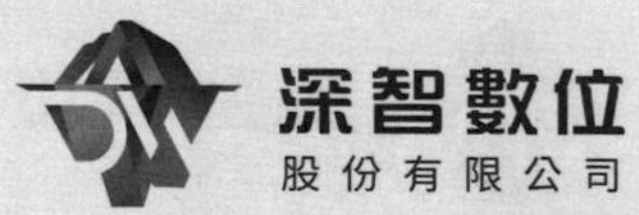
深智數位
股份有限公司